高职高专规划教材

机械制造技术课程
设计指导书

郭彩芬　编

机 械 工 业 出 版 社

作为《机械制造技术》（书号为27114）的配套教材，本指导书提供了零件加工工艺规程编制及机床专用夹具设计的一般性指导原则和设计示例。对于工艺规程编制过程中的工序基准选择问题，本书进行了详细的分析和实例比较，弥补了一般教材和课程设计指导书的不足。本书收集了零件加工工艺规程编制和专用夹具设计过程中最常用的设计资料，以增强学生的感性认识，锻炼学生使用设计资料的能力。

本书可供高职高专类学校机械工程类（机械设计与制造、机械制造与自动化、数控技术、模具设计与制造、车辆工程、汽车运输等）专业师生使用，也可供职工大学、成人教育和中等专业学校相关专业的师生参考。

图书在版编目（CIP）数据

机械制造技术课程设计指导书/郭彩芬编．—北京：机械工业出版社，2010.5（2017.1重印）

高职高专规划教材

ISBN 978 - 7 - 111 - 30028 - 1

Ⅰ．①机… Ⅱ．①郭… Ⅲ．①机械制造工艺 – 课程设计 – 高等学校：技术学校 – 教材 Ⅳ．①TH16 – 41

中国版本图书馆 CIP 数据核字（2010）第 039753 号

机械工业出版社（北京市百万庄大街22号 邮政编码 100037）
策划编辑：王海峰 责任编辑：白 刚
版式设计：霍永明 责任校对：张莉娟
封面设计：陈 沛 责任印制：常天培
北京京丰印刷厂印刷
2017 年 1 月第 1 版·第 5 次印刷
184mm×260mm·16 印张·392 千字
10 001—11 900 册
标准书号：ISBN 978 - 7 - 111 - 30028 - 1
定价：34.00 元

前　言

　　"机械制造技术课程设计"是重要的实践教学环节，在整个机械制造技术教学过程中起着重要的作用。该实践环节是机械制造技术课程群知识的综合演练与运用。通过具体零件工艺规程编制和专用夹具设计的训练，学生可以更深入地消化理解课程内容，培养工程实践能力，提升专业素质。

　　本书是苏州市职业大学重点课程项目的配套教材，是根据高职高专机械工程类专业教学指导委员会推荐的指导性教学计划及车工、铣工、加工中心技工等国家职业标准的要求，结合高职高专类课程改革的具体情况编写的。

　　全书包括两部分，第一部分内容为机械加工工艺规程制定的原则、方法、步骤以及具体的零件加工工艺制定实例；第二部分内容为精选的机床参数图表、刀具结构与参数图表、各种加工类型的加工余量表、切削用量选择表以及常用的定位夹紧元件和典型夹紧机构图表。

　　本书提供了零件加工工艺规程编制及机床专用夹具设计的一般性指导原则和设计示例。对于工艺规程编制过程中的工序基准选择问题，本书进行了详细的分析和比较，弥补了一般教材和课程设计指导书的不足。本书收集了零件加工工艺规程编制和专用夹具设计过程中的常用设计资料，以增强学生的感性认识，锻炼学生使用设计资料的能力，强化学生使用和贯彻标准的训练。

　　本书通过某企业发动机连杆零件工艺规程编制实例，使学生了解机械制造技术的基本理论与方法在加工企业的具体应用。

　　本书供高职高专类学校机械工程类（机械设计与制造、机械制造与自动化、数控技术、模具设计与制造、车辆工程、汽车运输等）专业师生使用，也可供职工大学、成人教育和中等专业学校相关专业的师生参考。

　　由于编者水平所限及时间仓促，书中错误和不妥之处在所难免，恳请广大读者批评指证，联系邮箱：guocf@ jssvc. edu. cn，联系人：郭彩芬。

编　者

目　录

第1章　机械制造技术课程设计指导

1.1　设计目的

机械制造技术课程设计是在学生完成"机械制图"、"机械设计"、"公差配合与技术测量"、"机械制造基础"、"机械制造技术"课程群后必修的实践教学环节。它一方面要求学生在设计中能初步学会运用所学的全部知识，另外也为以后毕业设计工作做一次综合训练。学生应当通过机械制造技术课程设计达到以下几个目的：

1）培养学生综合运用"机械制图"、"工程材料"、"机械制造基础"、"机械制造技术"等课程的理论知识。

2）初步掌握编制机械加工工艺规程的方法，解决零件在加工过程中的定位夹紧及工艺路线的合理安排问题，合理地选择毛坯的制造方法、工艺装备。

3）提高夹具结构设计能力。

4）学会使用各种资料，掌握各种数据的查找方法及定位误差的计算方法，合理分配零件的加工偏差。

1.2　设计要求

机械制造技术课程设计题目一律定为：制订××零件的机械加工工艺。

生产纲领为批量生产。

设计要求包括以下几个部分：

1）零件图、毛坯图（各一张）。

2）机械加工工序卡片［若干张（每序一张）］。

3）指定工序专用夹具装配图及夹具体零件图。

4）课程设计说明书（一份）。

课程设计时间安排参考表1-1。

表1-1　机械制造技术课程设计时间安排

序　号	设计内容	规定时间/天	备　注
1	对零件进行工艺分析,画零件图	1	
2	编制零件机械加工工艺过程卡	1	
3	编制零件机械加工工序卡	3	
4	画零件毛坯图	0.5	
5	设计指定工序的专用夹具	3.0	
6	撰写课程设计说明书	1	
7	答辩	0.5	

1.3　设计内容及步骤

1.3.1　零件工艺分析，绘制零件图

对零件图进行工艺分析和审查的主要内容有：图样上规定的各项技术要求是否合理；零件的结构工艺性是否良好；图样上是否缺少必要的尺寸、视图或技术要求。过高的精度、过低的表面粗糙度值和其他过高的技术条件会使工艺过程复杂，加工困难。同时，应尽可能减少加工量，达到容易制造的目的。如果发现存在任何问题，应及时提出，与有关设计人员共同讨论研究，通过一定手续对图样进行修改。

对于较复杂的零件，很难将全部的问题考虑周全，因此必须在详细了解零件的构造后，再对重点问题进行深入的研究与分析。

1. 零件主次表面的区分和主要表面的保证

零件的主要表面是和其他零件相配合的表面，或是直接参与工作过程的表面。主要表面以外的表面称为次要表面。

主要表面本身精度要求一般都比较高，而且零件的构形、精度、材料的加工难易程度等，都会在主要表面的加工中反映出来。主要表面的加工质量对零件工作的可靠性与寿命有很大的影响。因此，在制订工艺路线时，首先要考虑如何保证主要表面的加工要求。

根据主要表面的尺寸精度、形位精度和表面质量要求，可初步确定在工艺过程中应该采用哪些最后加工方法来实现这些要求，并且对在最后加工之前所采取的一系列的加工方法也可一并考虑。

如某零件的主要表面之一的外圆表面，公差等级为 IT6 级，表面粗糙度为 $Ra0.8\,\mu m$，需要依次用粗车、半精车和磨削加工才能达到要求。若对一尺寸公差等级为 IT7 级，并且还有表面形状精度要求，表面粗糙度 $Ra0.8\,\mu m$ 的内圆表面，则需采用粗镗、半精镗和磨削加工的方法方能达到图样要求。其他次要表面的加工可在主要表面的加工过程中给以兼顾。

2. 重要技术条件要求

技术要求一般指表面形状精度和表面之间的相互位置精度，静平衡、动平衡要求，热处理、表面处理、无损检测要求和气密性试验等。

重要的技术条件是影响工艺过程制订的重要因素之一，严格的表面相互位置精度要求（如同轴度、平行度、垂直度等）往往会影响到工艺过程中各表面加工时的基准选择和先后次序，也会影响工序的集中和分散。零件的热处理和表面处理要求，对于工艺路线的安排也有重大的影响，因此应该对不同的热处理方式，在工艺过程中合理安排其位置。

零件所用的材料及其力学性能对于加工方法的选择和加工用量的确定也有一定的影响。

1.3.2　选择毛坯的制造方式

毛坯的选择应以生产批量的大小、非加工表面的技术要求，以及零件的复杂程度、技术要求的高低、材料等几方面综合考虑。在通常情况下由生产性质决定。正确选择毛坯的制造方式，可以使整个工艺过程经济合理，故应慎重考虑，并要加以满足。

机械加工中常用的毛坯有:

1. 铸件

铸件适用于做形状复杂的零件毛坯。铸件公差有16级,代号为CT1~CT16,常用的为CT4~CT13。铸件公差数值列于表1-2中。壁厚尺寸公差可以比一般尺寸公差降一级。例如:图样上规定一般尺寸公差为CT10,则壁厚尺寸公差为CT11。公差带对称于铸件基本尺寸设置,有特殊要求时,也可采用非对称设置,但应在图样上注明。铸件基本尺寸即铸件图样上给定的尺寸,包括机械加工余量。

表1-2 铸件尺寸公差等级 (单位:mm)

毛坯铸件基本尺寸	铸件尺寸公差等级(CT①)															
	1	2	3	4	5	6	7	8	9	10	11	12	13②	14②	15②	16②③
~10	0.09	0.13	0.18	0.26	0.36	0.52	0.74	1	1.5	2	2.8	4.2				
<10~16	0.1	0.14	0.2	0.28	0.38	0.54	0.78	1.1	1.6	2.2	3.0	4.4				
<16~25	0.11	0.15	0.22	0.30	0.42	0.58	0.82	1.2	1.7	2.4	3.2	4.6	6	8	10	12
<25~40	0.12	0.17	0.24	0.32	0.46	0.64	0.9	1.3	1.8	2.6	3.6	5	7	9	11	14
<40~63	0.13	0.18	0.26	0.36	0.50	0.7	1	1.4	2	4	5.6	8	10	12	16	
<63~100	0.14	0.2	0.28	0.4	0.56	0.78	1.1	1.6	2.2	3.2	4.4	9	11	14	18	
<100~160	0.15	0.22	0.30	0.44	0.62	0.88	1.2	1.8	2.5	3.6	5	7	10	12	16	20
<160~250		0.24	0.34	0.5	0.72	1	1.4	2	2.8	4	5.6	8	11	14	18	22
<250~400			0.4	0.56	0.78	11	1.6	2.2	3.2	4.4	6.2	9	12	16	20	25
<400~630				0.64	0.9	1.2	1.8	2.6	3.6	5	7	10	14	18	22	28
<630~1000				0.72	1	1.4	2.2	2.8	4	6	8	11	16	20	25	32
<1000~1600				0.8	1.1	1.6	2.2	3.2	4.6	7	9	13	18	23	29	37
<1600~2500							2.6	3.8	5.4	8	10	15	21	26	33	42
<2500~4000								4.4	6.2	9	12	17	24	30	38	49
<4000~6300									7	10	14	20	28	35	44	56
<6300~10000										11	16	23	32	40	50	64

① 在等级CT1~CT15中,对壁厚采用粗一级公差。
② 对于不超过16mm的尺寸,不采用CT13~CT16的一般公差,应标注个别公差。
③ 等级CT16中,仅适用于一般公差规定为CT15的壁厚。

表1-3和表1-4列出了各种铸造方法所能达到的公差等级。

表1-3 大批量生产的毛坯铸件的公差等级

方 法	公差等级(CT)					
	铸件材料					
	钢	灰铸铁	球墨铸铁	可锻铸铁	铜合金	锌合金
砂型铸造 手工造型	11~14	11~14	11~14	11~14	10~13	10~13
砂型铸造 机器造型和壳型	8~12	8~12	8~12	8~12	8~10	8~10

（续）

方　　法	公差等级（CT）					
	铸件材料					
	钢	灰铸铁	球墨铸铁	可锻铸铁	铜合金	锌合金
金属型铸造	8~10	8~10	8~10	8~10	8~10	7~9
压力铸造					6~8	4~6
熔模 铸造　水玻璃	7~9	7~9	7~9		5~8	
硅溶胶	4~6	4~6	4~6		4~6	

注：表中所列的公差等级是指在大批量生产条件下，而且铸件尺寸精度的生产因素已得到充分改进时铸件通常能达到的公差等级。

表1-4　小批量生产或单件生产的毛坯铸件的公差等级

方　　法	造型材料	公差等级（CT）					
		铸件材料					
		钢	灰铸铁	球墨铸铁	可锻铸铁	铜合金	锌合金
砂型铸造 手工造型	粘土砂	13~15	13~15	13~15	13~15	13~15	13~15
	化学 粘结剂砂	12~14	11~13	11~13	11~13	10~12	10~12

注：表中的数值一般适用于大于25mm的基本尺寸。对于较小的尺寸，通常能经济实用地保证下列较细的公差：

1. 基本尺寸≤10mm：精三级。
2. 10mm＜基本尺寸≤16mm：精二级。
3. 16mm＜基本尺寸≤25mm：精一级。

　　铸件的尺寸公差数值可由表1-2查出。

　　对于成批和大量生产的铸件，可以通过对设备和工装的改进、调整和维修，严格控制型芯位置，获得比表1-3更高的等级。一种铸造方法铸件尺寸的精度，取决于生产过程的各种因素，其中包括：铸件结构的复杂性、模型和压型的类型、模型和压型的精度、铸造金属及其合金种类、造型材料的种类、铸造厂的操作水平。

　　2. 锻件

　　此类毛坯适用于要求强度较高、形状比较简单的零件，主要有锤上钢质自由锻件和模锻件两种。

　　（1）锤上钢质自由锻件机械加工余量与公差（摘自 GB/T 21469—2008）　此标准规定的机械加工余量与公差分为两个等级，即E级和F级。其中F级用于一般精度的锻件，E级用于较高精度的锻件。由于E级往往需要特殊的工具和增加锻造加工费用，因此用于较大批量的生产。

　　1）盘柱类。国家标准规定了圆形、矩形（$A_1/A_2 ≤ 2.5$）、六角形的盘柱类自由锻件的机械加工余量与公差（见图1-1和表1-5），它适用于零件尺寸符合 $0.1D ≤ H ≤ D$（或 A、S）盘类、$D ≤ H ≤ 2.5D$（或 A、S）柱类的自由锻件。

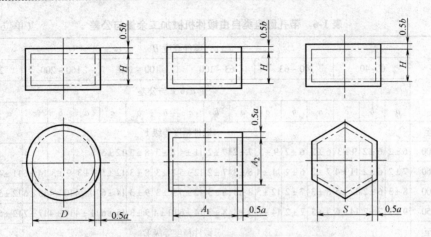

图 1-1 盘柱类自由锻件的机械加工余量与公差图例

表 1-5 盘柱类自由锻件机械加工余量与公差 （单位：mm）

零件尺寸 D （或 A、S）		锻件高度 H											
		0~40		40~63		63~100		100~160		160~200		200~250	
		余量 a、b 与公差											
		a	b	a	b	a	b	a	b	a	b	a	b
大于	至	锻件精度等级 F											
63	100	6±2	6±2	6±2	6±2	7±2	7±2	8±3	8±3	9±3	9±3	10±4	10±4
100	160	7±2	6±2	7±2	7±2	8±3	7±2	8±3	8±3	9±3	9±3	10±4	10±4
160	200	8±3	6±2	8±3	7±2	8±3	8±3	9±3	9±3	10±4	10±4	11±4	11±4
200	250	9±3	7±2	9±3	7±2	9±3	8±3	10±4	9±3	11±4	10±4	12±5	12±5
大于	至	锻件精度等级 E											
63	100	4±2	4±2	4±2	4±2	5±2	5±2	6±2	6±2	7±2	8±3	8±3	8±3
100	160	5±2	4±2	5±2	5±2	6±2	6±2	7±2	7±2	8±3	8±3	8±3	10±4
160	200	6±2	5±2	6±2	6±2	6±2	6±2	8±3	8±3	9±3	9±3	9±3	10±4
200	250	6±2	6±2	6±2	6±2	7±2	7±2	8±3	8±3	9±3	10±4	10±4	11±4

2）带孔圆盘类。国家标准规定了带孔圆盘类自由锻件的机械加工余量与公差（见图 1-2、表 1-6 和表 1-7），它适用于零件尺寸符合 $0.1D \leqslant H \leqslant 1.5D$、$d \leqslant 0.5D$ 的带孔圆盘类自由锻件。

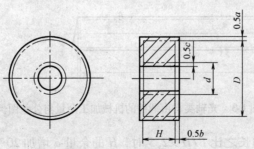

图 1-2 带孔圆盘类自由锻件的机械加工余量与公差图例

表 1-6　带孔圆盘类自由锻件机械加工余量与公差　　　　（单位：mm）

零件尺寸 D		零件高度 H																	
		0~40			40~63			63~100			100~160			160~200			200~250		
		余量 a、b、c 与公差																	
		a	b	c	a	b	c	a	b	c	a	b	c	a	b	c	a	b	c
大于	至	锻件精度等级 F																	
63	100	6±2	6±2	9±3	6±2	6±2	9±3	7±2	7±2	11±4	8±3	8±3	12±5						
100	160	7±2	6±2	11±4	7±2	6±2	11±4	8±3	7±2	12±5	8±3	8±3	12±5	9±3	9±3	14±6	11±4	11±4	17±7
160	200	8±3	6±2	12±5	8±3	7±2	12±5	8±3	8±3	12±5	9±3	9±3	14±6	10±4	10±4	15±6	12±5	12±5	18±8
200	250	9±3	7±2	14±6	9±3	7±2	14±6	9±3	8±3	14±6	10±4	9±3	15±6	11±4	10±4	17±7	12±5	12±5	18±8
大于	至	锻件精度等级 E																	
63	100	4±2	4±2	6±2	4±2	4±2	6±2	5±2	5±2	7±2	7±2	7±2	11±4						
100	160	5±2	4±2	8±3	5±2	5±2	8±3	6±2	6±2	9±3	6±2	7±2	9±3	8±3	8±3	12±5	10±4	10±4	15±6
160	200	6±2	5±2	8±3	6±2	6±2	8±3	7±2	7±2	9±3	7±2	8±3	11±4	9±3	9±3	12±5	10±4	10±4	15±6
200	250	6±2	6±2	9±3	7±2	6±2	11±4	7±2	7±2	11±4	8±3	8±3	12±5	9±3	10±4	14±6	10±4	11±4	15±6

表 1-7　最小冲孔直径

锻锤吨位/t	≤0.15	0.25	0.5	0.75	1	2	3	5
最小冲孔直径 d/mm	30	40	50	60	70	80	90	100

注：锻件高度与孔径之比大于 3 时，孔允许不冲出。

3）光轴类。国家标准规定了圆形、方形、六角形、八角形、矩形（$B/H \leqslant 5$）截面的光轴类自由锻件的机械加工余量与公差（见图 1-3 和表 1-8），适用于零件尺寸 $L > 2.5D$（或 A、B、S 类）的光轴类自由锻件。

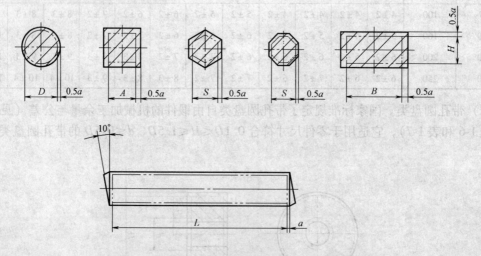

图 1-3　光轴类自由锻件的机械加工余量与公差图例

①矩形截面光轴两边长之比 $B/H > 2.5$ 时，H 的余量 a 增加 20%。

②当零件尺寸 L/D（或 L/B）> 20 时，余量 a 增加 30%。

③矩形截面光轴以较大的一边 B 和零件长度 L 查表1-8得 a，以确定 L 和 B 的余量。H 的余量 a 则以零件长度 L 和计算值 $H_p = (B + H)/2$ 查表确定。

表1-8 光轴类自由锻件机械加工余量与公差   （单位：mm）

零件尺寸 D,A,S,B,H_p		零件长度 L				
		0 ~ 315	315 ~ 630	630 ~ 1000	1000 ~ 1600	1600 ~ 2500
		余量 a 与公差				
大于	至	锻件精度等级 F				
0	40	7 ± 2	8 ± 3	9 ± 3	12 ± 5	
40	63	8 ± 3	9 ± 3	10 ± 4	12 ± 5	14 ± 6
63	100	9 ± 3	10 ± 4	11 ± 4	13 ± 4	14 ± 6
100	160	10 ± 4	11 ± 4	12 ± 5	14 ± 6	15 ± 6
160	200		12 ± 5	13 ± 5	15 ± 6	16 ± 7
200	250		13 ± 5	14 ± 6	16 ± 7	17 ± 6
大于	至	锻件精度等级 E				
0	40	6 ± 3	7 ± 2	8 ± 3	11 ± 4	
40	63	7 ± 2	8 ± 3	9 ± 3	11 ± 4	12 ± 5
63	100	8 ± 3	9 ± 3	10 ± 4	12 ± 5	13 ± 5
100	160	9 ± 3	10 ± 4	11 ± 4	13 ± 5	14 ± 6
160	200		11 ± 4	12 ± 4	14 ± 6	15 ± 6
200	250		12 ± 5	13 ± 5	15 ± 6	16 ± 7

（2）钢质模锻件公差及机械加工余量（摘自 GB/T12362—2003） 此标准适用于模锻锤、热模锻压力机、螺旋压力机和平锻机等锻压设备生产的结构钢锻件。其他钢种的锻件亦可参照使用。适用于此标准的锻件的质量应小于或等于250kg，长度（最大尺寸）应小于或等于2500mm。

1）锻件公差。国家标准中规定钢质模锻件的公差分为两级，即普通级和精密级。精密级公差适用于有较高技术要求，但需要采用附加制造工艺才能达到的锻件，一般不宜采用。平锻件只采用普通级。

①长度、宽度和高度尺寸公差。长度、宽度和高度尺寸公差是指在分模线一侧同一块模具上沿长度、宽度、高度方向上的尺寸公差（见图1-4）。图中，l_1、l_2 为长度方向尺寸；b_1、b_2、b_3、b_4 为宽度方向尺寸；h_1、h_2 为高度方向尺寸；f 为落差尺寸；t_1、t_2 为跨越分型面的厚度尺寸。

此类公差根据锻件基本尺寸、质量、形状复杂系数以及材质系数查表1-9确定。

孔径尺寸公差按孔径尺寸由表1-9确定，其上、下偏差按 +1/4、−3/4 的比例分配。

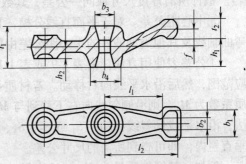

图1-4 长度、宽度、高度尺寸公差示意图

落差尺寸公差是高度尺寸公差的一种形式（如图1-4中的f），其数值比相应高度尺寸公差放宽一档，上下偏差按±1/2比例分配。

表1-9　锻件的长度、宽度、高度公差　　　　　　　（单位：mm）

锻件质量/kg	材质系数 M1 M2	形状复杂系数 S1 S2 S3 S4	锻件基本尺寸				
			0~30	30~80	80~120	120~180	180~315
			公差值及极限偏差				
0~0.4			$1.1^{+0.8}_{-0.3}$	$1.2^{+0.8}_{-0.4}$	$1.4^{+1.0}_{-0.4}$	$1.6^{+1.1}_{-0.5}$	$1.8^{+1.2}_{-0.6}$
0.4~1.0			$1.2^{+0.8}_{-0.4}$	$1.4^{+1.0}_{-0.4}$	$1.6^{+1.1}_{-0.5}$	$1.8^{+1.2}_{-0.6}$	$2.0^{+1.4}_{-0.6}$
1.0~1.8			$1.4^{+1.0}_{-0.4}$	$1.6^{+1.1}_{-0.5}$	$1.8^{+1.2}_{-0.6}$	$2.0^{+1.4}_{-0.6}$	$2.2^{+1.5}_{-0.7}$
1.8~3.2			$1.6^{+1.1}_{-0.5}$	$1.8^{+1.2}_{-0.6}$	$2.0^{+1.4}_{-0.6}$	$2.2^{+1.5}_{-0.7}$	$2.5^{+1.7}_{-0.8}$
3.2~5.6			$1.8^{+1.2}_{-0.6}$	$2.0^{+1.4}_{-0.6}$	$2.2^{+1.5}_{-0.7}$	$2.5^{+1.7}_{-0.8}$	$2.8^{+1.9}_{-0.9}$
5.6~10			$2.0^{+1.4}_{-0.6}$	$2.2^{+1.5}_{-0.7}$	$2.5^{+1.7}_{-0.8}$	$2.8^{+1.9}_{-0.9}$	$3.2^{+2.1}_{-1.1}$
10~20			$2.2^{+1.5}_{-0.7}$	$2.5^{+1.7}_{-0.8}$	$2.9^{+1.9}_{-0.9}$	$3.2^{+2.1}_{-1.1}$	$3.6^{+2.4}_{-1.2}$
			$2.5^{+1.7}_{-0.8}$	$2.8^{+1.9}_{-0.9}$	$3.2^{+2.1}_{-1.1}$	$3.6^{+2.4}_{-1.2}$	$4.0^{+2.7}_{-1.3}$
			$2.8^{+1.9}_{-0.9}$	$3.2^{+2.1}_{-1.1}$	$3.6^{+2.4}_{-1.2}$	$4.0^{+2.7}_{-1.3}$	$4.5^{+3.0}_{-1.5}$
			$3.2^{+2.1}_{-1.1}$	$3.6^{+2.4}_{-1.2}$	$4.0^{+2.7}_{-1.3}$	$4.5^{+3.0}_{-1.5}$	$5.0^{+3.3}_{-1.7}$
			$3.6^{+2.4}_{-1.2}$	$4.0^{+2.7}_{-1.3}$	$4.5^{+3.0}_{-1.5}$	$5.0^{+3.3}_{-1.7}$	$5.6^{+3.8}_{-1.8}$
			$4.0^{+2.7}_{-1.3}$	$4.5^{+3.0}_{-1.5}$	$5.0^{+3.3}_{-1.7}$	$5.6^{+3.8}_{-1.8}$	$6.3^{+4.2}_{-2.1}$

注：锻件的高度尺寸或台阶尺寸及中心到边缘尺寸公差，按±1/2的比例分配。内表面尺寸极限偏差，上、下偏差对调且正负符号与表中相反。

例：锻件质量为6kg，材质系数为M_1，形状复杂系数为S_2，尺寸为160mm时各类公差查法。

　　②厚度尺寸公差。厚度尺寸公差指跨越分型面的厚度尺寸的公差（如图1-4中的t_1、t_2）。锻件所有厚度尺寸取同一公差，其数值按锻件最大厚度尺寸由表1-10确定。

　　③中心距公差。对于平面直线分模，且位于同一块模具内的中心距公差由表1-11确定；弯曲轴线及其他类型锻件的中心距公差由供需双方商定。

　　④公差表使用方法。由表1-9或表1-10确定锻件尺寸公差时，应根据锻件质量选定相应范围，然后沿水平线向右移动。若材质系数为M_1，则沿同一水平线继续向右移动；若材质系数为M_2，则沿倾斜线向右下移到与M_2垂线的交点。对于形状复杂系数S，用同样的方法，沿水平或倾斜线移动到S_1或S_2、S_3、S_4格的位置，并继续向右移动，直到所需尺寸的垂直栏内，即可查到所需的尺寸公差。

　　例如：某锻件质量为6kg，长度尺寸为160mm，材质系数为M_1，形状复杂系数为S_2，平直分模线，由表1-9查得极限偏差为+2.1mm、−1.1mm，其查表顺序按表1-9箭头所示。

其余公差表使用方法类推。

表 1-10　锻件的厚度公差　　　　　　　　　（单位：mm）

锻件质量 /kg	材质系数 M_1 M_2	形状复杂系数 S_1 S_2 S_3 S_4	锻件基本尺寸				
			0~18	18~30	30~50	50~80	80~120
			公差值及极限偏差				
0~0.4			$1.0^{+0.8}_{-0.2}$	$1.1^{+0.8}_{-0.3}$	$1.2^{+0.9}_{-0.3}$	$1.4^{+1.0}_{-0.4}$	$1.6^{+1.2}_{-0.4}$
0.4~1.0			$1.1^{+0.8}_{-0.3}$	$1.2^{+0.9}_{-0.3}$	$1.4^{+1.0}_{-0.4}$	$1.6^{+1.2}_{-0.4}$	$1.8^{+1.4}_{-0.4}$
1.0~1.8			$1.2^{+0.9}_{-0.3}$	$1.4^{+1.0}_{-0.4}$	$1.6^{+1.2}_{-0.4}$	$1.8^{+1.4}_{-0.4}$	$2.0^{+1.5}_{-0.5}$
1.8~3.2			$1.4^{+1.0}_{-0.4}$	$1.6^{+1.2}_{-0.4}$	$1.8^{+1.4}_{-0.4}$	$2.0^{+1.5}_{-0.5}$	$2.2^{+1.7}_{-0.5}$
3.2~5.6			$1.6^{+1.2}_{-0.4}$	$1.8^{+1.4}_{-0.4}$	$2.0^{+1.5}_{-0.5}$	$2.2^{+1.7}_{-0.5}$	$2.5^{+2.0}_{-0.5}$
5.6~10			$1.8^{+1.4}_{-0.4}$	$2.0^{+1.5}_{-0.5}$	$2.2^{+1.7}_{-0.5}$	$2.5^{+2.0}_{-0.5}$	$2.5^{+2.0}_{-0.5}$
10~20			$2.0^{+1.5}_{-0.5}$	$2.2^{+1.7}_{-0.5}$	$2.5^{+2.0}_{-0.5}$	$2.5^{+2.0}_{-0.5}$	$3.2^{+2.4}_{-0.8}$
			$2.2^{+1.7}_{-0.5}$	$2.5^{+2.0}_{-0.5}$	$2.5^{+2.0}_{-0.5}$	$3.2^{+2.4}_{-0.8}$	$3.6^{+2.7}_{-0.9}$
			$2.5^{+2.0}_{-0.5}$	$2.5^{+2.0}_{-0.5}$	$3.2^{+2.4}_{-0.8}$	$3.6^{+2.7}_{-0.9}$	$4.0^{+3.0}_{-1.0}$
			$2.8^{+2.1}_{-0.7}$	$3.2^{+2.4}_{-0.8}$	$3.6^{+2.7}_{-0.9}$	$4.0^{+3.0}_{-1.0}$	$4.5^{+3.4}_{-1.1}$
			$3.2^{+2.4}_{-0.8}$	$3.6^{+2.7}_{-0.9}$	$4.0^{+3.0}_{-1.0}$	$4.5^{+3.4}_{-1.1}$	$5.0^{+3.8}_{-1.2}$
			$3.6^{+2.7}_{-0.9}$	$4.0^{+3.0}_{-1.0}$	$4.5^{+3.4}_{-1.1}$	$5.0^{+3.8}_{-1.2}$	$5.6^{+4.2}_{-1.4}$

注：上、下偏差也可按 +2/3、−1/3 的比例分配。

例：锻件质量为 3kg，材质系数为 M_1，形状复杂系数为 S_3，最大厚度尺寸为 45mm 时公差查法。

表 1-11　锻件的中心距公差　　　　　　　　　（单位：mm）

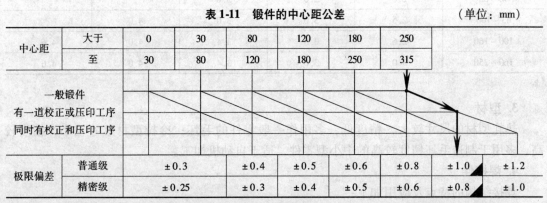

中心距	大于	0	30	80	120	180	250	
	至	30	80	120	180	250	315	
一般锻件 有一道校正或压印工序 同时有校正和压印工序								
极限偏差	普通级	±0.3	±0.4	±0.5	±0.6	±0.8	±1.0	±1.2
	精密级	±0.25	±0.3	±0.4	±0.5	±0.6	±0.8	±1.0

注：中心距尺寸为 300mm，一道压印工序，其中心距的极限偏差：普通级为 ±1.0mm，精密级为 ±0.8mm。

2）机械加工余量。锻件机械加工余量根据估算锻件质量、零件表面粗糙度及形状复杂系数由表 1-12、表 1-13 确定。对于扁薄截面或锻件相邻部位截面变化较大的部分应适当增大局部余量。

表 1-12　锻件内外表面加工余量

锻件质量 /kg	零件表面粗糙度 Ra/μm ≥1.6, ≤1.6	形状复杂系数 S_1 S_2 S_3 S_4	厚度方向	单边余量/mm 水平方向 0~315	315~400	400~630	630~800
0~0.4			1.0~1.5	1.0~1.5	1.5~2.0	2.0~2.5	
0.4~1.0			1.5~2.0	1.5~2.0	1.5~2.0	2.0~2.5	2.0~3.0
1.0~1.8			1.5~2.0	1.5~2.0	1.5~2.0	2.0~2.7	2.0~3.0
1.8~3.2			1.7~2.2	1.7~2.2	2.0~2.5	2.0~2.7	2.0~3.0
3.2~5.6			1.7~2.2	1.7~2.2	2.0~2.5	2.0~2.7	2.5~3.5
5.6~10			2.0~2.2	2.0~2.2	2.0~2.5	2.3~3.0	2.5~3.5
10~20			2.0~2.5	2.0~2.5	2.0~2.7	2.3~3.0	2.5~3.5
			2.3~3.0	2.3~3.0	2.3~3.0	2.5~3.0	2.7~4.0
			2.5~3.2	2.5~3.5	2.5~3.5	2.5~3.5	2.7~4.0

注：当锻件质量为 3kg，零件表面粗糙度 Ra = 3.2μm，形状复杂系数为 S_3，长度为 450mm 时查得该锻件余量是：厚度方向为 1.7~2.2mm，水平方向为 2.0~2.7mm。

表 1-13　锻件内孔直径的单面机械加工余量　　　　　（单位：mm）

孔　径	孔　深 0~63	60~100	100~140	140~200	200~280
0~25	2.0				
25~40	2.0	2.6			
40~63	2.0	2.6	3.0		
63~100	2.5	3.0	3.0	4.0	
100~160	2.6	3.0	3.4	4.0	4.6
160~250	3.0	3.0	3.4	4.0	4.6

3. 型材

热轧型材的尺寸较大，精度低，多用作一般零件的毛坯；冷拉型材尺寸较小，精度较高，多用于制造毛坯精度较高的中小型零件，适于自动机加工。

4. 焊接件

焊接结构的特点及应用如下：

1）与铆接结构相比，有较高的强度和刚度，较低的结构质量，而且施工简便。

2）可以全用轧制的板材、型材、管材焊成，也可以用轧材、铸件、锻件拼焊而成，给结构设计提供了很大的灵活性。

3）焊接件的壁厚可以相差很大，可按受力情况优化设计配置材料质量。

4）焊接结构内可以有不同材质，可按实际需要，在不同部位选用不同性能的材料。

5）焊接件外形平整，加工余量小。

6）与铸锻件相比，省掉了木模和锻模的制造工时和费用。对于单件小批生产的零部件，采用焊接结构，可缩短生产周期，减轻质量，降低成本。

7）特大零部件采用以小拼大的电渣焊结构，可大幅度减小铸锻件的质量，并可就地加工，减少运输费用。

焊接结构已基本取代铆接结构，在船体、车辆底盘、起重及挖掘等机械的梁、柱、桁架、吊臂、锅炉等各种容器中，都已采用焊接结构。对机座、机身、壳体及各种箱形、框形、筒形、环形构件，也广泛采用焊接结构。对于大件来说，焊接件简单方便，特别是单件小批生产可以大大缩短生产周期。但焊接件的零件变形较大，需要经过时效处理后才能进行机械加工。

5. 冷冲压件

适用于形状复杂的板料零件，多用于中小尺寸零件的大批大量生产。

1.3.3　制订零件的机械加工工艺路线

1. 加工顺序的安排

在工艺规程设计过程中，工序的组合原则确定之后，就要合理地安排工序顺序，主要包括机械加工工序、热处理工序和辅助工序的安排。

（1）机械加工工序的安排

1）基面先行。工件的精基准表面，应安排在起始工序先进行加工，以便尽快为后续工序的加工提供精基准。工件的主要表面精加工之前，还必须安排对精基准进行修整。若基准不统一，则应按基准转换顺序逐步提高精度的原则安排基准面加工。

2）先主后次。先安排主要表面加工，后安排次要表面加工。主要表面指装配表面、工作表面等，次要表面包括键槽、紧固用的光孔或螺孔等。由于次要表面加工量较少，而且又和主要表面有位置精度要求，因此一般应放在主要表面半精加工结束后，精加工或光整加工之前完成。

3）先粗后精。先安排粗加工，中间安排半精加工，最后安排精加工或光整加工。

4）先面后孔。对于箱体、支架和连杆等工件应先加工平面后加工孔。这是因为平面的轮廓平整，安放和定位比较稳定可靠。若先加工平面，就能以平面定位加工孔，保证平面和孔的位置精度。此外，平面先加工好，对于平面上的孔加工也带来方便，刀具的初始工作条件能得到改善。

（2）热处理工序的安排

1）预备热处理。一般安排在机械加工之前，主要目的是改善切削性能，使组织均匀，细化晶粒，消除毛坯制造时的内应力。常用的热处理方法有退火和正火。调质可提高材料的综合力学性能，也能为后续热处理工序作准备，可安排在粗加工后进行。

2）去内应力热处理。安排在粗加工之后，精加工之前进行，包括人工时效、退火等。一般精度的铸件在粗加工之后安排一次人工时效，消除铸造和粗加工时产生的内应力，减少后续加工的变形；要求精度高的铸件，应在半精加工后安排第二次时效处理，使加工精度稳定；要求精度很高的零件如丝杠、主轴等应安排多次去应力热处理；对于精密丝杠、精密轴承等为了消除残留奥氏体，稳定尺寸，还需采用冰冷处理，一般在回火后进行。

3）最终热处理。主要目的是提高材料的强度、表面硬度和耐磨性。变形较大的热处理如调质、淬火、渗碳淬火应安排在磨削前进行，以便在磨削时纠正热处理变形。变形较小的热处理如渗氮等，应安排在精加工后。表面的装饰性镀层和发蓝工序一般安排在工件精加工后进行。电镀工序后应进行抛光，以增加耐蚀性和美观。耐磨性镀铬则放在粗磨和精磨之间进行。

（3）辅助工序的安排　辅助工序包括工件的检验、去毛刺、倒棱边、去磁、清洗和涂防锈油等。其中检验工序是主要的辅助工序，是保证质量的重要措施。除了每道工序操作者自检外，检验工序应安排在：粗加工结束、精加工之前；重要工序前后；送外车间加工前后；加工完毕，进入装配和成品库前应进行最终检验，有时还应进行特种性能检验，如磁力探伤、密封性等。

2. 制订工艺路线

制订工艺路线时，在工艺上常采取下列措施来保证零件在生产中的质量、生产率和经济性要求：

1）合理地选择加工方法，以保证获得精度高、结构复杂的表面。

2）为适应零件上不同表面刚度和精度的不同要求，可将工艺过程划分成阶段进行加工，以逐步保证技术要求。

3）根据工序集中或分散的原则，合理地将表面的加工组合成工序，以利于保证精度和提高生产率。

4）合理地选择定位基准，以利于保证位置精度的要求。

5）正确地安排热处理工序，以保证获得规定的力学性能，同时有利于改善材料的可加工性和减小变形对精度的影响。

不同的加工方法获得的加工精度是不同的，即使同一种加工方法，由于加工条件不同，所能达到的加工精度也是不同的。各种加工方法所能达到的经济加工精度和表面粗糙度参见表1-14。

表1-14　各种加工方法的经济加工精度和表面粗糙度

加工表面类型	加工方法	经济加工精度(IT)	表面粗糙度 $Ra/\mu m$	加工表面类型	加工方法	经济加工精度(IT)	表面粗糙度 $Ra/\mu m$
外圆和端面	粗车	11～13	12.5	孔	精镗（浮动镗）	7～9	0.80～3.20
	半精车	8～11	1.60～12.5		精细镗（金刚镗）	6～7	0.40～0.80
	精车	7～8	0.80～1.60		粗磨	9～11	3.20～12.5
	粗磨	8～11	1.60～12.5		精磨	7～9	0.80～3.20
	精磨	6～8	0.40～1.60		研磨	6	0.40
	研磨	5	0.20		珩磨	6～7	0.40～0.80
	超精加工	5	0.20		拉孔	7～9	0.80～3.20
	精细车（金刚车）	5～6	0.20～0.40	平面	粗刨、粗铣	11～13	12.5
孔	钻孔	11～13	12.5		半精刨、半精铣	8～11	1.60～12.5
	铸锻孔的粗扩（镗）	11～13	12.5		精刨、精铣	6～8	0.40～1.60
	精扩	9～11	3.20～12.5		拉削	7～81	0.80～1.60
	粗铰	8～9	1.60～3.20		粗磨	8～11	1.60～12.5
	精铰	6～7	0.40～0.80		精磨	6～8	0.40～1.60
	半精镗	9～11	3.20～12.5		研磨	5～6	0.20～0.40

表1-15～表1-17列出了常见表面的加工方法及适用范围。

表 1-15　外圆表面加工方法的适用范围

序　号	加工方法	经济精度(IT)	表面粗糙度 $Ra/\mu m$	适用范围
1	粗车	11～13	25～6.3	适用于淬火钢以外的各种金属
2	粗车→半精车	8～10	6.3～3.2	
3	粗车→半精车→精车	6～9	1.6～0.8	
4	粗车→半精车→精车→滚压(或抛光)	6～8	0.2～0.025	
5	粗车→半精车→磨削	6～8	0.8～0.4	适于淬火钢、未淬火钢
6	粗车→半精车→粗磨→精磨	5～7	0.4～0.1	
7	粗车→半精车→粗磨→精磨→超精加工	5～6	0.1～0.012	
8	粗车→半精车→粗磨→精磨→研磨	5级以上	<0.1	
9	粗车→半精车→粗磨→精磨→超精磨(或镜面磨)	5级以上	<0.05	
10	粗车→半精车→精车→金刚石车	5～6	0.2～0.025	适于有色金属

表 1-16　内圆表面加工方法的适用范围

序　号	加工方法	经济精度(IT)	表面粗糙度 $Ra/\mu m$	适用范围
1	钻	12～13	12.5	加工未淬火钢及铸铁的实心毛坯,也可用于加工有色金属(但表面粗糙度值稍粗大),孔径<15～20mm
2	钻→铰	8～10	3.2～1.6	
3	钻→粗铰→精铰	7～8	1.6～0.8	
4	钻→扩	10～11	12.5～6.3	同上,但孔径>15～20mm
5	钻→扩→粗铰→精铰	7～8	1.6～0.8	
6	钻→扩→铰	8～9	3.2～1.6	
7	钻→扩→机铰→手铰	6～7	0.4～0.1	
8	钻→(扩)→拉	7～9	1.6～0.1	大批量生产,精度视拉刀精度而定
9	粗镗(或扩孔)	11～13	12.5～6.3	毛坯有铸孔或锻孔的未淬火钢
10	粗镗(粗扩)→半精镗(精扩)	9～10	3.2～1.6	
11	扩(镗)→铰	9～10	3.2～1.6	
12	粗镗(扩)→半精镗(精扩)→精镗(铰)	7～8	1.6～0.8	
13	镗→拉	7～9	1.6～0.1	毛坯有铸孔或锻孔的铸件及锻件(未淬火)
14	精镗(扩)→半精镗(精扩)→浮动镗刀块精镗	6～7	0.8～0.4	
15	粗镗→半精镗→磨孔	7～8	0.8～0.2	淬火钢或非淬火钢
16	粗镗(扩)→半精镗→粗磨→精磨	6～7	0.2～0.1	
17	粗镗→半精镗→精镗→金刚镗	6～7	0.4～0.05	有色金属加工

（续）

序　号	加工方法	经济精度（IT)	表面粗糙度 Ra/μm	适用范围
18	钻→（扩）→粗铰→精铰→珩磨	6~7	0.2~0.025	黑色金属高精度大孔的加工
	钻→（扩）→拉→珩磨			
	粗镗→半精镗→精镗→珩磨			
19	粗镗→半精镗→精镗→研磨	6 级以上	0.1 以下	
20	钻（粗镗）→扩（半精镗）→精镗→金刚镗→脉冲滚压	6~7	0.1	有色金属及铸件上的小孔

表 1-17　平面加工方法的适用范围

序　号	加工方法	经济精度（IT)	表面粗糙度 Ra/μm	适用范围
1	粗车	10~11	12.5~6.3	未淬硬钢、铸铁、有色金属端面加工
2	粗车→半精车	8~9	6.3~3.2	
3	粗车→半精车→精车	6~7	1.6~0.8	
4	粗车→半精车→磨削	7~9	0.8~0.2	钢、铸铁端面加工
5	粗刨（粗铣）	12~14	12.5~6.3	不淬硬的平面
6	粗刨（粗铣）→半精刨（半精铣）	11~12	6.3~1.6	
7	粗刨（粗铣）→精刨（精铣）	7~9	6.3~1.6	
8	粗刨（粗铣）→半精刨（半精铣）→精刨（精铣）	7~8	3.2~1.6	
9	粗铣→拉	6~9	0.8~0.2	大量生产未淬硬的小平面
10	粗刨（粗铣）→精刨（精铣）→宽刃刀精刨	6~7	0.8~0.2	未淬硬的钢件、铸铁件及有色金属件
11	粗刨（粗铣）→半精刨（半精铣）→精刨（精铣）→宽刃刀低速精刨	5	0.8~0.2	
12	粗刨（粗铣）→精刨（精铣）→刮研	5~6	0.8~0.1	
13	粗刨（粗铣）→半精刨（半精铣）→精刨（精铣）→刮研			
14	粗刨（粗铣）→精刨（精铣）→磨削	6~7	0.8~0.2	淬硬或未淬硬的黑色金属工件
15	粗刨（粗铣）→半精刨（半精铣）→精刨（精铣）→磨削	5~6	0.4~0.2	
16	粗铣→精铣→磨削→研磨	5 级以上	<0.1	

　　在选择加工方法时，首先选定主要表面的最后加工方法，然后选定最后加工前一系列准备工序的加工方法，接着再选次要表面的加工方法。

　　在各表面的加工方法初步选定以后，还应综合考虑各方面工艺因素的影响。如轴套内孔 $\phi 76^{+0.03}_{0}$，其精度为 IT7 级，表面粗糙度 $Ra1.6\mu m$，可以采用精镗的方法来保证，但 $\phi 76^{+0.03}_{0}$ 的内孔相对于内孔 $\phi 108^{+0.022}_{0}$ 有同轴度要求，因此，两个表面应安排在一个工序，均采用磨削来加工。

3. 定位基准与工序基准选择

（1）定位基准选择　根据粗、精基准选择原则，合理选择各工序定位基准。

表 1-18 是常用的定位、夹紧符号。

表 1-18　定位、夹紧符号

分　类	标注位置	独　立		联　动	
		标注在视图轮廓线上	标注在视图正面上	标注在视图轮廓线上	标注在视图正面上
主要定位点	固定式				
	活动式				
辅助定位点					
机械夹紧					
液压夹紧					
气动夹紧					
电磁夹紧					

表 1-19 是定位、夹紧元件及装置符号。

表 1-19　定位、夹紧元件及装置符号

序号	符　号	名称	定位、夹紧元件及装置简图	序号	符　号	名称	定位、夹紧元件及装置简图
1		固定顶尖		4		内拨顶尖	
2		内顶尖		5		外拨顶尖	
3		回转顶尖		6		浮动顶尖	

（续）

序号	符　号	名称	定位、夹紧元件及装置简图	序号	符　号	名称	定位、夹紧元件及装置简图
7		伞形顶尖		16		圆柱衬套	
8		圆柱心轴		17		螺纹衬套	
9		锥度心轴		18		止口盘	
10		螺纹心轴		19		拨杆	
11		弹性心轴		20		垫铁	
		弹性夹头		21		压板	
12		三爪自定心卡盘		22		角铁	
13		四爪单动卡盘		23		可调支承	
14		中心架		24		平口钳	
15		跟刀架		25		中心堵	
				26		V形块	
				27		铁爪	

表1-20是定位、夹紧及装置符号综合标注示例。

表1-20　定位、夹紧及装置符号综合标注示例

序号	说　　明	定位、夹紧符号标注示意图	装置符号标注示意图	备　注
1	主轴固定顶尖、尾座固定顶尖定位,拨杆夹紧			
2	主轴固定顶尖、尾座浮动顶尖定位,拨杆夹紧			
3	主轴内拨顶尖、尾座回转顶尖定位,夹紧(轴类零件)	回转		
4	主轴外拨顶尖、尾座回转顶尖定位,夹紧(轴类零件)	回转		
5	主轴弹簧夹头定位、夹紧,夹头内带有轴向定位,尾座内顶尖定位(轴类零件)			
6	弹簧夹头定位、夹紧(套类零件)			
7	液压弹簧夹头定位、夹紧,夹头内带有轴向定位(套类零件)		轴向定位	轴向定位由一个定位点控制

(续)

序号	说　明	定位、夹紧符号标注示意图	装置符号标注示意图	备　注
8	弹性心轴定位、夹紧(套类零件)			
9	气动弹性心轴定位、夹紧,带端面定位(套类零件)			端面定位由三个定位点控制
10	锥度心轴定位、夹紧(套类零件)			
11	圆柱心轴定位、夹紧,带端面定位(套类零件)			
12	三爪自定心卡盘定位、夹紧(短轴类零件)			
13	液压三爪自定心卡盘定位、夹紧,带端面定位(盘类零件)			
14	四爪单动卡盘定位、夹紧,带轴向定位(短轴类零件)			
15	四爪单动卡盘定位、夹紧,带端面定位(盘类零件)			

（续）

序号	说　明	定位、夹紧符号标注示意图	装置符号标注示意图	备　注
16	主轴固定顶尖，床尾浮动顶尖，中部有跟刀架辅助支承定位，拨杆夹紧（细长轴类零件）			
17	主轴三爪自定心卡盘定位夹紧，尾架中心架支承定位（细长轴类零件）			
18	止口盘定位，螺栓压板夹紧			
19	止口盘定位，气动压板夹紧			
20	螺栓心轴定位夹紧（环类零件）			
21	圆柱衬套带有轴向定位，外用三爪自定心卡盘夹紧（轴类零件）			
22	螺纹衬套定位，外用三爪自定心卡盘夹紧			
23	平口钳定位夹紧			

（续）

序号	说　明	定位、夹紧符号标注示意图	装置符号标注示意图	备　注
24	电磁盘定位夹紧	⊙3　　　D→		
25	铁爪定位夹紧（薄壁零件）	4	轴向定位	
26	主轴伞形顶尖、尾架尾伞形顶尖定位，拨杆夹紧（筒类零件）			
27	主轴中心堵、尾架中心堵定位，拨杆夹紧（筒类零件）	2　2		
28	角铁及可调支承定位，联动夹紧			
29	一端固定V形块，工件平面用垫铁定位；另一端用可调V形块定位夹紧	可调		

表 1-21 是定位、夹紧符号标注示例。

表 1-21　定位、夹紧符号标注示例

序号	说　　明	定位、夹紧符号标注示意图	序号	说　　明	定位、夹紧符号标注示意图
1	装夹在 V 形块上的轴类工件（铣键槽）		6	装夹在钻模上的支架（钻孔）	
2	装夹在铣齿机底座上的齿轮（齿形加工）		7	装夹在齿轮、齿条压紧钻模上的法兰盘（钻孔）	
3	用四爪单动卡盘找正夹紧或三爪自定心卡盘夹紧及回转顶尖定位的曲轴（车曲轴）		8	装夹在夹具上的拉杆叉头（钻孔）	
4	装夹在一圆柱销和一菱形销夹具上的箱体（箱体镗孔）		9	装夹在专用曲轴夹具上的曲轴（铣曲轴侧面）	
5	装夹在三面定位夹具上的箱体（箱体镗孔）		10	装夹在联动定位装置上带双孔的工件（仅表示工件两孔定位）	

（续）

序号	说　明	定位、夹紧符号标注示意图	序号	说　明	定位、夹紧符号标注示意图
11	装夹在联动辅助定位装置上带不同高度平面的工件		14	装夹在液压杠杆夹紧夹具上的垫块（加工侧面）	
12	装夹在联动夹紧夹具上的垫块（加工端面）				
13	装夹在联动夹紧夹具上的多件短轴（加工端面）		15	装夹在气动铰链杠杆上的圆盘（加工上平面）	

（2）工序基准选择　零件上各个表面间的位置精度，是通过一系列工序加工后获得的。这些工序的加工顺序和工序尺寸的大小、标注方式是和零件图上的要求直接相关的。

1）最终工序和中间工序。图 1-5 所示为某轴承套的有关轴向尺寸要求。

四个轴向端面由三个设计尺寸进行联系，其中端面 B 是轴向主设计基准。

这些要求是需要通过一系列的加工来保证的。如图 1-6 所示为加工此轴承套的最后四个加工工序。

这些工序的工序尺寸间的关系如图 1-7a 所示。图中尺寸的编号由最后一个工序开始往前依次标定。尺寸线的箭头代表加工面，而另一端小圆点代表工序基准。

工序 30 直接保证了设计尺寸 $60^{+0.1}_{0}$ mm，称工序 30 为 $60^{+0.1}_{0}$ mm 这一工序尺寸的最终工序。同理，工序 20 是工序尺寸 $80^{0}_{-0.2}$ mm 的最终工序。除最终工序外，其他工序均称为中间工序。

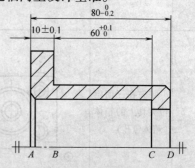

图 1-5　轴承套轴向尺寸

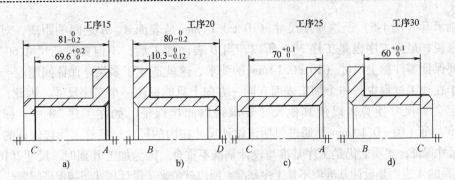

图 1-6　轴承套加工工序

a）半精车端面及内孔　b）半精车外圆及端面　c）磨削内孔　d）磨削外圆及轴肩面

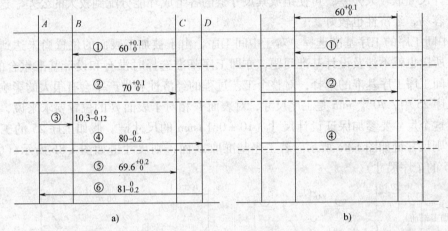

图 1-7　轴承套加工时的工序尺寸

2）最终工序的工序基准选择。在最终工序中，工序尺寸（包括相互位置关系）若要直接按零件图上的有关位置尺寸进行标注，则工序基准必须与设计基准重合。

在工序 30 中 B 表面的工序基准与设计基准，以及工序 20 中 D 表面的工序基准与设计基准，都是分别重合的。所以工序图上的工序尺寸可以直接用零件图上的设计尺寸来进行标注。

若在工序 30 中，B 表面的工序基准取在 D 面上，在 B、D 表面间是没有设计尺寸的，所以这两表面间的工序尺寸①′要通过尺寸链的换算才能得到。但由尺寸链的原理知，换算后的工序尺寸公差，必然要比直接按零件图尺寸标注时小，即公差要压缩（图 1-7b）。工序 30 的工序尺寸①′，以及工序 25 的工序尺寸 $70^{+0.1}_{0}$ mm，工序 20 的工序尺寸 $80^{0}_{-0.2}$ mm 与封闭环（零件图尺寸 $60^{+0.1}_{0}$ mm）组成一尺寸链。因此，这三个工序尺寸的公差之和不能大于 0.1mm，否则就有报废的可能。这就大大提高了对加工的要求，从而严重影响了加工的经济性。

另外，被加工表面的位置要通过测量工序尺寸来进行检验。所以选择工序基准时，应考虑测量方便，并使测量工具尽量简单。

综上所述，最终工序的工序基准选择的原则是：

①工序基准与设计基准重合，以避免尺寸换算和压缩公差。

②便于作测量基准，以使测量方便和检具简单。

另外，在最终工序选择工序基准时，会遇到多尺寸保证问题。

如轴承套（图 1-5）凸缘厚度尺寸（10 ± 0.1）mm 是表面 A、B 之间的距离，对这一位置尺寸来说，最终工序也是工序 30。所以，当 B 表面加工后，不但要保证尺寸 $60^{+0.1}_{0}$ mm，而且也要保证零件图上尺寸（10 ± 0.1）mm 的要求，这就造成了多尺寸保证问题。

　　由于在加工过程中，一个加工表面在同一方向上只能标注一个工序尺寸，因此，多尺寸保证一定会有尺寸换算，以使其他尺寸要求得以间接保证。如在工序 30 中，标注尺寸 $60^{+0.1}_{0}$ mm，而（10 ± 0.1）mm 是通过包括该设计尺寸在内的尺寸链换算而间接保证的。

　　多尺寸保证，实质上仍是工序基准与设计基准不重合。因为加工 B 面时，尺寸（10 ± 0.1）mm 所联系的 A 表面是设计基准但不是工序基准，所以就带来了设计尺寸间接保证问题。

　　在多尺寸保证的情况下，工序基准选择时，应直接保证公差最小的设计尺寸。其他间接保证的设计尺寸取较大公差，可使组成其尺寸链的各组成环能分配到较大的公差。这样，加工就比较容易，经济性也较好。

　　3）中间工序的工序基准选择。对于中间工序，由于被加工表面的位置尚未达到零件图的要求，所以也就不涉及设计基准问题，亦即工序基准选择时没有和设计基准重合的问题。但是，中间工序工序基准的选择，对整个工艺过程的经济性和生产率会有很大的影响。

　　在工序 25 中，$70^{+0.1}_{0}$ mm 是工序尺寸，对表面 C 相对于表面 B 的位置要求来说，是中间工序，但这个尺寸要参加保证设计尺寸（10 ± 0.1）mm 的尺寸链。假如工序 25 的工序基准取 A 面，则尺寸链如图 1-8a 所示。若工序基准取 B 面，则尺寸链如图 1-8b 所示（②′为此时工序 25 的工序尺寸）。

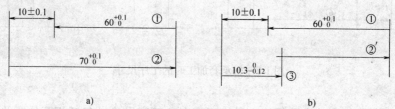

图 1-8　两种尺寸链方案

　　当工序基准取在 A 面时，保证设计尺寸（10 ± 0.1）mm 的组成环是尺寸 $60^{+0.1}_{0}$ mm 和 $70^{+0.1}_{0}$ mm。此时，这两个尺寸的公差之和可以是 0.2mm。若取在 B 面时，则尺寸链的组成环是尺寸①、②′和③，组成环的环数增多，但这三个尺寸的公差之和不能超过 0.2mm。如此一来，每个工序尺寸的公差都要缩小，从而使加工困难，成本增高。

　　另外，工序基准的选择，还要影响切除余量的变化量。

　　如工序 30 磨端面时，磨削去除的最大余量和最小余量，是由尺寸①、②和③来决定的。当①、③尺寸做成最大，②尺寸做成最小时，切除的余量是最大的；反之，是最小余量，如图 1-9a 所示。

　　由计算，最大余量为 0.4mm，最小余量为 0.08mm，余量的变化量是 0.32mm。这个变化量的数值，就是尺寸①、②和③的公差之和。

　　若在工序 20 中，加工端面 B 的工序基准不取在 A 面，而是取在 D 面，则在工序 30 加工端面 B 时，磨削的余量变化将由尺寸①、②、③′和④来确定。设③′的尺寸公差仍为 0.12mm，则余量的变化可由尺寸链方程进行计算（图 1-9b），求得 $\Delta Z = 0.52$ mm。

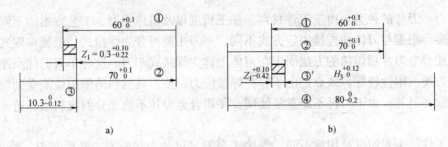

图 1-9　工序基准选择与余量变化

由此可知，工序基准的选择，要影响余量的变化。

一般来说，余量的变化对粗加工和半精加工的影响较小。而对精加工来说，尤其是端面的磨削，则对生产率有很大的影响。因此，一般在制订工艺规程时，只对精加工（有时也包括半精加工）进行余量的校核。

由以上分析可知，中间工序的工序基准选择，同样要影响产品的质量、生产率和经济性。一般选择的原则是：

①当工序尺寸参与间接保证零件的设计尺寸时，要使有关尺寸链的环数少。

②要使精加工余量的变化量小。

4. 选择机床、夹具、刀具

机床设备的选用既要保证加工质量又要经济合理，在成批或大批生产的情况下，一般采用通用机床、部分专用机床、专用夹具、标准刀具、复合刀具、专用量具。

（1）金属切削机床的选择　机床的选择，对工序的加工质量、生产率和经济性有很大的影响，为使所选定的机床性能符合工序的要求，必须考虑下列因素：

1）机床的工作精度应与工序要求的加工精度相适应。

2）机床工作区的尺寸应与工件的轮廓尺寸相适应。

3）机床的生产率应与该零件要求的年生产纲领相适应。

4）机床的功率、刚度应与工序的性质和合理的切削用量相适应。

在选择时，应注意充分利用现有设备，并尽量采用国产机床。为扩大机床的功能，必要时可进行机床改装，以满足工序的需要。

有时在试制新产品和小批生产时，较多地选用数控机床，以减少工艺装备的设计与制造，缩短生产周期和提高经济性。

在设备选定以后，有时还需要根据负荷的情况来修订工艺路线，调整工序的加工内容。

几种常用机床（卧式车床、数控车床、立式钻床、摇臂钻床、台式钻床、立式铣床、卧式铣床、数控铣床等）的主要技术参数参见附录 A。

（2）常用金属切削刀具　金属切削刀具种类很多，结构各异，常用的刀具有车刀、钻头、铰刀、丝锥、铣刀、齿轮刀具等。在生产中，除大批大量生产和加工特殊形状零件有时采用高效专用刀具、组合刀具和特殊刀具外，一般均选用标准刀具。

刀具选择合理与否不仅影响机床的加工效率，而且还直接影响加工质量。选择刀具通常要考虑机床的加工能力、工序内容、工件材料等因素。

1）车刀

①车刀和刀片的种类。由于工件材料、加工精度以及机床类型、工艺方案的不同，车刀的种类很多。根据与刀体的连接固定方式不同，车刀主要可分为焊接式与机械夹固式。

将硬质合金刀片用焊接的方法固定在刀体上称为焊接式车刀。这种车刀的优点是结构简单、制造方便、刚性较好。缺点是由于存在焊接应力，使刀具材料的使用性能受到影响，甚至出现裂纹；另外，由于刀杆不能重复使用，硬质合金刀片不能充分回收利用，造成刀具材料的浪费。

根据工件加工表面以及用途不同，焊接式车刀又可分为切断刀、外圆车刀、端面车刀、内孔车刀、螺纹车刀以及成形车刀等，如图1-10所示。

如图1-11所示，机夹可转位车刀由刀杆1、刀片2、刀垫3及夹紧元件4组成。刀片每边都有切削刃，当某切削刃磨损钝化后，只需松开夹紧元件，将刀片转一个位置便可继续使用。

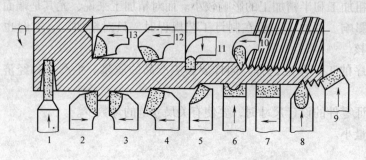

图1-10　焊接式车刀的种类

1—切断刀　2—90°左偏刀　3—90°右偏刀　4—弯头车刀　5—直头车刀
6—成形车刀　7—宽刃精车刀　8—外螺纹车刀　9—端面车刀
10—内螺纹车刀　11—内槽车刀　12—通孔车刀　13—不通孔车刀

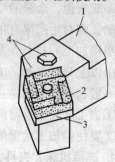

图1-11　机械夹固式可
转位车刀的组成

1—刀杆　2—刀片　3—刀垫
4—夹紧元件

刀片是机夹可转位车刀最重要的组成元件。按照国标GB/T 2076—2007，大致可分为带圆孔、沉形孔及无孔三大类。形状有三角形、正方形、五边形、六边形、圆形以及菱形等17种。图1-12所示为常见的可转位车刀刀片。

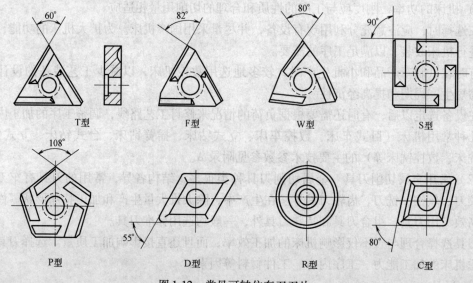

图1-12　常见可转位车刀刀片

②机夹可转位车刀的选用。为了减少换刀时间和方便对刀，便于实现机械加工的标准化，应尽量采用机夹刀和机夹刀片。

刀片材质的选择：车刀刀片的材料主要有高速钢、硬质合金、涂层硬质合金、陶瓷、立方氮化硼和金刚石等。其中应用最多的是硬质合金和涂层硬质合金刀片。选择刀片材质，主要根据被加工工件的材料、被加工表面的精度与表面质量要求、切削载荷的大小以及切削过程中有无冲击和振动等进行选择。

刀片尺寸的选择：刀杆尺寸的大小取决于必要的有效切削刃长度 L。有效切削刃长度与背吃刀量 a_p 和车刀的主偏角 κ_r 有关（见图 1-13），使用时可查阅有关刀具手册。

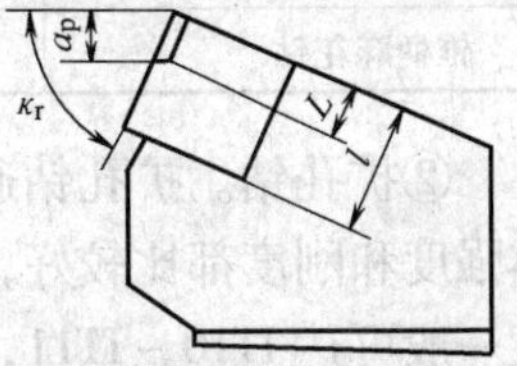

图 1-13　切削刃长度与背吃刀量和主偏角的关系

刀片形状的选择：刀片形状主要依据被加工工件的表面形状、切削方法、刀具寿命和刀片的转位次数等因素选择。表 1-22 所示为被加工表面形状及适用的刀片形状。表中刀片型号组成见国家标准 GB/T 2076—2007《切削刀具用可转位刀片型号表示规则》。

表 1-22　被加工表面与适用的刀片形状

	主偏角	45°	45°	60°	75°	90°
车削外圆表面	刀片形状及加工示意图	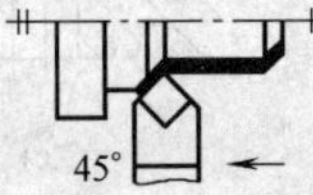 45°	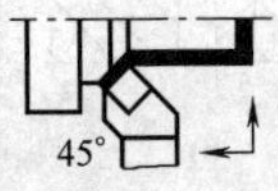 45°	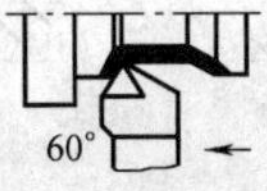 60°	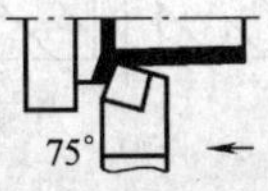 75°	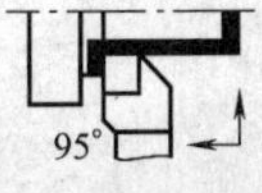 95°
	推荐选用刀片	SCMA、SPMR、SCMM、SNMM-8、SPUN、SNMM-9	SCMA、SPMR、SCMM、SNMC、SPUN、SPCR	TCMA、TNMM-8、TCMM、TPUM	SCMM、SPUM、SCMA、SPMR、SNMA	CCMA、CCMM、CNMM-7
	主偏角	75°	90°	90°	95°	
车削端面	刀片形状及加工示意图	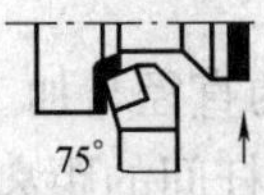 75°	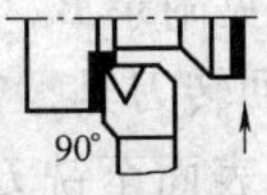 90°	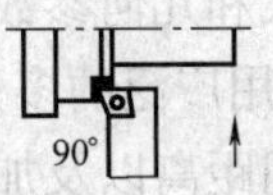 90°	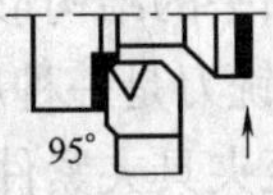 95°	
	推荐选用刀片	SCMA、SPMR、SCMM、SPUR、SPUN、CNMC	TNUN、TNMA、TCMA、TPUM、TCMM、TPMR	CCMA	TPUN、TPMR	
	主偏角	15°	45°	60°	90°	93°
车削成型面	刀片形状及加工示意图	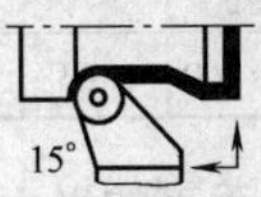 15°	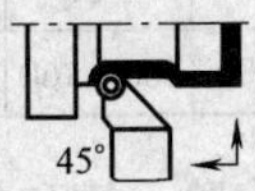 45°	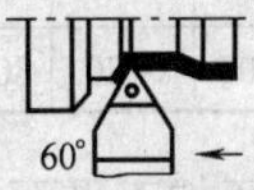 60°	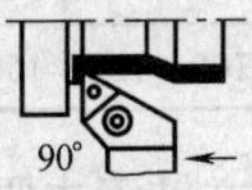 90°	
	推荐选用刀片	RCMM	RNNC	TNMM-8	TNMC	TNMA

2）钻头

①麻花钻。麻花钻是孔加工刀具中应用最广的刀具，特别适合于 $\phi30mm$ 以下的孔的粗加工，有时也可用于扩孔。根据材料不同可将其分为高速钢麻花钻和硬质合金麻花钻。表 1-23 列出了几种常见结构形式麻花钻的应用范围。

表 1-23　常见结构形式麻花钻的应用范围

类　　型	用　　途
直柄短麻花钻	在自动机床、转塔车床或手动工具上钻浅孔或钻中心孔
直柄麻花钻	在各种机床上用钻模或不用钻模钻孔
锥柄麻花钻	在各种机床上用钻模或不用钻模钻孔

②扩孔钻。扩孔钻通常用作铰孔或磨孔前的预加工即毛坯孔的扩大。与麻花钻相比，刀体强度和刚度都比较好，齿数多，切削平稳。因此扩孔的效率和精度比麻花钻高，其加工精度一般可达 IT10～IT11，加工表面粗糙度在 $Ra6.3～3.2\mu m$ 之间。

③锪钻。锪钻有三种形式：平面锪钻，用于锪沉孔或锪平面（见图 1-14a、b）；外锥面锪钻，用于孔口倒角或去毛刺（见图 1-14c）；内锥面锪钻，用于倒螺栓外角。前一种形式的锪钻有高速钢和硬质合金刀片两种形式，后两种锪钻一般均采用高速钢制造。

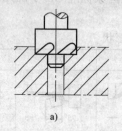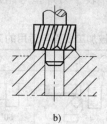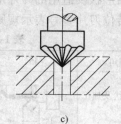

a)　　　　　　　　b)　　　　　　　　c)

图 1-14　锪钻加工示意图

a) 沉头孔　b) 端面　c) 倒角

④中心钻。中心钻用于加工轴类工件的中心孔。钻孔前，先钻中心孔，有利于钻头的导向，可防止孔的偏斜。

各种类型钻头的结构形式和几何参数参见附录 B。

3）铣刀。铣刀是一种应用广泛的多刃回转刀具，它的直径与加工表面的大小和分布位置、加工表面至夹具夹紧件间距离以及加工表面至铣刀刀杆间的距离有关。铣刀直径 d_0 可根据铣削背吃刀量 a_p、侧吃刀量 a_e 按表 1-24 选取。

表 1-24　铣刀直径选择　　　　　　　　（单位：mm）

铣刀名称	硬质合金铣刀			圆盘铣刀				槽铣刀及切断刀			
a_p	≤4	~5	~6	≤8	~12	~20	~40	≤5	~10	~12	~25
a_e	≤60	~90	~120	~20	~25	~35	~50	≤4	≤4	~5	~10
铣刀直径	~80	100~125	160~200	~80	80~100	100~160	160~200	~63	63~80	80~100	100~125

①立铣刀。立铣刀主要用于加工平面、台阶、槽和相互垂直的平面，利用锥柄或直柄紧固在机床主轴中。用立铣刀铣槽时槽宽有扩张，故应取直径比槽宽略小的铣刀（0.1mm 以内）。

②圆柱形铣刀。圆柱形铣刀用在卧式铣床上加工平面。圆柱形铣刀主要用高速钢制造，也可以镶焊螺旋形的硬质合金刀片。圆柱形铣刀采用螺旋形刀齿以提高切削工作的平稳性。

③面铣刀。面铣刀用在立式铣床上加工平面，轴线垂直于被加工表面。面铣刀主要采用硬质合金刀齿，故有较高的生产率。

④键槽铣刀。键槽铣刀既像立铣刀又像钻头，它可以轴向进给向毛坯钻孔，然后沿键槽

方向运动铣出键槽的全长。

⑤镶齿三面刃铣刀。三面刃铣刀除圆柱表面有刀齿外，在两侧端面上也都有切削刃。它可用于切槽和台阶面。

⑥锯片铣刀。锯片铣刀可看作薄片的槽铣刀，用于切削窄槽或切断材料，它和切断车刀类似，对刀具几何参数的合理性要求较高。

⑦超速型钻铣刀。超速型钻铣刀底刃刀片角度较大，加工阻力小，可作深粗铣加工。

各种类型铣刀的结构形式和几何参数参见附录 C。

4）铰刀。铰刀用于孔的精加工与半精加工，是目前常用的精加工孔的刀具。由于加工余量小，齿数多，又有较长的修光刃等原因，加工精度和表面质量都较高，精度可达 IT6 ~ IT11，表面粗糙度可达 $Ra1.6 ~ 0.2\mu m$。

铰刀一般分为手用铰刀和机用铰刀。手用铰刀又分为整体式和可调整式；机用铰刀可分为直柄、锥柄和套式三种。铰刀不仅可用来加工圆柱形孔，也可用来加工圆锥形孔。加工圆锥形孔的铰刀，称为锥度铰刀。

各种类型铰刀的结构形式和几何参数参见附录 D。

5）丝锥。丝锥是加工各种中、小尺寸内螺纹的刀具。它结构简单、使用方便，既可用于手工操作，也可以在机床上加工。丝锥在生产中应用得非常广泛。对于小尺寸的内螺纹来说，丝锥是主要的加工工具。按其功用来分类，有手用丝锥、机用丝锥、锥形螺纹丝锥、梯形螺纹丝锥等。

手用丝锥是用于操作切削内螺纹的标准刀具，常用于单件、小批生产或修配工作；机用丝锥是用在机床上加工内螺纹的刀具。

各种类型丝锥的结构形式和几何参数参见附录 E。

（3）量具　选择计量器具时，主要根据被加工零件的精度要求、零件的尺寸、形状和生产类型等条件进行选择。通常，尺寸计量器具分为量具、计量仪器两类。

1）量具。它是一种具有固定形态，用来复现或提供给定量的一个或多个已知量值的计量器具，如量块、光滑极限量规、钢直尺、钢卷尺等。在结构上量具一般不带有可动的器件。

2）计量仪器（计量仪表）。简称量仪。将被测量值转换成可直接观察的示值或等效信息的计量器具。其特点是它包含有可运动的测量元件，能指示出被测量的具体数值。习惯上把测微类（千分尺等）、游标类（游标卡尺、游标高度尺等）和表类（百分表、内径表等）这些比较简单的计量仪器称为通用量具。

表1-25 列出了常用量具及规格。

表1-25　常用量具及规格　　　　　　　（单位：mm）

量具名称	用途	备注		
		公称规格	主参数	
			测量范围	读数值
三用游标卡尺	用于测量工件的内径、外径、长度、高度和深度	125×0.05	0~125	0.05
		125×0.02	0~125	0.02
		150×0.05	0~150	0.05
		150×0.02	8~150	0.02

（续）

量具名称	用途	备注		
		公称规格	主参数	
			测量范围	读数值
二用游标卡尺	用于测量工件的内径、外径和长度	200 × 0.05	0 ~ 200	0.05
		200 × 0.02	0 ~ 200	0.02
		300 × 0.05	0 ~ 300	0.05
		300 × 0.02	0 ~ 300	0.02
高度游标卡尺	用于测量工件的高度和进行精密划线	200 × 0.05	0 ~ 200	0.05
		200 × 0.02	0 ~ 200	0.02
		300 × 0.05	0 ~ 300	0.05
		300 × 0.02	0 ~ 300	0.02
		500 × 0.1	0 ~ 500	0.1
		500 × 0.05	0 ~ 500	0.05
		500 × 0.02	0 ~ 500	0.02
深度游标卡尺	用于测量工件的沟槽深度、孔深、台阶高度及其他类似尺寸	200 × 0.05	0 ~ 200	0.02
		200 × 0.02	0 ~ 200	0.02
		300 × 0.05	0 ~ 300	0.05
		300 × 0.02	0 ~ 300	0.02
		500 × 0.05	0 ~ 500	0.05
		500 × 0.02	0 ~ 500	0.02
外径千分尺	用于测量精密零件的外径、厚度和长度	0 ~ 25	0 ~ 25	0.01
		25 ~ 50	25 ~ 50	0.01
		50 ~ 75	50 ~ 75	0.01
		75 ~ 100	75 ~ 100	0.01
		100 ~ 125	100 ~ 125	0.01
		125 ~ 175	125 ~ 175	0.01
杠杆千分尺	用于测量工件的高精度外径、厚度、长度及校对一般量具	0 ~ 25 × 0.002	0 ~ 25	0.002
		0 ~ 25 × 0.001	0 ~ 25	0.001
		25 ~ 50 × 0.002	25 ~ 50	0.002
		25 ~ 50 × 0.001	25 ~ 50	0.001
内径千分尺	用于测量精密零件的内径或沟槽的内侧面尺寸	50 ~ 175	50 ~ 175	0.01
		50 ~ 250	50 ~ 250	0.01
		50 ~ 575	50 ~ 575	0.01
		50 ~ 600	50 ~ 600	0.01
		75 ~ 175	75 ~ 175	0.01
		75 ~ 575	75 ~ 575	0.01

(续)

量具名称	用途	备注		
		公称规格	主参数	
			测量范围	读数值
杠杆百分表 杠杆千分表	用于测量工件的几何形状误差和相互位置的正确性。特别适于测量受空间限制的工件,如内孔圆跳动误差量、键槽、导轨的直线度误差、相对位置的正确性等	±0.4×0.01	0~0.8	0.01
三爪内径千分尺	用于测量精度较高的内侧尺寸	规格		读数值
		11~20		0.005
深度千分尺	用于测量工件的沟槽、孔的深度和台阶高度或类似尺寸	0~100		0.01
		0~150		0.01
管壁厚千分尺	用于测量高精密度管、套类零件的壁厚尺寸	0~25		0.01
板料厚千分尺	用于测量精密板形零件或板料的厚度尺寸	0~25		0.01
百分表	测量工件的几何形状和相互位置的正确性及位移量,并可用比较法测量工件的尺寸	0~3		0.01
		0~5		
		0~10		
千分表	采用比较测量法或绝对测量法测量高精度零件的几何形状和相互位置的正确性及位移量	0~1		0.001
		0~2		0.005

5. 加工余量及工序间尺寸与公差的确定

根据工艺路线安排,首先应确定一个加工表面的工序加工余量,其工序尺寸公差按加工经济精度确定,一个表面的总加工余量则为该表面各工序加工余量之和。

工序间的加工余量按查表法确定,其选用原则为:

1）为缩短加工时间,降低制造成本,应采用最小的加工余量。

2）加工余量应保证得到图样上规定的精度和表面粗糙度。

3）要考虑零件热处理时的变形,否则可能产生废品。

4）要考虑所采用的加工方法、设备的影响以及加工过程中零件可能产生的变形。

5）要考虑加工零件尺寸大小,尺寸越大,加工余量越大,因为零件的尺寸增大后,由切削力、内应力等引起变形的可能性也增加。

6）选择加工余量时,还要考虑工序尺寸公差的选择。因为公差的界限决定加工余量的最大尺寸和最小尺寸。其工序公差不应超过经济加工精度的范围。

7）本工序余量应大于上工序留下的表面缺陷层厚度。

8）本工序公差必须大于上工序的尺寸公差和几何形状公差。

各种加工方法粗、精加工余量的选择参见附录F。

6. 切削用量的确定

在机床刀具、加工余量确定的基础上要求学生用公式计算和查表相结合的办法确定切削用量。

切削用量不仅是在机床调整前必须确定的重要参数,而且其数值合理与否对加工质量、生产效率、生产成本等有着非常重要的影响。在确定了刀具几何参数后,还需选定合理的切削用量参数才能进行切削加工。所谓"合理的"切削用量是指充分利用刀具切削性能和机床动力性能（功率、转矩），在保证质量的前提下，获得高的生产率和低的加工成本的切削用量。选择合理的切削用量是切削加工中十分重要的环节，选择合理的切削用量时，必须考虑合理的刀具寿命。

（1）切削用量的选择原则　切削用量与刀具使用寿命有密切关系。在制订切削用量时，应首先选择合理的刀具使用寿命，而合理的刀具使用寿命则应根据优化的目标而定。一般分最高生产率刀具使用寿命和最低成本刀具使用寿命两种，前者根据单件工时最少的目标确定，后者根据工序成本最低的目标确定。

1）粗车切削用量的选择。对于粗加工，在保证刀具一定使用寿命的前提下，要尽可能提高在单位时间内的金属切除率。在切削加工中，金属切除率与切削用量三要素 a_p、f、v 均保持线性关系，即其中任何一参数增大一倍，都可使生产率提高一倍。然而由于刀具使用寿命的制约，当其中任一参数增大时，其他两个参数必须减小。因此，在制订切削用量时，三要素要获得最佳组合，此时的高生产率才是合理的。由刀具使用寿命的经验公式知道，切削用量各因素对刀具使用寿命的影响程度不同，切削速度对使用寿命的影响最大，进给量次之，背吃刀量影响最小。所以，在选择粗加工切削用量时，当确定刀具使用寿命合理数值后，应首先考虑增大 a_p，其次增大 f，然后根据 T、a_p、f 的数值计算出 v_T，这样既能保持刀具使用寿命，发挥刀具切削性能，又能减少切削时间，提高生产率。背吃刀量应根据加工余量和加工系统的刚性确定。

2）精加工切削用量的选择。选择精加工或半精加工切削用量的原则是在保证加工质量的前提下，兼顾必要的生产率。进给量根据工件表面粗糙度的要求来确定。精加工时的切削速度应避开积屑瘤区，一般硬质合金车刀采用高速切削。

（2）切削用量制订　目前许多工厂是通过切削用量手册、实践总结或工艺试验来选择切削用量的。制订切削用量时应考虑加工余量、刀具使用寿命、机床功率、表面粗糙度、刀具刀片的刚度和强度等因素。

切削用量制订的步骤：背吃刀量的选择—进给量的选择—切削速度的确定—校验机床功率。

1）背吃刀量的选择。背吃刀量 a_p 应根据加工余量确定。粗加工时，除留下精加工的余量外，应尽可能一次走刀切除全部粗加工余量，这样不仅能在保证一定的刀具使用寿命的前提下使 a_p、f、v 的乘积最大，而且可以减少走刀次数。在中等功率的机床上，粗车时背吃刀量可达 8~10mm；半精车（表面粗糙度值一般是 $Ra10~5\mu m$）时，背吃刀量可取为 0.5~2mm；精车（表面粗糙度值一般是 $Ra2.5~1.25\mu m$）时，背吃刀量可取为 0.1~0.4mm。

在加工余量过大或工艺系统刚度不足或刀片强度不足等情况下，应分成两次以上走刀。这时，应将第一次走刀的背吃刀量取大些，可占全部余量的 2/3~3/4，而使第二次走刀的背吃刀量小些，以使精加工工序获得较小的表面粗糙度值及较高的加工精度。

切削零件表层有硬皮的铸、锻件或不锈钢等冷硬较严重的材料时，应使背吃刀量超过硬皮或冷硬层，以避免使切削刃在硬皮或冷硬层上切削。

2）进给量的选择。背吃刀量选定以后，应进一步尽量选择较大的进给量 f，其合理数值应该保证机床、刀具不致因切削力太大而损坏；切削力所造成的工件挠度不致超出零件精度允许的数值；表面粗糙度参数值不致太大。粗加工时，限制进给量的主要因素是切削力；半精加工和精加工时，限制进给量的因素主要是表面粗糙度值。

粗加工进给量一般多根据经验查表选取。这时主要考虑工艺系统刚度、切削力大小和刀具的尺寸等。

　　3）切削速度的确定。当 a_p 和 f 选定后，应当在此基础上再选用最大的切削速度 v。此速度主要受刀具使用寿命的限制。但在较旧、较小的机床上，限制切削速度的因素也可能是机床功率等。因此，在一般情况下，可以先按刀具使用寿命来求出切削速度，然后再校验机床功率是否超载，并考虑修正系数。切削速度的计算式为

$$v = \frac{C_v}{T^m f y_v a_p x_v} k_v$$

　　a_p、f 及 T 值计算出的 v 值已列成切削速度选择表，可以在机械加工工艺手册中查到。确定精加工及半精加工的切削速度时，还要注意避开积屑瘤的生长区域。

　　式中的 k_v 是修正系数，用它表示除 a_p、f 及 T 以外其他因素对切削速度的影响。

　　4）校验机床功率。切削用量选定后，应当校验机床功率是否过载。

　　切削功率 P_m 可按下式计算：

$$P_m = \frac{F_c v}{60 \times 1000}$$

式中，F_c 的单位为 N，v 的单位为 m/min。

　　机床的有效功率为　　　　　　　　　　$P_E = P_E \times \eta_m$

式中　　P_E——机床电动机功率；

　　　　η_m——机床传动效率。

　　如果 $P_m < P_E$，则所选取的切削用量可用，否则应适当降低切削速度。

　　各类机床常用切削用量选择参见附录 G。

　　（3）切削用量选择举例

　　例 1　现有一工序采用立式组合钻床加工，各工位的内容分别为：铰削 1 个直径为 $\phi16mm$，精度为 H8 的圆柱孔；攻 2 个 M24×1mm 的螺纹孔。试确定该工序的切削用量。

　　1）背吃刀量的选择

　　①铰孔。由表 F-9 查得，铰削前孔的直径是 15.85mm，因此铰孔工位的背吃刀量 a_p = (16mm – 15.85mm)/2 = 0.075mm。

　　②攻螺纹。由表 F-21 查得，M24×1mm 的螺纹在加工前底孔直径应为 23mm，因此螺纹的背吃刀量 a_p = (24mm – 23mm)/2 = 0.5mm。

　　2）进给量的选择

　　①铰孔。由表 G-32 查得，在钢件上铰削 $\phi16mm$ 的孔，进给量 f = 0.40～0.60mm/r，故本例暂取 f = 0.50mm/r。

　　②攻螺纹。由于攻螺纹的进给量就是被加工螺纹的螺距，因此 f = 1mm/r。

　　3）切削速度的选择

　　①铰孔。由表 G-32 知在钢件上铰 $\phi16mm$ 的孔，v = 1.2～5m/min，故本例暂取该工位的切削速度 v = 4m/min。由公式 $n = (v/\pi d) \times 1000$ 可求出该工位的主轴转速 $n = [4/(\pi \times 16)] \times 1000r/min \approx 79.6r/min$。

　　又由立式钻床的主轴转速表 A-8，取转速 n = 89r/min。再将此转速带入公式，可求出该工序的实际切削速度 $v = n\pi d/1000$ = 4.27m/min。

②攻螺纹。由表 G-43 查得攻螺纹的切削速度 $v = 3 \sim 8\text{m/min}$，故本例暂取 $v = 3\text{m/min}$。由公式 $n = (v/\pi d) \times 1000$ 求出该工位的主轴转速 $n = [3/(\pi \times 24)] \times 1000\text{r/min} \approx 39.8\text{r/min}$。

又由立式钻床的主轴转速表 A-8，取转速 $n = 47\text{r/min}$，再将此转速代入公式 $v = n\pi d/1000$，可求出该工序的实际切削速度 $v = 3.32\text{m/min}$。

4）切削速度和进给量的校核。刀具的每分钟进给量 f_m、刀具转速 n 和进给量 f 之间的关系为 $f_m = nf$，由此可分别求出铰孔和攻螺纹的每分钟进给量，即铰孔的 $f_m = 89\text{r/min} \times 0.50\text{mm/r} = 44.5\text{mm/min}$；攻螺纹的 $f_m = 47\text{r/min} \times 1\text{mm/r} = 47\text{mm/min}$。由于两者不相等，因此需对上述切削速度进行修改。

因为攻螺纹时，$f = (47\text{mm/min})/(89\text{r/min}) \approx 0.53\text{mm/r}$，所以本例对铰孔的进给量进行修改。令 $f = 0.53\text{mm/r}$，则铰孔的每分钟进给量 $f_m = 89\text{r/min} \times 0.53\text{mm/r} = 47\text{mm/min}$，等于攻螺纹的每分钟进给量，这与组合机床切削用量的选择原则相符合。

综上所述，各工位的背吃刀量和切削速度按前述保持不变，而只需将铰孔的进给量改为 $f = 0.53\text{mm/r}$。

7. 画毛坯图

在加工余量确定的基础上画毛坯图。要求毛坯图与零件图画在一起，即零件-毛坯总图，其中余量用红色双点画线标明，同时应在图上标出毛坯尺寸、公差技术要求、毛坯制造分型面、圆角半径、拔模斜度等。

8. 绘制零件的机械加工工序卡片

将前述各项内容以及各工序简图一并填入规定的工序卡片，卡片的尺寸规格统一。

对工序简图的要求如下：

1）根据零件加工或装配情况可画（左或右）向视图、剖视图、局部视图；允许不按比例绘制。

2）加工表面应用粗实线表示，其他非加工表面用细实线表示。

3）标明定位基面、加工部位、精度要求、表面粗糙度、测量基准等。

4）标注定位夹紧符号按 JB/T 5061—2006 选用。

5）其他技术要求，如具体的加工要求、热处理、清洗等。

某发动机生产企业连杆加工的工艺过程卡片和工序卡片参见附录 H。

1.3.4 专用夹具设计

设计给定零件某一加工工序所需的专用夹具一套，具体内容可由指导教师规定。具体设计步骤如下：

1. 确定定位方案

1）分析零件图和工艺文件，熟悉加工技术要求。

2）分析工件在加工时需要限制的自由度。

3）确定主要定位基准（基面）和次要定位基准（基面）。

4）选择定位元件，确定夹具在机床的位置和对刀元件的位置，画定位简图。

常用定位元件的结构与几何参数参见附录 I。

5）定位误差的分析与计算：为了确定所设计的定位方案能满足加工要求，还必须对定位误差进行分析和计算。如果不满足（相应的定位误差应在工序精度要求的 $1/2 \sim 1/5$ 范围内)，需改变定位方案或采取其他相应的措施加以解决。

2. 夹紧方案设计

夹紧方案的设计与定位方案设计密切相关。夹紧方案的优劣决定夹具设计的成功与否，因此必须充分地研究讨论以确定最佳方案，而不应急于绘图。在决定夹具设计方案时应遵循下列原则：保证加工质量，结构简单，操作省力可靠，效率高，制造成本低。其步骤如下：

1）合理地选择力的作用点、方向、大小，保证零件夹紧时稳定、变形小。

2）计算零件夹紧力的大小。

在考虑切削力、离心力、夹紧力等作用下，首先按照静力平衡条件求得理论夹紧力。为保证零件装夹的安全可靠，实际的夹紧力比理论夹紧力大，安全系数可从有关手册查出。

常用典型夹紧机构参见附录J。

常用夹具元件的结构与几何参数参见附录L。

3. 绘制夹具总装图

夹具的总装配图应反映其工件的加工状态，并尽量按1:1的比例绘制草图。通常以加工时操作者正对夹具的面为主视图。工件用双点画线画出，并反映出定位夹紧情况。用双点画线表示的假想形体，都看作透明体，不能遮挡后面的夹具结构。夹具松开位置用双点画线表示，以显示其工作空间，避免与刀具机床干涉。刀具机床的局部也用双点画线表示。改装夹具的改动部分用粗实线，其余轮廓用细实线表示。

夹具总装配图上应标注的尺寸。

1）最大外形轮廓尺寸。若夹具上有活动部件，则应用双点画线画出最大活动范围，或标出活动部分的尺寸范围。

2）影响定位精度的尺寸和公差。包括工件与定位元件及定位元件之间的尺寸与公差。

3）影响对刀精度的尺寸和公差。主要指刀具与对刀元件或导向元件之间的尺寸与公差。

4）影响夹具在机床上安装精度的尺寸和公差。主要指夹具安装基面与机床相应配合表面之间的尺寸与公差。

5）影响夹具精度的尺寸和公差。包括定位元件、对刀或导向元件、分度装置及安装基面相互之间的尺寸、公差和位置公差。

6）其他重要尺寸和公差。它们一般为机械设计中应标注的尺寸与公差。

1.3.5 编写课程设计说明书

设计说明书是设计工作的重要组成部分。设计说明书应概括地介绍设计全貌，对设计中的各部分内容应作重点说明、分析、论证及进行必要的计算。设计说明书一般应包括下列内容：目录；设计任务书；总论或前言；原始资料的分析；毛坯的确定；定位基准方案的选择比较；主要表面加工方法的选择比较；机械加工顺序的选择比较；工序尺寸及公差的计算与确定，切削用量与定位夹紧方案的确定等；设计体会；参考文献。

在设计过程中应随时记录思考和论述的问题、计算公式数据及查阅的各种技术资料，以供编写说明书时用。

学生在完成上述全部内容后，应将全部工作过程按顺序编写成设计说明书一份，要求字迹工整，语言简练，文字通顺。

第2章 中间轴齿轮加工工艺规程

2.1 课程设计的基本要求及内容

1. 设计目的

"机械制造技术"课程设计是综合运用机械制造技术课程群知识，分析和解决实际工程问题的重要教学环节。通过课程设计培养学生制订零件机械加工工艺规程和分析工艺问题的能力，以及设计机床夹具的能力。在设计过程中，学生应熟悉有关标准和设计资料，学会使用相关手册和数据库。

2. 设计的题目和内容

"机械制造技术"课程设计的题目一般定为：制订某一零件成批或大批生产加工工艺规程及专用夹具设计，也可针对一组零件进行成组工艺和成组夹具设计。

3. 设计应完成的内容

1) 制订指定零件（或零件组）的机械加工工艺规程，编制零件机械加工工艺过程卡片和工序卡片，选择所用机床、夹具、刀具、量具、辅具。

2) 对所制订的工艺进行必要的分析论证和计算。

3) 确定毛坯制造方法及主要表面的总余量。

4) 确定主要工序的工序尺寸、公差和技术要求。

5) 对主要工序进行工序设计，编制机械加工工序卡片，画出工序简图，选择切削用量。

6) 设计某一工序的专用夹具，绘制夹具装配图和主要零件图。

7) 编写设计说明书。

2.2 制订中间轴齿轮加工工艺路线

1. 零件图分析

（1）零件的功用 本零件（图2-1）为拖拉机变速器中倒速中间轴齿轮，其功用是传递动力和改变输出轴运动方向。

（2）零件工艺分析 中间轴齿轮为回转体零件，其最主要加工面是 $\phi62H7$ 孔和齿面，且两者有较高的同轴度要求，是加工工艺需要重点考虑的问题。其次两轮毂端面由于装配要求，对 $\phi62H7$ 孔有端面圆跳动要求。最后，两齿圈端面在滚齿时要作为定位基准使用，故对 $\phi62H7$ 孔也有端面圆跳动要求。这些在安排加工工艺时也需给予注意。

2. 确定毛坯

（1）确定毛坯制造方法 中间轴齿轮的主要功用是传递动力，其工作时需承受较大的冲击载荷，要求有较高的强度和韧性，故毛坯应选择锻件，以使金属纤维尽量不被切断。又

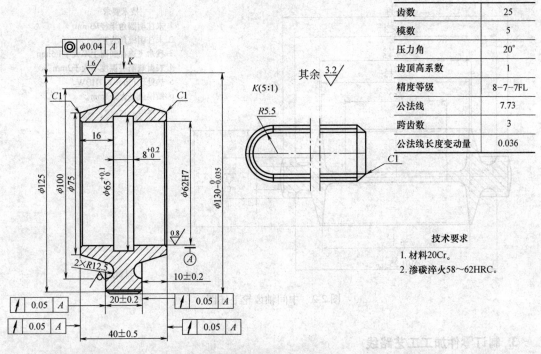

齿数	25
模数	5
压力角	20°
齿顶高系数	1
精度等级	8-7-7FL
公法线	7.73
跨齿数	3
公法线长度变动量	0.036

技术要求

1. 材料20Cr。
2. 渗碳淬火58~62HRC。

图 2-1　中间轴齿轮零件图

由于年产量为 5000 件，达到了批量生产的水平，且零件形状较简单，尺寸也不大，故应采用模锻。

（2）确定总余量　由表 2-1 确定直径上的总余量为 6mm，厚度方向（轴向）上的总余量为 5mm。

中间轴齿轮轴向和径向的总加工余量也可以经过计算得到，各工序的加工余量可以查表得出，然后某表面的总加工余量即等于其中间各工序加工余量之和。

表 2-1　凸肩齿轮锻件的机械加工余量与公差　　　　　　（单位：mm）

锻件高度 H	锻件直径 D							
	≤100		101~150		151~200		201~250	
	直径及厚度方向上的余量 a、b 与公差							
	a	b	a	b	a	b	a	b
≤50	$5^{+1.0}_{-1.5}$	$5^{+1.0}_{-1.5}$	6±2	$5^{+1.0}_{-1.5}$	7±2	6±2	8^{+2}_{-3}	7±2
51~100	5±2	$5^{+1}_{-1.6}$	7±2	6±2	8^{+2}_{-3}	7±2	9^{+2}_{-3}	8^{+2}_{-3}
101~160	7±2	6±2	8^{+2}_{-3}	7±2	9^{+2}_{-3}	8^{+2}_{-3}	10^{+2}_{-3}	9^{+2}_{-3}
161~250	—	—	10^{+2}_{-3}	9^{+2}_{-3}	11^{+3}_{-4}	10^{+2}_{-3}	—	—

（3）绘制毛坯图（图 2-2）

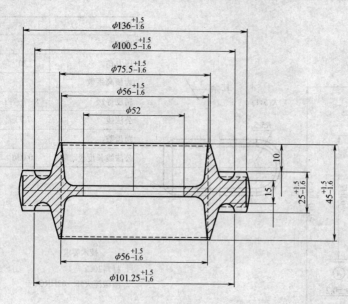

技术要求
1. 未注明圆角半径R3mm。
2. 未注明模角为7°。
3. 残余飞边在圆圈上不大于1.5mm。
4. 表面缺陷层深度不大于2mm。
5. 热处理156~217HBW。
6. 错模量不大于1mm。
7. 去锐边。

材料20Cr

图 2-2   中间轴齿轮毛坯图

3. 制订零件加工工艺路线

（1）选择表面加工方法

1）$\phi62H7$ 孔。参考表 2-2，并考虑：①生产批量较大，应采用高效加工方法；②零件热处理会引起较大变形，为保证 $\phi62H7$ 孔的精度及齿面对 $\phi62H7$ 孔的同轴度公差，热处理后需对该孔再进行加工。故确定热处理前采用扩孔—拉孔的加工方法，热处理后采用磨孔方法。

表 2-2   孔加工的精度和表面质量

加工方法	表面粗糙度 Ra /μm	表面缺陷深度 /μm	尺寸公差等级	形状精度等级	形状误差（圆柱度、圆度）/μm 按孔的直径（mm）选定					
					≤6	>6~18	>18~50	>50~120	>120~260	>260~500
钻头和用钻头扩孔	12.5~3.2	7025	IT12~13	9~10		30	40	50	—	—
			IT11	8~9	12	20	25	—	—	—
扩孔：粗扩在铸孔、冲孔上粗扩	12.5~3.2	50~30	IT12~13	9~10	—	30	40	50		
粗扩后或钻孔后精扩	6.3~3.2	4025	IT11~13	9~10	—	30	40	50		
			IT10	8	—	12	16	20		
铰孔：一般铰孔	0.8	10	IT8~9	7	5	5	8	10	12	20
半精铰	0.4	5	IT8~7	6	3	5	6	8	10	12
精铰			IT6	4~5	2	3	4	5	6	8
拉孔：在铸出或冲出孔上拉孔	0.8~0.4	10~5	IT9	7		8	10	12	16	
在粗拉或钻出孔中精拉			IT7~8	6		5	6	8	10	

（续）

加工方法	表面粗糙度 Ra /μm	表面缺陷深度 /μm	尺寸公差等级	形状精度等级	形状误差（圆柱度、圆度）/μm 按孔的直径（mm）选定					
					≤6	>6~18	>18~50	>50~120	>120~260	>260~500
镗孔：粗镗	12.5~6.3	50~30	IT11~13	8~9	8	12~20	16~25	20~30	25~40	30~50
半精镗	3.2~1.6	25~15	IT9~10	7	5	8	10	12	16	20
精镗	0.8~0.2	10~4	IT7~8	6	3	5	6	8	10	12
金刚镗	0.8~0.2	10~4	IT6	4~5	—	3	4	5	6	8
磨孔：粗磨	0.8~0.4	20~25	IT8	6		5	6	8	10	12
半精磨			IT7	4~5	2	3	4	5	6	8
精磨	0.4~0.1	5	IT6							
研磨（珩磨）	0.2~0.025	5~3	IT6	4~5	1.2	2	2.5	3	4	5
附 注	1. 本表所列数据适用于钢件，对于铸铁件和有色金属件的工艺公差可取同一等级或高一级的数据 2. 孔的形状误差和尺寸误差，对于 $L/d < 2.0$ 是有效的，当 $L/d = 2 \sim 10$ 时，加工误差可扩大 1.2~2 倍									

2）齿面。根据齿轮精度 8-7-7 及生产批量要求，采用滚齿—剃齿的加工方法（参考表 2-3）。

表 2-3　齿轮加工精度

加工方法		精度等级	加工方法		精度等级
多头滚刀铣削（模数 $m = 1 \sim 20$mm）		10~8	车齿		8~7
单头滚刀铣削（模数 $m = 1 \sim 20$mm）			磨齿	成形砂轮仿形法	6~5
精密滚刀 精度等级：AA		7		盘形砂轮展成法	6~3
一般滚刀	精度等级：A	8		两个盘形砂轮展成法（马格法）	6~3
	B	9		蜗杆砂轮展成法	6~4
	C	10		用铸铁研磨轮研齿	6~5
圆盘形插齿刀插齿（模数 $m = 1 \sim 20$mm）	精度等级 AA	6	直齿锥齿轮刨齿		8
	A	7	螺旋齿锥齿轮刀盘铣齿		8
	B	8	蜗轮模数滚刀滚蜗轮		8
圆盘形锑齿刀锑齿（模数 $m = 1 \sim 20$mm）	精度等级 A	6	径向或轴向进给热轧齿轮（$m = 2 \sim 8$mm）		9~8
	B	7	热轧后冷校准齿轮（$m = 2 \sim 8$mm）		8~7
	C	8	冷轧齿轮（$m \leq 1.5$mm）		7

3）大小端面。采用粗车—半精车—精车加工方法（参考表 2-4）。

4）环槽。采用车削方法。

（2）选择定位基准

1）精基准选择。齿轮的设计基准是 $\phi62$H7 孔，根据基准重合原则，并同时考虑统一精基准原则，选 $\phi62$H7 孔作为主要定位精基准。考虑定位稳定可靠，选一大端面作为第二定位精基准。

表2-4　平面加工时的精度和表面质量

加工方法		表面粗糙度 Ra /μm	表面缺陷层深度 /μm	尺寸公差等级	形位精度等级	形位误差							
						直线度 平面度	垂直度 平行度	直线度 平面度	垂直度 平行度	直线度 平面度	垂直度 平行度	直线度 平面度	垂直度 平行度
						被加工平面尺寸(长×宽)/mm×mm							
						≤60×60		>60×60 ~160×160		>160×160 ~400×400		>400×400	
粗铣、粗刨		12.5~6.3	100~50	IT11~13 /IT10	11/10~11	80,40	100,60	120,60	160,100	200,100	250,160	250,160	400,250
半精铣、半精刨		3.2~0.8	50~20	IT9/IT7	8~9/7~8	25,16	40,25	40,25	60,40	60,40	100,60	100,60	160,100
精铣、精刨		0.8~0.4	30~10	IT7/IT6	6~7/6	10,6	16,10	16,10	25,16	25,16	40,25	40,25	60,40
车削	粗车	25~12.5	100~50	IT12~13	11/9~10	80,40	100,60	120,60	160,100	200,100	250,160	250,160	400,250
	半精车	12.5~1.6	50~20	IT10~IT9	8~9/7~8	25,16	40,25	40,—	60,—	60,—	100,—	100,—	160,—
	精车	1.6~0.4	30~10	IT7	6	6	10	10	16	16	25	25	40
一次拉削		3.2~0.8	50~10	IT9~IT7	6~7/6	10,6	16,10	16,10	25,16	25,16	40,25	40,25	60,40
磨削	粗磨	1.6	20	IT9/IT7	6~7/5~6	10,6	16,10	16,10	25,16	25,16	40,25	40,25	60,40
	半精磨	0.8~0.4	15~5	IT7/IT6	6/5~6	6,4	10,6	10,6	16,10	16,10	25,16	25,16	40,25
	精磨	0.4~0.1	5	IT6~IT5	4~5/2~3	2.5,1.6	4,2.5	4,2.5	6,4	6,4	10,6	10,6	16,10
研磨、精刮		0.4~0.1	5	IT5	2~3/2	1.6,1.0	2.5,1.6	2.5,1.6	4,2.5	4,2.5	6,4	6,4	10,6
说　明		1. 表中所列数据适用于钢件,对于铸铁件和有色金属件应采用高一级精度 2. 形位精度等级栏中"平面度和直线度"精度应比"平行度和垂直度"精度高一级,如"平行度和垂直度"为11级,则相应的"平面度和直线度"应为10级											

在磨孔工序中,为保证齿面与孔的同轴度,选齿面作为定位基准。

在加工环槽工序中,为装夹方便,选外圆表面作为定位基准。

2)粗基准选择。主要考虑装夹方便、可靠,选一大端面和外圆作为定位粗基准。

(3)拟定零件加工工艺路线　中间轴齿轮两种加工工艺路线比较见表2-5。

表 2-5　中间轴齿轮加工两种工艺方案比较

工序	工序加工内容	机床设备	工艺装备	工序	工序加工内容	机床设备	工艺装备
10	扩孔	立式钻床	气动三爪自定心卡盘	10	粗车一端大小端面，粗车、半精车内孔，一端内孔倒角	卧式车床	三爪自定心卡盘
20	粗车外圆，粗车一端大小端面及内孔倒角	多刀半自动车床	气动可胀心轴	20	粗车另一端大小端面，粗车外圆、内孔倒角	卧式车床	三爪自定心卡盘
30	半精车外圆，粗车另一端大小端面，内孔倒角	多刀半自动车床	气动可胀心轴	30	调质处理		
40	调质处理			40	精车内孔，车槽，精车一端大小端面，外圆倒角	卧式车床	三爪自定心卡盘
50	拉孔	卧式拉床	拉孔夹具	50	精车外圆，精车另一端大小端面，另一端外圆倒角	卧式车床	可胀心轴
60	精车外圆，精车一端大小端面，外圆倒角	卧式车床	气动可胀心轴	60	中间检验		
70	精车另一端大小端面及外圆倒角	卧式车床	气动可胀心轴	70	滚齿	滚齿机	滚齿夹具
80	车槽	卧式车床	气动三爪自定心卡盘	80	一端齿圈倒角	倒角机	倒角夹具
90	中间检验			90	另一端齿圈倒角	倒角机	倒角夹具
100	滚齿	滚齿机	滚齿夹具	100	剃齿	剃齿机	剃齿心轴
110	一端齿圈倒角	倒角机	倒角夹具	110	去毛刺		
120	另一端齿圈倒角	倒角机	倒角夹具	120	检验		
130	剃齿	剃齿机	剃齿夹具				
140	去毛刺						
150	检验						
160	碳氮共渗			130	碳氮共渗		
170	磨孔	内圆磨床	节圆卡盘	140	磨孔	内圆磨床	节圆卡盘
180	最终检验			150	最终检验		

（加工方案 I 对应左侧，加工方案 II 对应右侧）

　　方案 II 工序相对集中，便于管理，且由于采用普通机床，较少使用专用夹具，易于实现。方案 I 则采用工序分散原则，各工序工作相对简单。考虑到该零件生产批量较大，工序分散可简化调整工作，易于保证加工质量，且采用气动夹具，可提高加工效率，故采用方案 I 较好。

　　（4）选择各工序所用机床、夹具、刀具、量具和辅具　参见附录 A ~ G。

　　（5）填写工艺过程卡片　参见表 2-6。

表2-6　中间轴齿轮机械加工工艺过程卡片

机械加工工艺过程卡片		产品型号		零件图号	45—2582		共2页	第1页
		产品名称		零件名称	中间轴齿轮			

材料牌号	20Cr	毛坯种类	锻件	毛坯外形尺寸		每毛坯可制件数		每台件数	1	备注	

工序号	工序名称	工序内容	车间	工段	设备	工艺装备	工时（准终）	工时（单件）	备注
10	扩孔	扩孔			立式钻床Z550	扩孔钻φ60.5，塞规φ60.5 $^{+0.4}_{0}$			
20	粗车	粗车外圆，粗车一端大，小端面，一端内孔倒角			多刀半自动车床C7125	气动可胀心轴，45°弯头刀，左偏刀90°，游标卡尺0.05/200			
30	半精车	半精车外圆，粗车另一端大小端面，另一端内孔倒角			多刀半自动车床C7125	气动可胀心轴，左偏刀90°，45°弯头刀，游标卡尺0.05/200			
40	热	调质处理							
50	拉孔	拉孔			卧式拉床L6120	拉孔夹具，拉刀，塞规φ61.6 $^{+0.046}_{0}$			
60	精车	精车外圆，精车一端大，小端面，一端外圆倒角			卧式车床C6132	气动可胀心轴，45°弯头刀，游标卡尺0.05/200，百分表0~5，检验心轴，顶尖座			
70	精车	精车另一端大，小端面，另一端外圆倒角			卧式车床C6132	气动可胀心轴，45°弯头刀，75°右偏刀，游标卡尺0.05/200，百分表0~5，检验心轴，顶尖座			
80	车	车槽			卧式车床C6132	三爪自定心卡盘，切槽镗刀，内槽卡板			
90	中间检验	中间检验				塞规φ61.6 $^{+0.046}_{0}$，游标卡尺0.05/200，百分表0~5，检验心轴，顶尖座			
100	滚齿	滚齿			滚齿机Y3150	滚齿夹具，剃前滚刀，公法线千分尺25~50，滚刀杆			
110	倒角	一端齿圈倒角			倒角机Y4232	倒角夹具，倒角刀，定位装置			
					设计（日期）	审核（日期）	标准化（日期）	会签（日期）	
描图									
描校									
底图号									
装订号	标记	处数	更改文件号	签字	日期	标记	处数	更改文件号	签字	日期

（续）

机械加工工艺过程卡片	产品型号		零件图号	45-1082	共2页
	产品名称		零件名称	中间轴齿轮	第2页

材料牌号	毛坯种类	毛坯外形尺寸	每毛坯可制件数	每台件数	备注
20Cr	锻件		1	1	

工序号	工序名称	工序内容	车间	工段	设备	工艺装备	工时 准终	工时 单件
120	倒角	另一端齿圈倒角			倒角机 Y4232	倒角夹具、倒角刀、定位装置		
130	剃齿	剃齿			剃齿机 Y4232	剃齿心轴、剃齿刀、公法线千分尺 25-50，标准齿轮综合检查仪		
140	去毛刺	去毛刺						
150	检验					公法线千分尺 25-50，标准齿轮综合检查仪		
160	热	碳氮共渗						
170	磨孔				内圆磨床 M2120	节圆卡盘、砂轮、塞规 $\phi62H$		
180	终检					塞规 $\phi62H$、公法线千分尺 25-50，标准齿轮综合检查仪、顶尖座		

			设计（日期）	审核（日期）	标准化（日期）	会签（日期）
标记	处数	更改文件号	签字	日期		
标记	处数	更改文件号	签字	日期		

描图　描校　底图号　装订号

2.3　中间轴齿轮加工工序设计

1. 工序 20：粗车外圆，粗车一端大、小端面，一端内孔倒角

（1）轴的折算长度　轴类工件加工中的受力变形与其长度和装夹方式（顶尖或卡盘）有关。轴的折算长度可分为表2-7中的5种情形。（1）、（2）、（3）轴件装在顶尖间或装在卡盘或顶尖间，相当于二支梁，其中（2）为加工轴的中段；（3）为加工轴的边缘（靠近端部的两段），轴的折算长度L是轴的端面到加工部分最远一端之间距离的2倍。（4）、（5）轴件仅一端夹紧在卡盘内，相当于悬臂梁，其折算长度L是卡爪端面到加工部分最远一端之间距离的2倍。

轴的折算长度计算见表2-7。

表2-7　轴的折算长度L（确定半精车及磨削加工余量用）

光　　　轴	台　阶　轴	
（1）取$L=l$	（2）取$L=l$	（3）取$L=2l$
（4）取$L=2l$	（5）取$L=2l$	

（2）走刀长度与走刀次数　以外圆车削为例，若采用75°偏刀，则由零件毛坯图及表2-8可确定走刀长度为（25 + 2 + 2）mm = 29mm；一次走刀可以完成切削（考虑到模角及飞边的影响，最大背吃刀量为3~4mm）。

表2-8　普通车（镗）刀切入、切出长度　　　　　　　　（单位：mm）

背吃刀量	切入长度				切出长度
	主偏角30°	45°	60°	75°	
1	2	1	1	1	1
2	4	2	2	1	1
3	6	3	2	1	2
4	7	4	3	2	2
5	9	5	3	2	2

(3) 确定工序尺寸

1) $\phi130$mm 外圆各工序尺寸的确定。外圆的加工路线为粗车—半精车—精车，在定位基准与工序基准重合的条件下，根据"由后往前推"的原则，该外圆中间各工序的工序尺寸可由零件图的尺寸 $\phi130_{-0.035}^{0}$ 直接推出。

粗车、半精车以及精车的公称余量及经济加工精度可查表得知，分别填入表 2-9 的第二列和第三列内；对于轴类零件加工，按上道工序的基本尺寸等于本工序的基本尺寸加上本工序公称余量的关系逐一算出中间各工序基本尺寸，填入表第四列内；再按"入体原则"确定各工序尺寸的上、下偏差，填入表 2-9 的第五列内，毛坯公差一般按上、下偏差标注。

表 2-9 $\phi130$mm 外圆各中间工序的尺寸及公差   （单位：mm）

工序名称	工序公称余量	经济加工精度	工序基本尺寸	工序尺寸及其公差
精车	1.5	H7$\left(_{-0.035}^{0}\right)$	130	$\phi130_{-0.035}^{0}$
半精车	2.0	H10$\left(_{-0.140}^{0}\right)$	130 + 1.5 = 131.5	$\phi131.5_{-0.140}^{0}$
粗车	2.5	H12$\left(_{-0.35}^{0}\right)$	131.5 + 2.0 = 133.5	$\phi133.5_{-0.350}^{0}$
毛坯	6.0	$\left(_{-1.6}^{+1.5}\right)$	133.5 + 2.5 = 136	$\phi136_{-1.6}^{+1.5}$

2) 零件大端面加工各工序尺寸的确定。零件大端面的加工采用粗车—精车的加工方法。由于工序基准与定位基准重合（同为左侧大端面），其中间各工序的工序尺寸和公差的确定方法与 $\phi130$mm 外圆的类似，采用"由后往前推"的方法，由零件图的尺寸 20 ± 0.2 推出，参见表 2-10。

20 工序中粗车大端面的工序尺寸为 $A_1 = 23.5 \pm 0.3$。

表 2-10   零件大端面加工各中间工序的尺寸及公差   （单位：mm）

	工序名称	工序公称余量（单边）	经济加工精度	工序基本尺寸	工序尺寸及公差
大端面加工	左端精车	1.0	IT8（± 0.2）	20	20 ± 0.2
	右端精车	1.0	IT8（± 0.2）	20 + 1.0 = 21.0	21 ± 0.2
	左端粗车	1.5	IT12（± 0.3）	21 + 1.0 = 22	22 ± 0.3
	右端粗车	1.5	IT12（± 0.3）	22 + 1.5 = 23.5	23.5 ± 0.3
	毛坯	1.0 + 1.0 + 1.5 + 1.5 = 5.0	$_{-1.6}^{+0.5}$	20 + 5.0 = 25.0	$25_{-1.6}^{+1.5}$

3) 零件小端面加工各工序尺寸的确定。小端面加工时定位基准与工序基准不重合（分别为左、右侧大端面），所以其中间各工序的工序尺寸要根据工艺尺寸链进行计算。

设 20 工序粗车小端面直接得到的尺寸为 A_2（以左侧大端面为工序基准，与定位基准重合），工序图上标注的工序尺寸为 A_3（以右侧大端面为工序基准，与定位基准不重合），则尺寸 A_3 的求解需要借助图 2-3 所示的工艺尺寸链。本尺寸链中间接保证的尺寸 A_3 为封闭环，组成环 A_1 为减环，A_2 为增环。

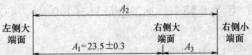

图 2-3   工序 20 小端面加工时的工艺尺寸链

在已知 A_1 和 A_2 的条件下，根据尺寸链的计算公式可求出尺寸 A_3 的基本尺寸与公差。

如果 20 工序采用多刀半自动车床，安装在横刀架上的两把 45°弯头刀可以同时加工大、小端面，则大、小端面之间的距离尺寸直接由两刀具间的距离保证，即 $A_3 = 10 \pm 0.2$。

　　（4）切削用量选择

　　1）首先确定背吃刀量。考虑到毛坯为模锻件，尺寸一致性较好，且留出半精车和精车余量后，加工余量不是很大，一次切削就可以完成。

　　粗车外圆的背吃刀量：

　　$a_p = [(136 - 133.5)/2 + 12.5 \times \tan 7°] \text{mm} = 3.22 \text{mm}$；考虑毛坯误差，取 $a_p = 4 \text{mm}$。

　　大端面粗车时的背吃刀量：

　　$a_p = (25 - 23.5) \text{mm} = 1.5 \text{mm}$。

　　小端面粗车时的背吃刀量：

　　$a_p = [45 - (23.5 + 10 + 10)] \text{mm} = 1.5 \text{mm}$。

　　2）确定进给量。参考表 G-7，取 $f = 0.6 \text{mm/r}$。

　　3）确定切削速度。参考表 G-8，有：$v = 1.5 \text{m/s}$，$n = 212 \text{r/min}$。

　　（5）工时计算

　　1）计算基本时间。$t_m = 29/(212 \times 0.6) \text{min} = 0.228 \text{min}$[参考式（1）]。

$$t_m = \frac{L + L_1 + L_2}{nf} k \tag{1}$$

式中　　L——工件切削部分长度（mm），参见图 2-4；

　　　　L_1——切入长度（mm）；

　　　　L_2——切出长度（mm）；

　　　　n——转速（r/min）；

　　　　f——每转进给量（mm/r）；

　　　　k——走刀次数。

　　2）考虑多刀半自动车床加工特点（多刀加工，基本时间较短，每次更换刀具后均需进行调整，即调整时间所占比重较大等），不能简单用基本时间乘系数的方法确定工时。可根据实际情况加以确定：$T_S = 2.5 \text{min}$。

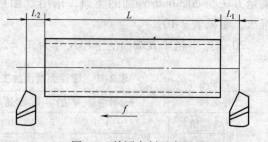

图 2-4　外圆车削示意图

　　该工序的工序卡片见表 2-11。

　　2. 工序 70：精车另一端大、小端面，另一端外圆倒角

　　（1）刀具安装　由于在普通车床上加工，应尽量减少刀具更换次数，可采用一把 45°弯头刀（用于车削大、小端面）和一把 75°左偏刀（用于倒角），见图 2-5。

　　（2）走刀长度与走刀次数　考虑大端面，采用 45°弯头刀，参考表 2-8，可确定走刀长度为 $[(130 - 75)/2 - 10 \times \tan 7° + 1 + 1] \text{mm} = (27.5 - 1.2278 + 1 + 1) \text{mm} = 28.27 \text{mm}$。

　　因为是精车，加工余量只有 1.0mm，一次走刀可以完成切削。小端面和倒角也一次走刀完成。

　　（3）切削用量选择

　　1）首先确定背吃刀量。精车余量 1.0mm，一次切削可以完成。取 $a_p = 1.0 \text{mm}$。

　　2）确定进给量。参考表 G-9，有：$f = 0.2 \text{mm/r}$。

　　3）最后确定切削速度。参考表 G-9，有：$v = 1.8 \text{m/s}$，$n = 264 \text{r/min}$。

表 2-11 工序 20 的工序卡片

×× 大学 ×× 专业 机械加工工序卡片		产品型号		零件图号	45—2582	编号		
		产品名称		零件名称	中间轴齿轮	共 1 页		第 1 页

	工序号	20
	工序名称	粗车
	设备名称	多刀半自动车床
	设备型号	C7125
	设备编号	
	材料牌号	20Cr
	夹具	气动可胀心轴
	辅具	纵向刀架、横向刀架

工步号	工 步 内 容	刀具	量具	主轴转速 /(r/min)	切削速度 /(m/min)	进给量 /(mm/r)	背吃刀量 /mm	进给次数	工时 /min
1	粗车外圆,保证尺寸 φ133.5	左偏刀, 45° 弯头刀		212	1.5	0.6	4	1	
2	倒角 C3		游标卡尺 0 ~ 200						
3	粗车大端面,保证尺寸 23.5 ± 0.3	45° 弯头刀		212	1.5	0.6	1.5	1	
4	粗车小端面,保证尺寸 10 ± 0.2			212	1.5	0.6	1.5	1	

				设计	审核	标准化	会签		批准
标记	处数	更改文件号	签字	日期					

（4）工时计算

1）计算基本时间。$t_m = 28.27/(264 \times 0.2) \text{min} \approx 0.535 \text{min}$ [参考式（1）]。

2）考虑到该工序基本时间较短,采用基本时间乘系数的方法确定工时,系数应取较大值（或辅助时间单独计算）。可得到：$T_S = 2 \times t_m \approx 1.1 \text{min}$。

该工序的工序卡片见表 2-12。

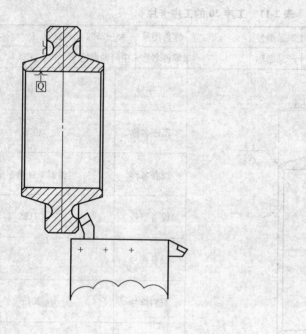
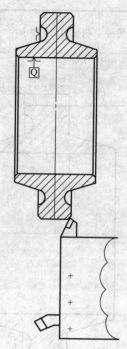

图 2-5　工序 70 刀具安装示意图

表 2-12　工序 70 的工序卡片

××大学××专业	机械加工工序卡片	产品型号		零件图号	45—2582	编号	
		产品名称		零件名称	中间轴齿轮	共 1 页	第 1 页

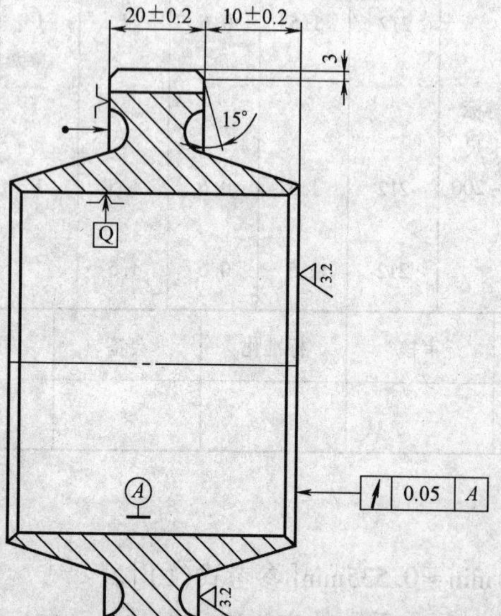 工序号	70
工序名称	精车
设备名称	卧式车床
设备型号	C6132
设备编号	
材料牌号	20Cr
夹具	气动可胀心轴
辅具	

图中标注：20±0.2　10±0.2　3　15°　Q　$\frac{3.2}{}$　Ⓐ　| 0.05 | A　$\frac{3.2}{}$　| 0.05 | A　3.2

（续）

工步号	工步内容	刀具	量具	主轴转速 /(r/min)	切削速度 /(m/min)	进给量 /(mm/r)	背吃刀量 /mm	进给次数	工时 /min
1	精车大端面，保证尺寸 20 ± 0.2 及对 A 面的跳动 0.05	45°弯头刀	游标卡尺 0 ~ 200	264	1.8	0.2	1.0	1	
2	精车小端面，保证尺寸 10 ± 0.2 及对 A 面的跳动 0.05	45°弯头刀	百分表 0 ~ 10						
3	倒角 C1		检验心轴	264	1.8	0.2	1.0	1	

				设计	审核	标准化	会签	批准
标记	处数	更改文件号	签字	日期				

3. 工序 100：滚齿

（1）工件安装 由于滚齿加工时切入和切出行程较大，为减少切入、切出行程时间，采用 2 件一起加工的方法（见图 2-6）。

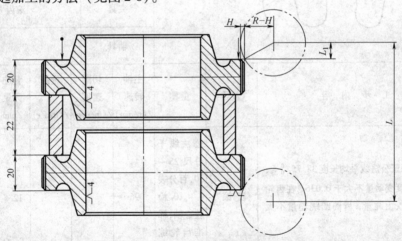

图 2-6 工序 100 工件安装示意图

（2）走刀长度与走刀次数 滚刀直径为 120mm，则由图 2-6 可确定走刀长度为

$$L = 2 \times L_1 + 62 = (2 \times \sqrt{60^2 - (60 - 12.5)^2} + 62) \text{mm} = 136 \text{mm}；走刀次数：1 次。$$

（3）切削用量选择

1）确定进给量。参考表 G-40，有：$f = 1.2 \text{mm/r}$。

2）确定切削速度。参考表 G-41，有：$v = 0.6 \text{m/s}$，计算求出 $n = 96 \text{r/min}$。

3）确定工件转速。滚刀头数为 1，工件齿数为 25，工件转速为：$n_w = 96/25 \text{r/min} \approx 4 \text{r/min}$。

（4）工时计算

1）计算基本时间。$t_m = 136/[(4 \times 1.2) \times 2] \text{min} \approx 14 \text{min}$［参考式（1）］。

2）考虑到该工序基本时间较长，采用基本时间乘系数的方法确定工时，系数应取较小值（或辅助时间单独计算）。可得到：$T_S = 1.4 \times t_m \approx 20 \text{min}$。

该工序的工序卡片见表 2-13。

表 2-13　工序 100 的工序卡片

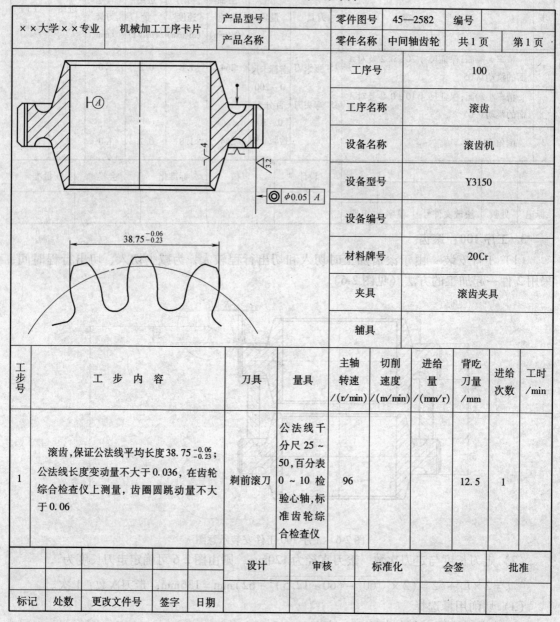

×× 大学 ×× 专业	机械加工工序卡片	产品型号		零件图号	45—2582	编号	
		产品名称		零件名称	中间轴齿轮	共 1 页	第 1 页

工序号	100
工序名称	滚齿
设备名称	滚齿机
设备型号	Y3150
设备编号	
材料牌号	20Cr
夹具	滚齿夹具
辅具	

工步号	工 步 内 容	刀具	量具	主轴转速 /(r/min)	切削速度 /(m/min)	进给量 /(mm/r)	背吃刀量 /mm	进给次数	工时 /min
1	滚齿,保证公法线平均长度 $38.75^{-0.06}_{-0.23}$;公法线长度变动量不大于 0.036,在齿轮综合检查仪上测量,齿圈圆跳动量不大于 0.06	剃前滚刀	公法线千分尺 25 ~ 50,百分表 0 ~ 10 检验心轴,标准齿轮综合检查仪	96			12.5	1	

			设计	审核	标准化	会签	批准
标记	处数	更改文件号	签字	日期			

4. 工序 170：磨孔

（1）走刀长度与走刀次数　走刀长度取：$L = l = 40\text{mm}$；走刀次数：$0.2/0.01 = 20$（双行程）。

（2）切削用量选择（参考表 A-25）

1）确定砂轮速度。取砂轮直径 $d = 50\text{mm}$，砂轮转速 $n = 1000\text{r/min}$，可求出砂轮线速度：$v = 26\text{m/s}$。

2）确定工件速度。取 $v_\text{w} = 0.12\text{m/s}$；可计算出工件转数 $n_\text{w} = 36\text{r/min}$。

3) 确定纵向进给量。取 $f_1 = 3 \text{m/min}$。

4) 确定横向进给量。取 $f_r = 0.01 \text{mm/双行程}$。

5) 确定光磨次数。4 次/双行程。

（3）工时计算

1）计算基本时间

$$t_m = (40 \times 2/(3 \times 1000)) \times (20 \times 4) \times K$$

式中，K 是加工精度系数，取 $K = 2$，得到 $t_m = 4.26 \text{min}$。

2）考虑到该工序基本时间较短，采用基本时间乘系数的方法确定工时，系数应取较大值（或辅助时间单独计算）。可得到：$T_S = 2.4 \times t_m = 10.224 \text{min}$。

该工序的工序卡片见表 2-14。

表 2-14　工序 170 的工序卡片

××大学××专业	机械加工工序卡片	产品型号		零件图号	45—2582	编号		
		产品名称		零件名称	中间轴齿轮	共1页	第1页	

	工序号	170
	工序名称	磨孔
	设备名称	内圆磨床
	设备型号	M2120
	设备编号	
	材料牌号	20Cr
	夹具	节圆卡盘
	辅具	

工步号	工 步 内 容	刀具	量具	主轴转速 /(r/min)	切削速度 /(m/min)	横向进给量 /(mm/r)	纵向进给量 /(m/min)	进给次数	工时 /min
1	磨孔,保证孔径 $\phi 62^{+0.021}_{-0.009}$ 及对齿圈的同轴度(在齿轮综合检查仪上测量,齿圈圆跳动量不大于 0.06)要求	砂轮	塞规 ϕ62H 百分表 0～10 检验心轴标准齿轮综合检查仪	1000	26	0.01	3	24	10.2

		设计	审核	标准化	会签	批准
标记	处数	更改文件号	签字	日期		

2.4 工序 70 专用夹具设计

1. 功能分析与夹具总体结构设计

本工序要求以 $\phi61.6H8$ 孔（4 点）和已加工好的大端面（1 点）定位，精车另一大、小端面及外圆倒角（C1），并要求保证尺寸 20 ± 0.2 和 10 ± 0.2 以及大、小端面对 $\phi61.6H8$ 孔的圆跳动不大于 0.05mm。其中端面圆跳动是加工的重点和难点，也是夹具设计需要着重考虑的问题。

工件以孔为主要定位基准，多采用心轴。而要实现孔 4 点定位和端面 1 点定位，应采用径向夹紧。可有以下几种不同的方案：

方案 1：采用胀块式自动定心心轴。

方案 2：采用过盈配合心轴。

方案 3：采用小锥度心轴。

方案 4：采用弹簧套可胀式心轴。

方案 5：采用液塑心轴。

根据经验，方案 1 定位精度不高，难以满足工序要求。方案 2 和 3 虽可满足工序要求，但工件装夹不方便，影响加工效率。方案 4 可行，既可满足工序要求，装夹又很方便。方案 5 可满足工序要求，但夹具制造较困难。故决定采用方案 4。

2. 夹具总体结构设计

1）根据车间条件（有压缩空气管路），为减小装夹时间和减轻装夹劳动强度，宜采用气动夹紧。

2）夹具体与机床主轴采用过渡法兰连接，以便于夹具制造与夹具安装。

3）为便于制造，弹簧套采用分离形式。

3. 夹具设计计算

（1）切削力计算

主切削力：$F_c = C_{F_c} a_p f^{0.75} = 2250 \times 1.0 \times 0.2^{0.75} \text{N} = 673\text{N}$

进给抗力（轴向切削力）：$F_p = C_{F_p} a_p^{0.9} f^{0.75} = 1950 \times 1.0^{0.9} \times 0.2^{0.75} \text{N} = 583\text{N}$

最大扭矩：$M = F_c d/2 = 673 \times 130/2 \text{N} \cdot \text{mm} = 43745\text{N} \cdot \text{mm}$

（2）夹紧力计算

$$F_j = K \left[\frac{\sqrt{\left(\frac{2M}{D}\right)^2 + F_p^2}}{\tan\varphi_2} + F_d \right] \left[\tan(\alpha + \varphi_1) + \tan\varphi_2 \right]$$

式中　φ_1——弹簧套与夹具体锥面间的摩擦角，取 $\tan\varphi_1 = 0.15$；

　　　φ_2——弹簧套与工件间的摩擦角，取 $\tan\varphi_2 = 0.2$；

　　　α——弹簧套半锥角，$\alpha = 6°$；

　　　D——工件孔径；

　　　F_d——弹性变形力，按下式计算：

$$F_d = C \frac{d^3}{l^3} t\Delta$$

式中　C——弹性变形系数，当弹簧套瓣数为 3、4、6 时，其值分别为 300、100、20；

　　　d——弹簧套外径；

　　　l——弹簧套变形部分长度；

　　　t——弹簧套弯曲部分平均厚度；

　　　Δ——弹簧套（未胀开时）与工件孔之间的间隙。

将有关参数代入，得到：

$$F_d = 100 \times \frac{61.6^3}{32^3} \times 5 \times 0.2 \text{N} = 713 \text{N}$$

将 F_d 及其他参数代入，得到：

$$F_j = 1.5 \times \left[\frac{\sqrt{\left(\frac{2 \times 43745}{130}\right)^2 + 583^2}}{0.2} + 713 \right] \times (0.26 + 0.2) \text{N} = 2374 \text{N}$$

选择单活塞回转式气缸，缸径 100mm 即可（参考夹具设计手册）。

4. 夹具制造与操作说明

夹具制造的关键是夹具体与弹簧套。夹具体要求与弹簧套配合的锥面与安装面有严格的位置关系，弹簧套则要求与夹具体配合的锥面与其外圆表面严格同轴。此外，弹簧套锥面与夹具体锥面应配做，保证接触面大而均匀。

夹具使用时必须先安装工件，再进行夹紧，严格禁止在不安装工件的情况下操作气缸，以防止弹簧套的损坏。

夹具装配图见图 2-7。

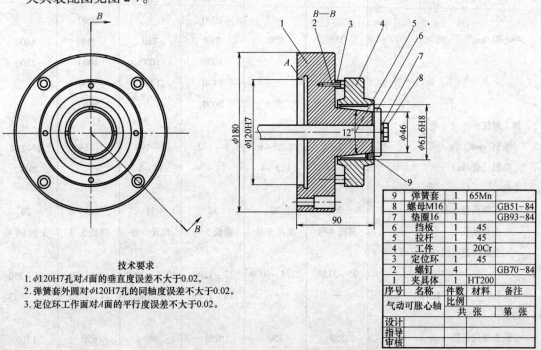

技术要求

1. φ120H7 孔对 A 面的垂直度误差不大于 0.02。
2. 弹簧套外圆对 φ120H7 孔的同轴度误差不大于 0.02。
3. 定位环工作面对 A 面的平行度误差不大于 0.02。

9	弹簧套	1	65Mn	
8	螺母M16	1		GB51-84
7	垫圈16	1		GB93-84
6	挡板	1	45	
5	拉杆	1	45	
4	工件	1	20Cr	
3	定位环	1	45	
2	螺钉	4		GB70-84
1	夹具体	1	HT200	
序号	名称	件数	材料	备注
气动可胀心轴		比例		
			共　张	第　张
设计				
指导				
审核				

图 2-7　气动可胀心轴装配图

附　　录

附录 A　各种常用机床的主要技术参数

1. 车床主要技术参数（见表 A-1 ~ 表 A-3）

表 A-1　卧式车床的型号与主要技术参数

技术参数	型 号					
	CM6125	C6132	C620-1	C620-3	CA6140	C630
加工范围：						
加工最大直径/mm						
在床身上	250	320	400	400	400	615
在刀架上	140	160	210	220	210	345
棒料	23	34	37	37	48	68
加工最大长度/mm	350	750	650	610	650	1210
			900	900	900	2610
			1300	1300	1400	
			1900		1900	
中心距/mm	350	750	750	710	750	1400
			1000	1000	1000	2800
			1400	1400	1500	
			2000		2000	
加工螺纹：						
米制/mm	0.2 ~ 6	0.25 ~ 6	1 ~ 192	1 ~ 192	1 ~ 192	1 ~ 224
英制/（牙/in）	21 ~ 4	112 ~ 4	24 ~ 2	14 ~ 1	24 ~ 2	28 ~ 2
主轴：						
主轴孔径/mm	26	30	38	38	48	70
主轴锥孔	莫氏 4 号	莫氏 5 号	莫氏 5 号	莫氏 5 号	莫氏 5 号	米制 80 号
主轴转速范围/（r/min）						
正转	25 ~ 3150	22.4 ~ 1000	12 ~ 1200	12.5 ~ 2000	10 ~ 1400	14 ~ 750
反转	—	—	18 ~ 1520	19 ~ 2420	14 ~ 1580	22 ~ 945
刀架：						
最大纵向行程/mm	350	750	650	640	650	1310
			900	930	900	2810
			1300	1330	1400	

（续）

技术参数	型　号					
	CM6125	C6132	C620-1	C620-3	CA6140	C630
			1900		1900	
最大横向行程/mm	350	280	260	250	260	390
最大回转角度/(°)	±60	±60	±45	±90	±60	±60
进给量/(mm/r)						
纵向	0.02~0.4	0.06~1.71	0.08~1.59	0.07~4.16	0.08~1.95	0.15~2.65
横向	0.01~0.2	0.03~0.85	0.027~0.52	0.035~2.08	0.04~0.79	0.05~0.9
尾座：						
顶尖套最大移动量/mm	80	100	150	200	150	205
横向最大移动量/mm	±10	±6	±15	±15	±15	±15
顶尖套内孔锥度	莫氏3号	莫氏3号	莫氏4号	莫氏4号	莫氏4号	莫氏3号
主电动机功率/kW	1.5	3	7	7.5	7.5	10

表 A-2　卧式车床刀架进给量

型　号	进给量/(mm/r)
CM6125	纵向：0.02、0.04、0.08、0.10、0.20、0.40
	横向：0.01、0.02、0.04、0.05、0.10、0.20
C6132	纵向：0.06、0.07、0.08、0.09、0.10、0.11、0.12、0.13、0.14、0.15、0.16、0.17、0.18、0.20、0.23、0.25、0.27、0.29、0.32、0.36、0.40、0.46、0.49、0.53、0.58、0.64、0.67、0.71、0.80、0.91、0.98、1.07、1.06、1.28、1.35、1.42、1.60、1.71
	横向：0.03、0.04、0.05、0.06、0.07、0.08、0.09、0.10、0.11、0.12、0.13、0.15、0.16、0.17、0.18、0.20、0.23、0.25、0.27、0.29、0.32、0.34、0.36、0.40、0.46、0.49、0.53、0.58、0.64、0.67、0.71、0.80、0.85
C620-1	纵向：0.08、0.09、0.10、0.11、0.12、0.13、0.14、0.15、0.16、0.18、0.20、0.22、0.24、0.26、0.28、0.30、0.33、0.35、0.40、0.45、0.48、0.50、0.55、0.60、0.65、0.71、0.81、0.91、0.96、1.01、1.11、1.21、1.28、1.46、1.59
	横向：0.027、0.029、0.033、0.038、0.04、0.042、0.046、0.05、0.054、0.058、0.067、0.075、0.078、0.084、0.092、0.10、0.11、0.12、0.13、0.15、0.16、0.17、0.18、0.20、0.22、0.23、0.27、0.30、0.32、0.33、0.37、0.40、0.41、0.48、0.52
C620-3	纵向：0.07、0.074、0.084、0.097、0.11、0.12、0.13、0.14、0.15、0.17、0.195、0.21、0.23、0.26、0.28、0.30、0.34、0.39、0.43、0.47、0.52、0.57、0.61、0.70、0.78、0.87、0.95、1.04、1.14、1.21、1.40、1.56、1.74、1.90、2.08、2.28、2.42、2.80、3.12、3.48、3.80、4.16
	横向：为纵向进给量的1/2

（续）

型　号	进给量/(mm/r)
CA6140	纵向：0.028、0.032、0.036、0.039、0.043、0.046、0.050、0.08、0.09、0.10、0.11、0.12、0.13、0.14、0.15、0.16、0.18、0.20、0.23、0.24、0.26、0.28、0.30、0.33、0.36、0.41、0.46、0.48、0.51、0.56、0.61、0.66、0.71、0.81、0.91、0.94、0.96、1.02、1.03、1.09、1.12、1.15、1.22、1.29、1.47、1.59、1.71、1.87、2.05、2.16、2.28、2.56、2.92、3.16
CA6140	横向：0.014、0.016、0.018、0.019、0.021、0.023、0.025、0.027、0.040、0.045、0.050、0.055、0.060、0.065、0.070、0.08、0.09、0.10、0.11、0.12、0.13、0.14、0.15、0.16、0.17、0.20、0.22、0.24、0.25、0.28、0.30、0.33、0.35、0.40、0.43、0.45、0.47、0.48、0.50、0.51、0.54、0.56、0.57、0.61、0.64、0.73、0.79、0.86、0.94、1.02、1.08、1.14、1.28、1.46、1.58、1.72、1.88、2.04、2.16、2.28、2.56、2.92、3.16
C630	纵向：0.15、0.17、0.19、0.21、0.24、0.27、0.30、0.33、0.38、0.42、0.48、0.54、0.60、0.65、0.75、0.84、0.96、1.07、1.2、1.33、1.5、1.7、1.9、2.15、2.4、2.65
C630	横向：0.05、0.06、0.065、0.07、0.08、0.09、0.10、0.11、0.12、0.14、0.16、0.18、0.20、0.22、0.25、0.28、0.32、0.36、0.40、0.45、0.50、0.56、0.64、0.72、0.81、0.9

表 A-3　数控车床主要技术参数

技术参数	型　号			
	CK6108A	CK6125	CK6140	CK3263
盘类零件最大车削直径/mm	80	250	400	630
轴类零件最大切削直径/mm	80	250	240	400
最大工件长度/mm	—	—	1000	250/900
主轴孔径/mm	26	38	75	125
主轴锥孔	30°	莫氏 5 号	—	—
主轴转速级数	无级	无级	无级	无级
主轴转速范围/(r/min)	50~5000	50~3000	20~2000	19~1500
溜板最大行程/mm				
横向(X 向,在直径上)	100	200	370	—
纵向(Z 向)	200	250	1000	—
刀架快速移动速度/(m/min)				
横向(X 轴)	5	8	—	—
纵向(Z 轴)	5	8	—	—
机床外形尺寸/mm				
长	—	—	4000	5338
宽	—	—	1920	1885
高	—	—	2371	2750
主电动机功率/kW	1.1	5.5	11	37
机床质量/t	—	—	6.4	12

（续）

技术参数	型　号			
	CK6108A	CK6125	CK6140	CK3263
控制轴数	3	2	—	—
联动轴数	2	2	—	—
最小设定值/mm	X0.0005 Z0.001	—	—	—

2. 钻床主要技术参数（见表 A-4 ~ 表 A-12）

表 A-4　摇臂钻床型号与主要技术参数

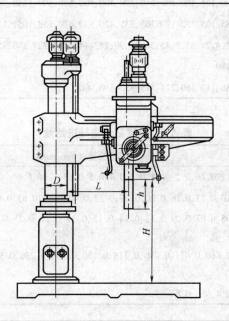

技术参数	型　号					
	Z3025	Z3040	Z35	Z37	Z32K	Z35K
最大钻孔直径/mm	25	40	50	75	25	50
主轴端面至底座工作面的距离 H/mm	250 ~ 1000	350 ~ 1250	470 ~ 1500	600 ~ 1750	25 ~ 870	—
主轴最大行程 h/mm	250	315	350	450	130	350
主轴孔莫氏圆锥	3 号	4 号	5 号	6 号	3 号	5 号
主轴转速范围	50 ~ 2500	25 ~ 2000	34 ~ 1700	11.2 ~ 1400	175 ~ 980	20 ~ 900
主轴进给量范围/(mm/r)	0.05 ~ 1.6	0.04 ~ 3.2	0.03 ~ 1.2	0.037 ~ 2	—	0.1 ~ 0.8
最大进给力/N	7848	16000	19620	33354	—	12262.5（垂直位置） 19620（水平位置）
主轴最大转矩/(N·m)	196.2	400	735.75	1177.2	95.157	—
主轴箱水平移动距离/mm	630	1250	1150	1500	500	—
横臂升降距离/mm	525	600	680	700	845	1500

（续）

技术参数	型　号					
	Z3025	Z3040	Z35	Z37	Z32K	Z35K
横臂回转角度/(°)	360	360	360	360	360	360
主电动机功率/kW	2.2	3	4.5	7	1.7	4.5

注：Z32K、Z35K 为移动式万向摇臂钻床，主要在三个方向上都能回转360°，可加工任何倾斜度的平面。

表 A-5　摇臂钻床主轴转速

型　号	转速/(r/min)
Z3025	50、80、125、200、250、315、400、500、630、1000、1600、2500
Z3040	5、40、63、80、100、125、160、200、250、320、400、500、630、800、1250、2000
Z35	34、42、53、67、85、105、132、170、265、335、420、530、670、850、1051、1320、1700
Z37	11.2、14、18、22.4、28、35.5、45、56、71、90、112、140、180、224、280、355、450、560、710、900、1120、1400
Z32K	175、432、693、980
Z35K	20、28、40、56、80、112、160、224、315、450、630、900

表 A-6　摇臂钻床主轴进给量

型　号	进给量/(mm/min)
Z3025	0.05、0.08、0.12、0.16、0.2、0.25、0.3、0.4、0.5、0.63、1.00、1.60
Z3040	0.03、0.06、0.10、0.13、0.16、0.20、0.25、0.32、0.40、0.50、0.63、0.80、1.00、1.25、2.00、3.20
Z35	0.03、0.04、0.05、0.07、0.09、0.12、0.14、0.15、0.19、0.20、0.25、0.26、0.32、0.40、0.56、0.67、0.90、1.2
Z37	0.037、0.045、0.060、0.071、0.090、0.118、0.150、0.180、0.236、0.315、0.375、0.50、0.60、0.75、1.00、1.25、1.50、2.00
Z35K	0.1、0.2、0.3、0.4、0.6、0.8

表 A-7　立式钻床型号与主要技术参数

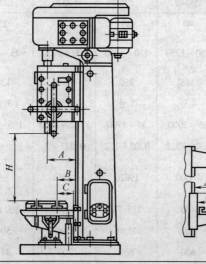
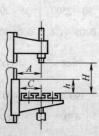

附　录

59

（续）

技术参数	型　号		
	Z525	Z535	Z550
最大钻孔直径/mm	25	3	50
主轴端面至工作台面的距离 H/mm	0~700	0~750	0~800
从工作台 T 形槽中心到导轨面距离 B/mm	155	175	350
主轴轴线到导轨面距离 A/mm	250	300	350
主轴行程/mm	175	225	300
主轴莫氏圆锥	3	4	5
主轴转速范围/(r/min)	97~1360	68~1100	32~1400
进给量范围/(mm/r)	0.1~0.81	0.11~1.6	0.12~2.64
主轴最大扭转/(N·m)	245.25	392.4	784.8
主轴最大进给力/N	8829	15696	24525
工作台行程/mm	325	325	325
工作台尺寸/mm×mm	500×375	450×500	500×600
从工作台 T 形槽中心到凸肩距离 C/mm	125	160	320
主电动机功率/kW	2.8	4.5	7.5

表 A-8　立式钻床主轴转速

型　号	转速/(r/min)
Z525	97、140、195、272、393、545、680、960、1360
Z535	68、100、140、195、275、400、530、750、1100
Z550	32、47、63、89、125、185、250、351、500、735、996、1400

表 A-9　立式钻床进给量

型　号	进给量/(mm/r)
Z525	0.10、0.13、0.17、0.22、0.28、0.36、0.48、0.62、0.81
Z535	0.11、0.15、0.20、0.25、0.32、0.43、0.57、0.72、0.96、1.22、1.60
Z550	0.12、0.19、0.28、0.40、0.62、0.90、1.17、1.80、2.64

表 A-10　立式钻床工作台尺寸　　　　　　　　（单位：mm）

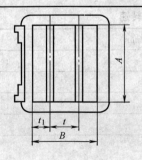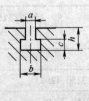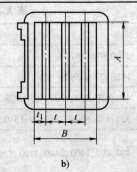

a)　　　　　　　　　　　　　　　b)

（续）

型号	A	B	t	t_1	a	b	c	h	T形槽数
Z525	500	375	200	87.5	14H11	24	11	26	2
Z535	500	450	240	105	18H11	30	14	32	2
Z550	600	500	150	100	22H11	36	16	35	3

注：Z525、Z535 按图 a 选取，Z550 按图 b 选取。

表 A-11　台式钻床型号与主要技术参数

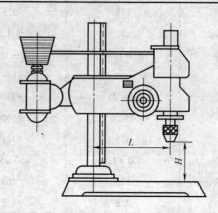

技术参数	型号			
	Z4002	Z4006A	Z32K52（Z515）	Z512-1（Z512-2）
最大钻孔直径/mm	2	6	12（15）	13
主轴行程/mm	20	75	100	100
主轴轴线至立柱表面距离 L/mm	80	152	230	190（193）
主轴端面至工作台面距离 H/mm	5～120	180	430	0～335
主轴莫氏圆锥	—	1	1	2
主轴转速范围/(r/mm)	3000～8700	1000～7100	460～4250（320～2900）	48～4100
主轴进给方式	手动进给			
工作台面尺寸/mm×mm	110×110	250×250	350×350	265×265
工作台绕立柱回转角度	—	—	—	360°
主电动机功率/kW	0.1	0.25	0.6	0.6

注：括号内为 Z515 与 Z512-2 数据。

表 A-12　台式钻床主轴转速

型号	转速/(r/min)
Z4002	3000、4950、8700
Z4006A	1450、2900、5800
Z512	460、620、850、1220、1610、2280、3150、4250
Z515	320、430、600、835、1100、1540、2150、2900
Z512-1 Z512-2	480、800、1400、2440、4100

3. 铣床型号与主要技术参数（见表 A-13～表 A-20）

表 A-13　立式铣床型号与主要技术参数

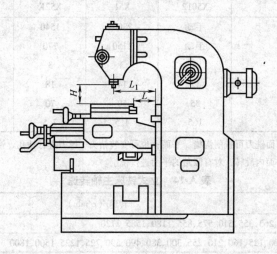

技术参数	型　号				
	X5012	X51	X52K	X53K	X53T
主轴端面至工作台距离 H/mm	0～250	30～380	30～400	30～500	0～500
主轴轴线至床身垂直导轨面距离 L_1/mm	150	270	350	450	450
工作台至床身垂直导轨面距离 L/mm	—	40～240	55～300	50～370	—
主轴孔锥度	莫氏 3 号	7:24	7:24	7:24	7:24
主轴孔径/mm	14	25	29	29	69.85
刀杆直径/mm			32～50	32～50	40
立铣头最大回转角度/(°)			±45	±45	±45
主轴转速/(r/min)	130～2720	65～1800	30～1500	30～1500	18～1400
主轴轴向移动量/mm			70	85	90
工作台面积（长×宽）/mm×mm	500×125	1000×250	1250×320	1600×400	2000×425
工作台的最大移动量/mm					
纵向手动/机动	250	620/620	700/680	900/880	1260/1260
横向手动/机动	100	190/170	255/240	315/300	410/400
升降手动/机动	250	370/350	370/350	385/365	410/400
工作台进给量/mm					
纵向	手动	35～980	23.5～1180	23.5～1180	10～1250
横向	手动	25～765	15～786	15～789	10～1250
升降	手动	12～380	8～394	8～394	2.5～315
工作台快速移动速度/(mm/min)					
纵向	手动	2900	2300	2300	3200

（续）

技术参数		型　号				
		X5012	X51	X52K	X53K	X53T
	横向	手动	2300	1540	1540	3200
	升降	手动	1150	770	770	800
工作台T形槽:	槽数	3	3	3	3	3
	宽度	12	14	18	18	18
	槽距	35	50	70	90	90
主电动机功率/kW		1.5	4.5	7.5	10	10

注：1. 安装各种立铣刀、面铣刀可铣削沟槽、平面；也可安装钻头、镗刀进行钻孔、镗孔。

　　2. 立铣头能在垂直平面内旋转，对有倾角的平面进行铣削。

表 A-14　立式铣床主轴转速

型　号	转速/(r/min)
X5012	130、188、263、355、510、575、855、1180、1585、2720
X51	65、80、100、125、160、210、255、300、380、490、590、725、1225、1500、1800
X52K X53K	30、37.5、47.5、60、75、95、118、150、190、235、375、475、600、750、950、1180、1500
X53T	18、22、28、35、45、56、71、90、112、140、180、224、280、355、450、560、710、900、1120、1400

表 A-15　立式铣床工作台进给量

型　号	进给量/(mm/min)
X51	纵向：35、40、50、65、85、105、125、165、205、250、300、390、510、620、755、980
	横向：25、30、40、50、65、80、100、130、150、190、230、320、400、480、585、765
	升降：12、15、20、25、33、40、50、65、80、95、115、160、200、290、380
X52K X53K	纵向：23.5、30、37.5、47.5、60、75、95、118、150、190、235、300、375、475、600、750、950、1180
	横向：15、20、25、31、40、50、63、78、100、126、156、200、250、316、400、500、634、786
	升降：8、10、12.5、15.5、20、25、31.5、39、50、63、78、100、125、158、200、250、317、394
X53T	纵向及横向：10、14、20、28、40、56、80、110、160、220、315、450、630、900、1250
	升降：2.5、3.5、5.5、7、10、14、20、28.5、40、55、78.5、112.5、157.5、225、315

表 A-16　卧式（万能）铣床型号与主要技术参数

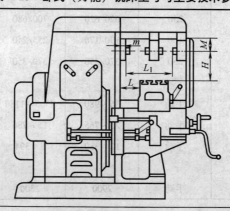

（续）

技术参数	型　号		
	X60（X60W）	X61（X61W）	X62（X62W）
主轴轴线至工作台面距离 H/mm	0～300	30～360（30～330）	30～390（30～350）
床身垂直导轨面至工作台后面距离 L/mm	80～240	40～230	55～310
主轴轴线至悬梁下平面的距离 M/mm	140	150	155
主轴端面至支臂轴承端面的最大距离 L_1/mm	447	470	700
主轴孔锥度	7：24	7：24	7：24
主轴孔径/mm	—	—	29
刀杆直径/mm	16、22、27、32	22、27、32、40	22、27、32、40
主轴转速/（r/min）	50～2240	65～1800	30～1500
工作台面积（长×宽）/mm×mm	800×200	1000×250	1250×320
工作台最大行程/mm：			
纵向手动/机动	500	620/620	700/680
横向手动/机动	160	190（185）/170	255/240
升降手动/机动	320	330/320（300）	360（320）/340（300）
工作台进给量/（mm/min）：			
纵向	22.4～1000	35～980	23.5～1180
横向	16～710	25～766	23.5～1180
升降	8～355	12～380	为纵向进给量的一半
工作台快速移动速度/（mm/min）：			
纵向	2800	2900	2300
横向	2000	2300	2300
升降	1000	1150	770
工作台 T 形槽：槽数	—	3	3
槽宽	—	14	18
槽距	—	50	70
工作台最大回转角度/（°）	无（±45）	无（±45）	无（±45）
主电动机最大功率/kW	2.8	4	7.5

注：（　）内为卧式万能铣床与卧式铣床相应型号的数据，表 A-19 同。

表 A-17　卧式（万能）铣床主轴转速

型　号	转速/（r/min）
X60 X60W	50、71、100、140、200、400、560、800、1120、1600、2240
X61 X61W	65、80、100、125、160、210、255、300、380、490、590、725、945、1225、1500、1800
X62 X62W	30、37.5、47.5、60、75、95、118、150、190、235、300、375、475、600、750、950、1180、1500

表 A-18　卧式（万能）铣床工作台进给量

型　号	进给量/(mm/min)
X60 X60W	纵向：22.4、31.5、45、63、90、125、180、250、355、500、710、1000
	横向：16、22.4、31.5、45、63、90、125、180、250、355、500、710
	升降：8、11.2、16、22.4、31.5、45、63、90、125、180、250、355
X61 X61W	纵向：35、40、50、65、85、105、125、165、205、250、300、390、510、620、755、980
	横向：25、30、40、50、65、80、100、130、150、190、230、320、400、480、585、765
	升降：12、15、20、25、33、40、50、65、80、98、115、160、200、240、290、380
X62 X62W	纵向及横向：23.5、30、37.5、47.5、60、75、95、118、150、190、235、300、375、475、600、750、950、1180

表 A-19　卧式（万能）铣床工作台尺寸　　　　（单位：mm）

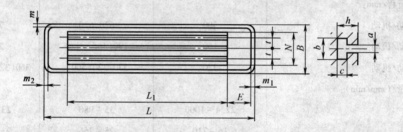

型号	L	L₁	E	B	N	t	m	m₁	m₂	a	b	c	h	T形槽数
X60 (X60W)	870	710	85	200	144	45	10	30	40	14	25(23)	11	25(23)	3
X61 (X61W)	1120	940(1000)	90	260	185	50	10	48(50)	50(53)	14	24	11	25	3
X62 (X62W)	1325	1125(1120)	70	320	225(220)	70	16(15)	50	25	18	30	14	32	3

注：基准槽 a 精度为 H8，固定槽 a 精度为 H12（摘自 GB/T 158—1996）。

表 A-20　数控铣床型号与主要技术参数

技术参数	型　号					
	XK5025	XK5032	XK6040	XK8132	XK8140A	XK8170
工作台面积(长×宽)/mm×mm	1120×250	1250×320	1600×400	750×320	800×400	900×700
三向行程/mm X	680	625	900	400	500	800
Y	350	240	410	300	400	700
Z	400	330	375	400	400	500
主轴转速/(r/min)	60~4200	30~1500	30~1500	40~2000	0~3000	0~3000
主电动机功率/kW	1.5	7.5	7.5	2.2	7.5	7.5

（续）

技术参数	型　号					
	XK5025	XK5032	XK6040	XK8132	XK8140A	XK8170
进给速度/(mm/min)	0~2500	5~3000	30~2000	—	5~4000	—
快速进给/(m/min)	5	4	4	—	6	—
主轴锥孔孔径/mm	30	50	50	40	40	40
台面负重/kg	400	200	600	—	—	—
控制系统	MTC-3M	电贡电子所	FANUC-3M	—	SIEMENS-810D	MITSUBISH150M
定位精度/mm	±0.015	0.04	±0.035	0.02/300	0.02	—
重复定位精度/mm	±0.005	0.025	0.025	0.01	0.01	—
机床质量/t	1.85	2.78	3.4	1.3	2.5	5

4. 其他机床型号与主要技术参数（见表A-21~表A-25）

表A-21　牛头刨床的主要技术参数

机床	最大刨削长度/mm	工作台工作面积/mm²	每分钟滑枕往复次数/次	每往复行程工作台水平进给量/mm	主电动机功率/kW
牛头刨 B650	500	顶面:455×405 侧面:435×355	8级 11~120	6级 0.35~2.13	4
B665	600	侧面:650×450	6级 12.5~72.7	10级 0.33~3.33	3

表A-22　镗床的主要技术参数

机床	最大镗孔直径/mm	主轴转速/(r/min)	加工质量		
			圆柱度/mm	端面平面度/mm	表面粗糙度
卧式镗床 T617	240	13~1160	0.02	0.02	Ra1.6μm
T68	240	20~1000	0.02/300	0.02/300	Ra1.6μm
精密卧镗铣 T646	240	8~1036	0.01	0.01	Ra0.8μm
立式金刚镗 T716	165	19~600	0.01	0.01	Ra0.8μm

表A-23　拉床的主要技术参数

机床	额定拉力/kN	最大行程/mm	滑枕行程速度/(m/min)		主电动机功率/kW
			工作	返回	
立式内拉床 L5120	200	1250	1.5~13	7~20	14
卧式内拉床 L6110	100	1250	2~11	14~25	17
卧式内拉床 L6120	100	1600	1.5~11	7~20	22

表 A-24　磨床的主要技术参数

机　床	磨削直径/磨削面积/mm 或 mm×mm	磨削长度/深度/宽度/mm	加工质量		
			圆柱度/mm	端面平面度/mm	表面粗糙度
外圆磨床 M131	8~515	磨削长度 1000	0.003	0.006	$Ra0.2\mu m$
内圆磨床 M2120	50~200	磨削深度 120~160	0.006	0.005/200	$Ra0.4\mu m$
平面磨床 M7730K	1000×300		不平度 0.015/1000	0.01	$Ra0.8\mu m$
无心磨床 M1040	2~40	磨削宽度 140	椭圆度 0.002	不圆柱度 0.004	$Ra0.2\mu m$

表 A-25　内圆磨床的主要技术参数

工艺参数	表面粗糙度 $Ra0.1~0.05$	备　　注
砂轮转速/(r/s)	167~333	磨具精度高时,可选取偏大的数值
修正时工作台速度/(m/s)	$(0.5~0.833)×10^{-3}$	
修正时横向进给量/mm	≤0.005	
修正时横向进给次数(每单行程一次)	2~3	指砂轮经粗修后的精修次数
光修次数(单行程)	1	
工件转速/(m/s)	0.117~0.15	
磨削时工作台速度/(m/s)	2~3.333	
磨削时横向进给量/mm	0.005~0.01	
磨削时横向进给次数(每单行程一次)	1~4	
光磨次数(单行程)	4~8	横向进给量大、磨削余量多时,光磨次数取大

注:1. 采用 GB60ZR 或 GG60ZR₁ 砂轮磨削。
　　2. 修磨砂轮工具采用锋利单颗金刚石。

附录 B　钻头结构形式与几何参数

表 B-1　直柄短麻花钻（摘自 GB/T6135.2—2008）　　　　　（单位：mm）

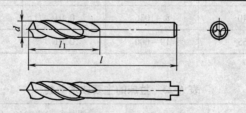

标记示例:

a. 直径 $d=15.00$mm 的右旋直柄短麻花钻:

直柄短麻花钻 15 GB/T 6135.2—2008

b. 直径 $d=15.00$mm 的左旋直柄短麻花钻:

直柄短麻花钻 15-L GB/T 6135.2—2008

c. 精密级直柄短麻花钻应在直径前加"H-",如 H-15,其余标记方法与 a 条和 b 条相同

（续）

dh8	l	l_1	dh8	l	l_1	dh8	l	l_1
1.00	26	6	5.50	66	28	12.00	102	51
2.00	38	12	6.00	66	28	13.50	107	54
2.50	43	14	6.50	70	31	14.50	111	56
3.00	46	16	7.00	74	34	16.00	115	58
3.50	52	20	8.00	79	37	17.00	119	60
4.00	55	22	9.00	84	40	18.00	123	62
4.50	58	24	10.00	89	43	19.00	127	64
5.00	62	26	11.00	95	47	20.00	131	66

表 B-2　直柄麻花钻（摘自 GB/T 6135.2—2008）　　　　　　（单位：mm）

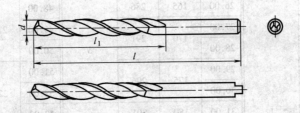

标记示例：

a. 直径 d = 10.00mm 的右旋直柄麻花钻：

直柄麻花钻 10 GB/T 6135.2—2008

b. 直径 d = 10.00mm 的左旋直柄麻花钻：

直柄麻花钻 10-L GB/T 6135.2—2008

c. 高性能的直柄麻花钻应在直径前加"H-"，如 H-10，其余标记方法与 a 条和 b 条相同

dh8	l	l_1	dh8	l	l_1	dh8	l	l_1
0.20	19	2.5	3.00	61	33	12.00	151	101
0.50	22	6	4.00	75	43	13.00	151	101
0.60	24	7	5.00	86	52	14.00	160	108
0.70	28	9	6.00	93	57	15.00	169	114
0.80	30	10	7.00	109	69	16.00	178	120
0.90	32	11	8.00	117	75	17.00	184	125
1.00	34	12	9.00	125	81	18.00	191	130
1.50	40	18	10.00	133	87	19.00	198	135
2.00	49	24	11.00	142	94			

表 B-3　莫氏锥柄麻花钻（摘自 GB/T 1438.1—2008）　　　　（单位：mm）

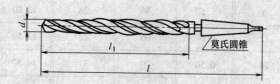

标记示例:

a. 直径 $d=10$mm,标准柄的右旋莫氏锥柄麻花钻:

　莫氏锥柄麻花钻 10 GB/T 1438.1—2008

b. 直径 $d=10$mm,标准柄的左旋莫氏锥柄麻花钻:

　莫氏锥柄麻花钻 10-L GB/T 1438.1—2008

c. 精密级莫氏锥柄麻花钻应在直径前加"H-",如 H-10,其余标记方法与 a 条和 b 条相同

d	l_1	标准柄		d	l_1	标准柄		d	l_1	标准柄	
		l	莫氏圆锥号			l	莫氏圆锥号			l	莫氏圆锥号
4.00	43	124		26.00	165	286		48.00			
5.00	52	133		27.00	170	291		49.00	220	369	4
6.00	57	138		28.00			3	50.00			
7.00	69	150		29.00	175	296		51.00	225	412	
8.00	75	156		30.00				52.00			
9.00	81	162	1	31.00	180	301		53.00			
10.00	87	168		32.00	185	334		54.00	230	417	
11.00	94	175		33.00				55.00			
12.00	101	182		34.00	190	339		56.00			
13.00	101	182		35.00				57.00			
14.00	108	189		36.00	195	344		58.00	235	422	
15.00	114	212		37.00				59.00			
16.00	120	218		38.00	200	349	4	60.00			5
17.00	125	223		39.00				61.00			
18.00	130	228	2	40.00				62.00	240	427	
19.00	135	233		41.00	205	354		63.00			
20.00	140	238		42.00				64.00			
21.00	145	243		43.00	210	359		65.00	245	432	
22.00	150	248		44.00				66.00			
23.00	155	253		45.00				67.00			
24.00	160	281	3	46.00	215	364		68.00	250	437	
25.00				47.00				69.00			

注:d——麻花钻直径;l——总长;l_1——沟槽长度。

表 B-4　硬质合金锥柄麻花钻（摘自 GB/T 10946—1989）　　　　（单位：mm）

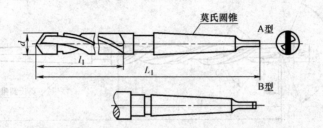

标记示例：

直径 $d=20$mm，镶有 K30 硬质合金刀片的麻花钻：

硬质合金锥柄麻花钻 20 K30 GB/T 10946—1989

基本尺寸	极限偏差	长型	短型	莫氏圆锥号	型式	基本尺寸	极限偏差	长型	短型	莫氏圆锥号	型式
		d		莫氏				L_1		莫氏	
		L_1 基本尺寸		圆锥号	型式			基本尺寸		圆锥号	型式
10.00	0 −0.022	168	140			20.00		261	220		
10.50				1		20.50		266	225		
11.00		175	145			21.00					
11.50						21.50		271			
12.00		199				22.00					A
12.50		199				22.50			230		
13.00			170			23.00		276			
13.50		206				23.50				3	
14.00	0 −0.027	206			A	24.00		281			
14.50		212	175*	2		24.50	0 −0.033	281			
15.00		212				25.00			235		A 或 B
15.50		218	180			25.50					
16.00						26.00		286			
16.50		223	185			26.50					B
17.00						27.00		291	240		
17.50		228	190			27.50		319	270		
18.00						28.00					
18.50	0 −0.033	256	195	3	A 或 B	28.50				4	
19.00						29.00		324	275		A
19.50		261	220		A	29.50					
						30.00					

表 B-5　莫氏锥柄阶梯麻花钻（摘自 GB/T 6138.2—2007）　　　　（单位：mm）

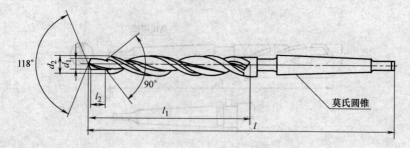

标记示例：

a. 钻孔部分直径 $d_1 = 14.5\text{mm}$，钻孔部分长度 $l_2 = 38.5\text{mm}$，右旋攻螺纹前钻孔用莫氏锥柄阶梯麻花钻：

　　锥柄阶梯麻花钻 14.5×38.5 GB/T 6138.2—2007

b. 钻孔部分直径 $d_1 = 14.5\text{mm}$，钻孔部分长度 $l_2 = 38.5\text{mm}$，左旋攻螺纹前钻孔用莫氏锥柄阶梯麻花钻：

　　锥柄阶梯麻花钻 14.5×38.5-L GB/T 6138.2—2007

d_1 h9	d_2 h8	l	l_1	l_2 js16	莫氏圆锥号	适用的螺纹孔
7.0	9.0	162	81	21.0		M8×1
8.8	11.0	175	94	25.5	1	M10×1.25
10.5	14.0	189	108	30.0		M12×1.5
12.5	16.0	218	120	34.5		M14×1.5
14.5	18.0	228	130	38.5		M16×1.5
16.0	20.0	238	140	43.5	2	M18×2
18.0	22.0	248	150	47.5		M20×2
20.0	24.0	281	160	51.5		M22×2
22.0	26.0	286	165	56.5	3	M24×2
25.0	30.0	296	175	62.5		M27×2
28.0	33.0	334	185	70.0	4	M30×2

表 B-6　锥柄扩孔钻（摘自 GB/T 4256—2004）　　　　（单位：mm）

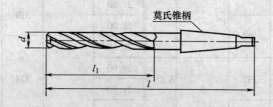

（续）

d			l	l_1	莫氏锥柄号	d			l	l_1	莫氏锥柄号
推荐值	大于	至				推荐值	大于	至			
7.8	7.5	8.5	156	75		24.7	23.6	25.0	281	160	
8.0						25.0					
8.8	8.5	9.5	162	81		25.7	25.0	26.5	286	165	
9.0						26.0					
9.8	9.5	10.6	168	87		27.7	26.5	28.0	291	170	3
10.0						28.0					
10.75					1	29.7	28.0	30.0	296	175	
11.0	10.6	11.8	175	94		30.0	28.0	30.0	296	175	
11.75						—	30.0	31.5	301	180	
12.0						31.6	31.5	31.75	306	185	
12.75	11.8	13.2	182	101		32.0	31.75	33.5	334	185	
13.0						33.6					
13.75	13.2	14.0	189	108		34.0	33.5	35.5	339	190	
14.0						34.6					
14.75	14	15	212	114		35.0					
15.0						35.6	35.5	37.5	344	195	
15.75	15	16	218	120		36.0					
16.0						37.6					
16.75	16	17	223	125		38.0	37.5	40.0	349	200	
17.0						39.6					
17.75	17	18	228	130		40.0					
18.0					2	41.6	40.0	42.5	354	205	4
18.7	18	19	233	135		42.0					
19.0						43.6					
19.7	19	20	238	140		44.0	42.5	45.0	359	210	
20.0						44.6					
20.7	20	21.2	243	145		45.0					
21.0						45.6	45.0	47.5	364	215	
21.7	21.2	22.4	248	150		46.0					
22.0						47.6					
22.7	22.4	23.02	253	155		48.0	47.5	50.0	369	220	
23.0						49.6					
—	23.02	23.6	276	155	3	50.0					
24.0	23.6	25	281	160							

表 B-7　直柄扩孔钻（摘自 GB/T 4256—2004）　　　　（单位：mm）

推荐值	大于	至	l	l_1	推荐值	大于	至	l	l_1
3.00	—	3.00	61	33	—	10.00	10.60	133	87
3.30	3.00	3.35	65	36	10.75				
3.50	3.35	3.75	70	39	11.00	10.60	11.80	142	94
3.80	3.75	4.25	75	43	11.75				
4.00					12.00				
4.30	4.25	4.75	80	47	12.75	11.80	13.20	151	101
4.50					13.00				
4.80	4.75	5.30	86	52	13.75	13.20	14.00	160	108
5.00					14.00				
5.80	5.30	6.00	93	57	14.75	14.00	15.00	169	114
6.00					15.00				
—	6.00	6.70	101	63	15.75	15.00	16.00	178	120
6.80	6.70	7.50	109	69	16.00				
7.00					16.75	16.00	17.00	184	125
7.80	7.50	8.50	117	75	17.00				
8.00					17.75	17.00	18.00	191	130
8.80	8.50	9.50	125	81	18.00				
9.00					18.70	18.00	19.00	198	135
9.80	9.50	10.00	133	87	19.00				
10.00					19.70	19.00	20.00	205	140

表 B-8　套式扩孔钻（摘自 GB/T 1142—2004）　　　　（单位：mm）

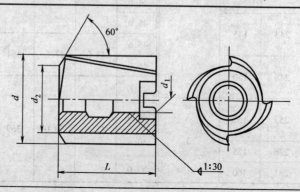

附 录

（续）

d(h8)		L	d_1	d_2	d(h8)		L	d_1	d_2
大于	至				大于	至			
23.6	35.5	45	13	d-5	53	63	63	22	d-9
35.5	45.0	50	16	d-6	63	75	71		
45.0	53	56	19	d-8	75	90	80	27	d-11
					90	100	90	32	d-13
								40	d-15

表 B-9　60°、90°、120°锥柄锥面锪钻（摘自 GB/T 1143—2004）　（单位：mm）

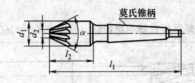

d_1	d_2	l_1		l_2		莫氏锥柄号
		$\alpha=60°$	$\alpha=90°$或$120°$	$\alpha=60°$	$\alpha=90°$或$120°$	
16	3.2	97	93	24	20	1
20	4	120	116	28	24	
25	7	125	121	33	29	2
31.5	9	132	124	40	32	
40	12.5	160	150	45	35	
50	16	165	153	50	38	3
63	20	200	185	58	43	
80	25	215	196	73	54	4

表 B-10　60°、90°、120°直柄锥面锪钻（摘自 GB/T 4258—2004）　（单位：mm）

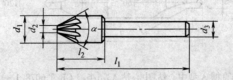

（续）

d_1	d_2	d_3	l_1		l_2	
			$\alpha = 60°$	$\alpha = 90°$ 或 $120°$	$\alpha = 60°$	$\alpha = 90°$ 或 $120°$
8	1.6		48	44	16	12
10	2	8	50	46	18	14
12.5	2.5		52	48	20	16
16	3.2		60	56	24	20
20	4	10	64	60	28	24
25	7		69	65	33	29

表 B-11　带导柱直柄平底锪钻（摘自 GB/T 4260—2004）　　（单位：mm）

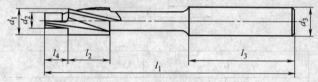

图为切削直径 $d_1 > 5$mm 的锪钻示图

切削直径 d_1 z9	导柱直径 d_2 e8	柄部直径 d_3 h9	总长 l_1	刃长 l_2	柄长 l_3 ≈	导柱长 l_4
$2 \leqslant d_1 \leqslant 3.15$			45	7	—	
$3.15 < d_1 \leqslant 5$			56	10		
$5 < d_1 \leqslant 8$	按引导孔直径配套要求	$= d_1$	71	14	31.5	$\approx d_2$
$8 < d_1 \leqslant 10$	规定（最小直径为：$d_2 =$		80	18	35.5	
$10 < d_1 \leqslant 12.5$	$1/3 d_1$）	10				
$12.5 < d_1 \leqslant 20$		12.5	100	22	40	

表 B-12　中心钻（摘自 GB/T 6078.1—1998）　　（单位：mm）

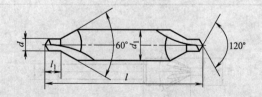

标记示例：

直径 $d = 2.5$mm，$d_1 = 6.3$mm 的直槽 A 型中心钻：中心钻 A2.5/6.3 GB/T 6078.1—1998

（续）

d k12	d_1 h9	l		l_1	
		基本尺寸	极限偏差	基本尺寸	极限偏差
1.00	3.15	31.5		1.3	+0.6 0
1.60	4.0	35.5	±2	2.0	+0.8 0
2.00	5.0	40.0		2.5	
2.50	6.3	45.0		3.1	+1.0 0
3.15	8.0	50.0		3.9	
4.00	10.0	56.0		5.0	+1.2 0
6.30	16.0	71.0	±3	8.0	
10.00	25.0	100.0		12.8	+1.4 0

附录 C　各种铣刀的结构形式与几何参数

表 C-1　直柄立铣刀（摘自 GB/T6117.1—1996）　　　　　　（单位：mm）

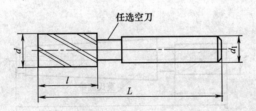

任选空刀

标记示例：

直径 d = 8mm，中齿，柄径 d_1 = 8mm 的普通直柄标准系列立铣刀：

中齿直柄立铣刀 8GB/T 6117.1—1996

直径 d = 8mm，中齿，柄径 d_1 = 8mm 的螺纹标准系列立铣刀：

中齿直柄立铣刀 8 螺纹柄 GB/T 6117.1—1996

（续）

直径范围 d		推荐直径 d		d_1		标准系列			齿　数		
						l	L				
>	≤			Ⅰ组	Ⅱ组		Ⅰ组	Ⅱ组	粗齿	中齿	细齿
3	3.75		3.5	5	6	10	42	54	3	4	
4.75	5	5		6	6	13	47	57			
5	6	6		6		13	57				
6	7.5		7	8	10	16	60	66			
7.5	8	8				19	63	69			5
8	9.5		9	10			69				
9.5	10	10				22	72				
10	11.8		11	12			79				
11.8	15	12	14			26	83				
15	19	16	18	16		32	92				6
19	23.6	20	22	20		38	104				
23.6	30	25	28	25		45	121				
30	37.5	32	36	32		53	133				
37.5	47.5	40	45	40		63	155		5	6	8
47.5	60	50		50		75	177				
			56								
60	67	63		50	63	90	192	202	6	8	10
67	75		71	63			202				

注：总长尺寸 L 的Ⅰ组和Ⅱ组分别与柄部直径 d_1 的Ⅰ组和Ⅱ组相对应。

表 C-2　莫氏锥柄立铣刀（摘自 GB/T 6117.2—1996）　　　　（单位：mm）

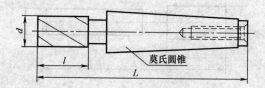

标记示例：

直径 $d = 12$mm，总长 $L = 96$mm 的标准系列莫氏锥柄立铣刀：

中齿莫氏锥柄立铣刀 12×96GB/T 6117.2—1996

直径 $d = 50$mm，总长 $L = 200$mm 的标准系列Ⅰ组中齿莫氏锥柄立铣刀：

中齿莫氏锥柄立铣刀 50×200GB/T 6117.2—1996

（续）

直径范围 d		推荐直径 d		l	L		莫氏圆锥号	齿　数		
>	≤			标准系列	标准系列			粗齿	中齿	细齿
					I 组	II 组				
5	6	6		13	83					
6	7.5		7	16	86					
7.5	9.5	8		19	89		1			
			9							
9.5	11.8	10	11	22	92					5
11.8	15	12	14	26	96			3	4	
					111					
15	19	16	18	32	117		2			
19	23.6	20	22	38	123					6
					140		3			
23.6	30	25	28	45	147					
30	37.5	32	36	53	155		3			
					178	201	4			
37.5	47.5	40	45	63	188	211		4	6	8
					221	249	5			
47.5	60	50		75	200	223	4			
					233	261	5			
			56		200	223	4	6	8	10
					233	261	5			
60	75	63		90	248	276				

表 C-3　直柄粗加工立铣刀（摘自 GB/T 14328—2008）　　　（单位：mm）

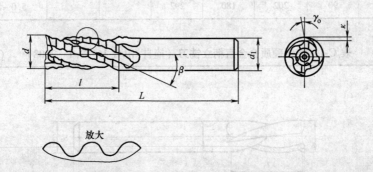

放大

标记示例：

外径 $d=10$mm 的 A 型标准系列的直柄粗加工立铣刀：

直柄粗加工立铣刀 A10 GB/T 14328.1—2008

（续）

d js15	d_1 h6	标准型		长 型		参 考			齿数
		l min	L js16	l min	L js16	β	γ_o	κ	
8	10	19	69	38	88			1.0 ~ 1.5	
9	10	19	69	38	88			1.5	
10	10	22	72	45	95			1.5 ~ 2.0	
11	12	22	79	45	102			1.5 ~ 2.0	
12	12	26	83	53	110			2.0	
14	12	26	83	53	110			2.0 ~ 2.5	4
16	16	32	92	63	123			2.5 ~ 3.0	
18	16	32	92	63	123			3.0	
20	20	38	104	75	141			3.0 ~ 3.5	
22	20	38	104	75	141	20° ~ 35°	6° ~ 16°	3.5 ~ 4.0	
25	25	45	121	90	166			4.0 ~ 4.5	
28	25	45	121	90	166			3.0 ~ 3.5	
32	32	53	133	106	186			3.5 ~ 4.0	
36	32	53	133	106	186			4.0 ~ 4.5	
40	40	63	155	125	217			4.0 ~ 4.5	6
45	40	63	155	125	217			4.5 ~ 5.0	
50	50	75	177	150	252			5.5 ~ 6.0	
56	50	75	177	150	252			4.5 ~ 5.0	8
63	63	90	202	180	292			5.0 ~ 5.5	

表 C-4　整体硬质合金直柄立铣刀（摘自 GB/T 16770.1—2008）　　（单位：mm）

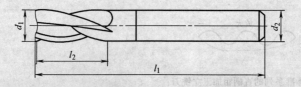

（续）

直径 d_1	柄部直径 d_2	总长 l_1 基本尺寸	极限偏差	刃长 l_2 基本尺寸	极限偏差	直径 d_1	柄部直径 d_2	总长 l_1 基本尺寸	极限偏差	刃长 l_2 基本尺寸	极限偏差
1.0	3	38	+2 0	3	+1 0	5.0	5	47	+2 0	13	+1.5 0
1.0	4	43		3		5.0	6	57		13	
1.5	3	38		4		6.0	6	57		13	
1.5	4	43		4		7.0	8	63		16	
2.0	3	38		7		8.0	8	63		19	+1.5 0
2.0	4	43		7		9.0	10	72	+2 0	19	
2.5	3	38		8	+1 0	10.0	10	72		22	
2.5	4	43	+2 0	8		12.0	12	76		22	
3.0	3	38		8		12.0	12	83		26	
3.0	6	57		8		14.0	14	83		26	
3.5	4	43		10		16.0	16	89		32	+2 0
3.5	6	57		10		18.0	18	92	+3 0	32	
4.0	4	43		11	+1.5 0	20.0	20	101		38	
4.0	6	57		11							

表 C-5　套式立铣刀（摘自 GB/T1114.1—1998）　　（单位：mm）

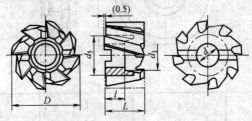

D 基本尺寸	极限偏差 js16	d 基本尺寸	极限偏差 H7	L 基本尺寸	极限偏差 k16	l 基本尺寸	极限偏差	d_1 min	d_5^* min
40	±0.80	16	+0.018 0	32		18	+1 0	23	33
50		22	+0.021 0	36	+1.6 0	20		30	41
63	±0.95	27		40		22		38	49
80				45					
100	±1.10	32	+0.025 0	50		25		45	59
125	±1.25	40		56	+1.9 0	28		56	71
160		50		63		31		67	91

注：1. ＊背面上 0.5mm 不作硬性的规定。

　　2. 套式立铣刀可以制造成右螺旋齿或左螺旋齿。

　　3. 端面键槽尺寸和偏差按 GB/T 6132—2006 的规定。

表 C-6　圆柱形铣刀（摘自 GB/T1115.1—2002）　　　　　（单位：mm）

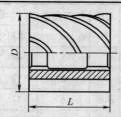

D	d	L						
js16	H7	js16						
		40	50	63	70	80	100	125
50	22	×		×		×		
63	27		×		×			
80	32			×			×	
100	40				×			×

注：×表示有此规格。

表 C-7　镶齿套式面铣刀（摘自 JB/T 7954—1999）　　　　（单位：mm）

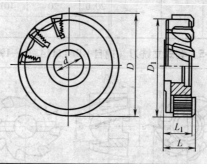

D js16	D_1	d H7	L js16	L_1	齿　数
80	70	27	36	30	10
100	90	32	40	34	
125	115	40			14
160	150				16
200	186	50	45	37	20
250	236				26

表 C-8　粗切削球形面铣刀　　　　　（单位：mm）

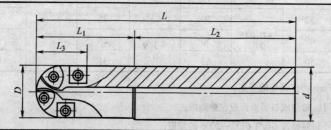

（续）

D	d	L	L_1	L_2	L_3	刃数
20	20	140	50	90	20	4
20	25	140	70	70	20	4
20	20	190	90	100	20	4
20	25	190	90	100	20	4
25	25	155	55	100	23	4
25	25	210	110	100	23	4
25	32	220	110	100	23	4
32	32	160	60	100	31	4
32	32	220	120	100	31	4
40	42	170	70	100	41	4
40	42	250	150	100	41	4
50	50.8	190	90	100	46	5
50	50.8	280	180	100	46	5

表 C-9　圆刃面铣刀　　　　　　　　　（单位：mm）

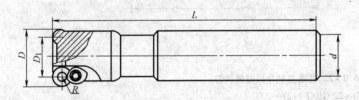

D	D_1	d	L	R	刃 数
12	8	12	130	4R	1
16	8	16	150	4R	2
20	12	20	150	4R	2
20	12	20	200	4R	2
25	15	25	150	5R	2
25	15	25	200	5R	2
25	15	25	250	5R	2
30	20	25	150	5R	2
30	20	25	200	5R	2
35	25	32	150	5R	3
35	25	32	200	5R	3
35	25	32	250	5R	3
35	25	32	300	5R	3
35	25	32	350	5R	3
40	30	32	180	5R	3
40	30	32	230	5R	3
50	34	32	200	8R	3

表 C-10　半圆键槽铣刀（摘自 GB/T1127—2007）　　　　（单位：mm）

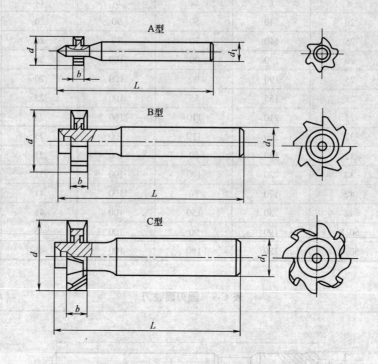

标记示例：

键的基本尺寸为 6.0×22，普通直柄半圆键槽铣刀：

半圆键槽铣刀 6.0×22 GB/T 1127—2007

半圆键的基本尺寸按 （GB/T 1098—2003）	d h11	b e8	L js18	d_1	铣刀型式
宽×直径	基本尺寸	基本尺寸	基本尺寸	基本尺寸	
1.0×4	4.5	1.0	50	6	A
1.5×7	7.5	1.5			
2.0×7		2.0			
2.0×10	10.5				
2.5×10		2.5			
3.0×13	13.5	3.0			
3.0×16			55	10	B
4.0×16	16.5	4.0			
5.0×16		5.0			
4.0×19	19.5	4.0			
5.0×19		5.0			
5.0×22	22.5		60		
6.0×22		6.0		12	C
6.0×25	25.5				
8.0×28	28.5	8.0	65		
10.0×32	32.5	10.0			

表 C-11 直柄键槽铣刀（摘自 GB/T1112.1—1997） （单位：mm）

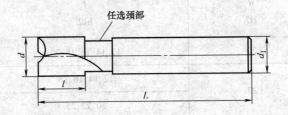

标记示例：

直径 $d = 10$mm，e8 偏差的标准系列普通直柄键槽铣刀：

直柄键槽铣刀 10e8 GB/T 1112.1—1997

直径 $d = 10$mm，d8 偏差的短系列削平直柄键槽铣刀：

直柄键槽铣刀 10d8 GB/T 1112.1—1997

d			d_1	l		L	
基本尺寸	极限偏差			短系列	标准系列	短系列	标准系列
				基本尺寸		基本尺寸	
2	−0.014	−0.020	3①	4	7	36	39
3	−0.028	−0.034		5	8	37	40
4	−0.020	−0.030	4	7	11	39	43
5	−0.038	−0.048	5	8	13	42	47
6			6	8	13	52	57
7	−0.025	−0.040	8	10	16	54	60
8	−0.047	−0.062		11	19	55	63
10			10	13	22	63	72

① 该尺寸不推荐采用；如采用，应与相同规格的键槽铣刀相区别。

表 C-12 镶齿三面刃铣刀（摘自 JB/T7953—1999） （单位：mm）

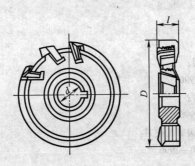

（续）

D js16	d H7	l h12	齿　数
80	22	12、14、16、18、20	10
100	27	12、14、16、18	12
		20、22、25	10
125	32	12、14、16、18	14
		20、22、25	12
160	40	14、16、20	18
		25、28	16
200		14	22
		18、22	20
	50	28、32	18
250		16、20	24
		25、28、32	22

表 C-13　锯片铣刀（摘自 GB/T6120—1996）　　　　（单位：mm）

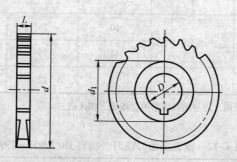

标记示例：

$d = 125\text{mm}$, $L = 6\text{mm}$ 的粗齿锯片铣刀：

粗齿锯片铣刀 125×6GB/T 6120—1996

$d = 125\text{mm}$, $L = 6\text{mm}$ 的中齿锯片铣刀：

中齿锯片铣刀 125×6GB/T 6120—1996

$d = 125\text{mm}$, $L = 6\text{mm}$, $D = 27\text{mm}$ 的中齿锯片铣刀：

中齿锯片铣刀 125×6×27GB/T 6120—1996

（续）

粗齿锯片铣刀的尺寸

d(js16)	50	63	80	100	125	160	200	250
D(H7)	13	16	22	22(27)		32		
d_{1min}			34	34(40)		47	63	
L(js11)	齿数（参考）							
1.60			32			48		
2.00	20	24		32	40		48	64
2.50			24			40		
3.00		20			32			48
4.00	16			24		40		
5.00			20			32		40
6.00		16			24		32	

中齿锯片铣刀的尺寸

d(js16)	32	40	50	63	80	100	125	160	200	250
D(H7)	8	10(13)	13	16	22	22(27)		32		
d_{1min}					34	34(40)		47	63	
L(js11)	齿数（参考）									
1.60	24	32			48			80		
2.00			32	40		48	64		80	100
2.50		24			40			64		
3.00	20			32			48			80
4.00		20	24			40			64	
5.00					32			48		
6.00				24		32	40		48	64

表 C-14 超速型钻铣刀 　　　　　　　　　（单位：mm）

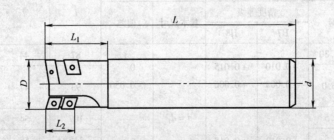

（续）

D	d	L	L_1	L_2
20	20	130	60	20
21	20	185	35	20
25	25	220	75	25
26	25	220	40	25
26	25	300	40	25
32	32	230	90	32
35	32	230	50	35
35	32	300	50	35
35	32	350	50	35

附录 D　各种铰刀的结构形式与几何参数

表 D-1　手用铰刀（摘自 GB/T 1131—1984）　　　　（单位：mm）

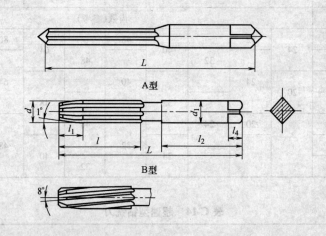

d				d_1		L	l	a	l_4
推荐值	分级范围	精度等级		基本尺寸	偏差				
		H7	H8						
5.0	>4.75~5.30					87	44	4.0	
5.5		+0.010 +0.005	+0.015 +0.006		0 -0.030				7
6.0	>5.30~6.0					93	47	4.5	
7.0	>6.7~7.5			$d = d_1$		107	54	5.6	8
8.0	>7.5~8.5	+0.012 +0.006	+0.018 +0.010		0 -0.036	115	58	6.3	9
9.0	>8.5~9.5					124	62	7.1	10
10.0	>9.5~10.0					133	66	8	11

（续）

d				d_1		L	l	a	l_4
推荐值	分级范围	精度等级		基本尺寸	偏差				
		H7	H8						
11	>10.6~11.8					142	71	9	12
12	>11.8~13.2					152	76	10	13
14	>13.2~15.0	+0.015 +0.008	+0.022 +0.012		0 -0.043	163	81	11.2	14
16	>15.0~17.0					175	87	12.5	16
18	>17.0~19.0					188	93	14.0	18
20	>19.0~21.1			$d=d_1$		202	100	16.0	20
22	>21.2~23.6	+0.017 +0.009	+0.028 +0.016		0 -0.052	215	107	18.0	22
25	>23.6~26.5					231	115	20.0	24
28	>26.5~30.0					247	124	22.4	26
32	>30.0~33.5	+0.021 +0.012	+0.033 +0.019		0 -0.062	265	133	25.0	28
36	>33.5~37.5					284	142	28.0	31

表 D-2　直柄机用铰刀（摘自 GB/T 1132—2004）　　　　　（单位：mm）

直径d小于或等于3.75mm

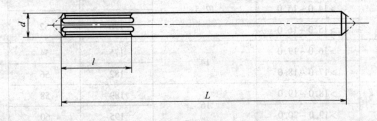

直径d大于3.75mm

缩柄部分的直径是任选的

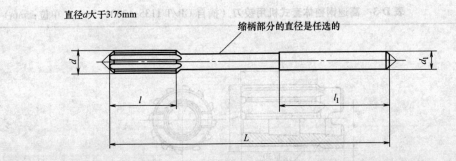

（续）

d		d₁	L	l	l₁
推荐值	分级范围	基本尺寸			
2.8	>2.65~3.00		61	15	
3.0		d = d₁			—
3.2	>3.00~3.35		65	16	
3.5	>3.35~3.75		70	18	
4.0	>3.75~4.25	4.0	75	19	32
4.5	>4.25~4.75	4.5	80	21	33
5.0	>4.75~5.30	5.0	86	23	34
5.5	>5.30~6.00	5.6	93	26	36
6.0					
—	>6.00~6.7	6.3	101	28	38
7	>6.7~7.5	7.1	109	31	40
8	>7.5~8.5	8.0	117	33	42
9	>8.5~9.5	9.0	125	36	44
10	>9.5~10.0		133	38	
—	>10.0~10.6	10			46
11	>10.6~11.8		142	41	
12	>11.8~13.2		151	44	
14	>13.2~14.0		160	47	
16	>14.0~15.0	12.5			50
	>15.0~16.0		170	52	
18	>16.0~17.0	14	175	54	
	>17.0~18.0		182	56	52
20	>18.0~19.0	16	189	58	58
	>19.0~20.0		195	60	

表 D-3　高速钢整体套式机用铰刀（摘自 GB/T 1135—2004）　（单位：mm）

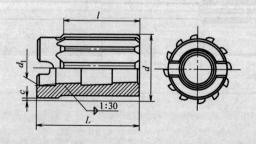

（续）

直径范围 d		d_1	l	L	c
大于	至				最大
19.9	23.6	10	28	40	1.0
23.6	30.0	13	32	45	
30.0	35.5	16	36	50	
35.5	42.5	19	40	56	1.5
42.5	50.8	22	45	63	
50.8	60.0	27	50	71	2.0
60.0	71.0	32	56	80	
71.0	85.0	40	63	90	2.5
85.0	101.6	50	71	100	

表 D-4　硬质合金直柄机用铰刀（摘自 GB/T 4251—2008）　　（单位：mm）

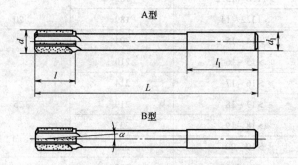

d		d_1	l	L	l_1
推荐值	分级范围				
6	>5.3~6	5.6	93		36
—	>6~6.7	6.3	101		38
7	>6.7~7.5	7.1	109	17	40
8	>7.5~8.5	8	117		42
9	>8.5~9.5	9	125		44
10	>9.5~10.6	10	133		
11	>10.6~11.8		142		46
12	>11.8~13.2		151		
14	>13.2~14		160	20	
(15)	>14~15	12.5	162		50
16	>15~16		170		
(17)	>16~17		175		52
18	>17~18	14	182	25	
(19)	>18~19	16	189		58
20	>19~20		195		

表 D-5　硬质合金锥柄机用铰刀（摘自 GB/T 4251—2008）

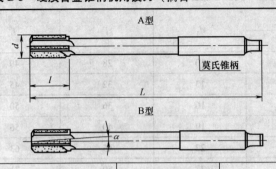

d		L	l	莫氏锥柄号
推荐值	分级范围	基本尺寸		
8	>7.5 ~ 8.5	156	17	1
9	>8.5 ~ 9.5	162		
10	>9.5 ~ 10.0	168		
	>10.0 ~ 10.6			
11	>10.6 ~ 11.8	175		
12	>11.8 ~ 13.2	182		
14	>13.2 ~ 14	189	20	
(15)	>14 ~ 15	204		
16	>15 ~ 16	210	25	
(17)	>16 ~ 17	214		
18	>17 ~ 18	219		
(19)	>18 ~ 19	223		2
20	>19 ~ 20	228		
21	>20 ~ 21.2	232		
22	>21.2 ~ 22.4	237		
23	>22.4 ~ 23.02	241	28	
24	>23.02 ~ 23.6	268		
25	>23.6 ~ 25.0	273		
(26)	>25 ~ 26.5	277		3
28	>26.5 ~ 28	281		
(30)	>28 ~ 30	285		
32	>30 ~ 31.5	317	34	
(34)	>31.5 ~ 33.5	321		
(35)	>33.5 ~ 35.5	325		4
36	>35.5 ~ 37.5	329		
40	>37.5 ~ 40			

附录 E　各种丝锥的结构形式与几何参数

表 E-1　粗柄机用和手用丝锥（摘自 GB/T3464.1—2007）　　　（单位：mm）

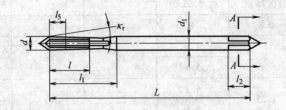

代号	公称直径 d	螺距 P	d_1	l	L	l_1	方　头	
							a	l_2
M1	1.0							
M1.1	1.1	0.25		5.5	38.5	10		
M1.2	1.2							
M1.4	1.4	0.30	2.5	7.0	40.0	12	2.00	4
M1.6	1.6	0.35				13		
M1.8	1.8			8.0	41.0			
M2	2.0	0.40				13.5		
M2.2	2.2	0.45	2.8	9.5	44.5	15.5	2.24	5
M2.5	2.5							

表 E-2　细柄机用和手用丝锥（摘自 GB/T3464.1—2007）　　　（单位：mm）

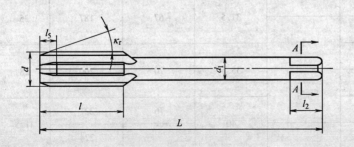

（续）

代　号	公称直径 d	螺距 P	d_1	l	L	方头 a	方头 l_2
M3	3	0.5	2.24	11	48	1.8	
M3.5	3.5	(0.6)	2.5		50	2	4
M4	4	0.7	3.15	13		2.5	
M4.5	4.5	(0.75)	3.55		53	2.8	5
M5	5	0.8	4	16	58	3.15	
M6	6	1	4.5	19	66	3.55	6
M7	(7)		5.6			4.5	7
M8	8	1.25	6.3	22	72	5	8
M9	(9)		7.1			5.6	
M10	10	1.5	8	24	80	6.3	9
M11	(11)			25	85		
M12	12	1.75	9	29	89	7.1	10
M14	14	2	11.2	30	95	9	12
M16	16		12.5	32	102	10	13
M18	18		14	37	112	11.2	14
M20	20	2.5					
M22	22		16	38	118	12.5	16
M24	24	3	18	45	130	14	18
M27	27		20		135	16	20
M30	30	3.5		48	138		
M33	33		22.4	51	151 ·	18	22
M36	36	4	25	57	162	20	24
M39	39		28	60	170	22.4	26
M42	42	4.5					
M45	45		31.5	67	187	25	28
M48	48	5					
M52	52		35.5	70	200	28	31
M56	56	5.5					
M60	60		40	76	221	31.5	34
M64	64	6		79	224		
M68	68		45		234	35.5	38

注：括号内的尺寸尽可能不用。

附录 F　工序加工余量及偏差

1. 外圆加工余量及偏差（见表 F-1 ~ 表 F-8）

表 F-1　粗车及半精车外圆加工余量及偏差　　　　（单位：mm）

零件基本尺寸	直径余量						直径偏差	
	经或未经热处理零件的粗车		半精车					
			未经热处理		经热处理			
	折算长度						荒车(h14)	粗车(h12 ~ h13)
	≤200	>200 ~ 400	≤200	>200 ~ 400	≤200	>200 ~ 400		
3 ~ 6	—	—	0.5	—	0.8	—	−0.30	−0.12 ~ −0.18
>6 ~ 10	1.5	1.7	0.8	1.0	1.0	1.3	−0.36	−0.15 ~ −0.22
>10 ~ 18	1.5	1.7	1.0	1.3	1.3	1.5	−0.43	−0.18 ~ −0.27
>18 ~ 30	2.0	2.2	1.3	1.3	1.3	1.5	−0.52	−0.21 ~ −0.33
>30 ~ 50	2.0	2.2	1.4	1.5	1.5	1.9	−0.62	−0.25 ~ −0.39
>50 ~ 80	2.3	2.5	1.5	1.8	1.8	2.0	−0.74	−0.30 ~ −0.45
>80 ~ 120	2.5	2.8	1.5	1.8	1.8	2.0	−0.87	−0.35 ~ −0.54
>120 ~ 180	2.5	2.8	1.8	2.0	2.0	2.3	−1.00	−0.40 ~ −0.63
>180 ~ 250	2.8	3.0	2.0	2.3	2.3	2.5	−1.15	−0.46 ~ −0.72
>250 ~ 315	3.0	3.3	2.0	2.3	2.3	2.5	−1.30	−0.52 ~ −0.81

注：加工带凸台的零件时，其加工余量要根据零件的最大直径来确定。

表 F-2　粗车外圆后精车外圆加工余量　　　　（单位：mm）

轴的直径 d	零件长度 L					
	≤100	>100 ~ 250	>250 ~ 500	>500 ~ 800	>800 ~ 1200	>1200 ~ 2000
	直径余量 a					
≤10	0.6	0.8	1.0	—	—	—
>10 ~ 18	0.7	0.9	1.0	1.1	—	—
>18 ~ 30	0.9	1.0	1.1	1.3	1.4	—
>30 ~ 50	1.0	1.0	1.1	1.3	1.5	1.7
>50 ~ 80	1.1	1.1	1.2	1.4	1.6	1.8

注：1. 在单件小批生产时，本表的数值应乘上系数 1.3，并化成一位小数（四舍五入）。

2. 决定加工余量的长度与装夹方式有关，见表 2-7（轴的折算长度）。

3. 当工艺有特殊要求时（如中间热处理），可不按本表规定。

表 F-3　半精车后磨外圆加工余量及偏差　　　　　　　（单位：mm）

零件基本尺寸	直径余量										直径偏差	
	第一种		第二种				第三种				第一种磨削前半精车或第三种粗磨（h10~11）	第二种粗磨（h8~h9）
	经或未经热处理零件的终磨		热处理后				热处理前粗磨		热处理后半精磨			
			粗磨		半精磨							
	折算长度											
	≤200	>200~400	≤200	>200~400	≤200	>200~400	≤200	>200~400	≤200	>200~400		
3~6	0.15	0.20	0.10	0.12	0.05	0.08	—				−0.048~−0.075	−0.018~−0.030
>6~10	0.20	0.30	0.12	0.20	0.08	0.10	0.12	0.20	0.20	0.30	−0.058~−0.090	−0.022~−0.036
>10~18	0.20	0.30	0.12	0.20	0.08	0.10	0.12	0.20	0.20	0.30	−0.070~−0.110	−0.027~−0.043
>18~30	0.20	0.30	0.12	0.20	0.08	0.10	0.12	0.20	0.20	0.30	−0.084~−0.130	−0.033~−0.052
>30~50	0.30	0.40	0.20	0.25	0.10	0.15	0.20	0.25	0.30	0.40	−0.100~−0.160	−0.039~−0.062
>50~80	0.40	0.50	0.25	0.30	0.15	0.20	0.25	0.30	0.40	0.50	−0.120~−0.190	−0.064~−0.074
>80~120	0.40	0.50	0.25	0.30	0.15	0.20	0.25	0.30	0.40	0.50	−0.140~−0.220	−0.054~−0.087
>120~180	0.50	0.80	0.30	0.50	0.20	0.30	0.30	0.50	0.50	0.80	−0.160~−0.250	−0.063~−0.100
>180~250	0.50	0.80	0.30	0.50	0.20	0.30	0.30	0.50	0.50	0.80	−0.185~−0.290	−0.072~−0.115
>250~315	0.50	0.80	0.30	0.50	0.20	0.30	0.30	0.50	0.50	0.80	−0.210~−0.320	−0.081~−0.130

表 F-4　无心磨外圆加工余量及偏差　　　　　　　（单位：mm）

零件基本尺寸	直径余量									直径偏差	
	第一种				第二种	第三种		第四种		终磨前半精车或第四种粗磨（h10~h11）	第三种粗磨（h8~h9）
	终磨未车过的棒料				最终磨削	热处理后		热处理前粗磨	热处理后半精磨		
	未经热处理		经热处理			粗磨	半精磨				
	冷拉棒料	热轧棒料	冷拉棒料	热轧棒料							
3~6	0.3	0.5	0.3	0.5	0.2	0.10	0.05	0.1	0.2	−0.048~−0.075	−0.018~−0.030
>6~10	0.3	0.6	0.3	0.7	0.3	0.12	0.08	0.2	0.3	−0.058~−0.090	−0.022~−0.036
>10~18	0.5	0.8	0.6	1.0	0.3	0.12	0.08	0.2	0.3	−0.070~−0.110	−0.027~−0.043
>18~30	0.6	1.0	0.8	1.3	0.3	0.12	0.08	0.2	0.4	−0.084~−0.130	−0.033~−0.052
>30~50	0.7	—	1.3	—	0.4	0.20	0.10	0.3	0.4	−0.100~−0.160	−0.039~−0.062
>50~80	—	—	—	—	0.4	0.25	0.15	0.3	0.5	−0.120~−0.190	−0.046~−0.074

表 F-5　用金刚石刀精车外圆加工余量及偏差　（单位：mm）

零件材料	零件基本尺寸	直径加工余量	零件材料	零件基本尺寸	直径加工余量
轻合金	≤100	0.3	钢	≤100	0.2
	>100	0.5		>100	0.3
青铜及铸铁	≤100	0.3			
	>100	0.4			

注：1. 如果采用两次车削（半精车及精车），则精车的加工余量为 0.1mm。

　　2. 精车前，零件加工的公差按 h9、h8 确定。

　　3. 本表所列的加工余量，适用于零件的长度为直径的 3 倍为限。超过此限制后，加工余量应适当加大。

表 F-6　研磨外圆加工余量　（单位：mm）

零件基本尺寸	直径余量	零件基本尺寸	直径余量
≤10	0.005~0.008	>50~80	0.008~0.012
>10~18	0.006~0.009	>80~120	0.010~0.014
>18~30	0.007~0.010	>120~180	0.012~0.016
>30~50	0.008~0.011	>180~250	0.015~0.020

注：经过精磨的零件，其手工研磨余量为 3~8μm，机械研磨余量为 8~15μm。

表 F-7　抛光外圆加工余量　（单位：mm）

零件基本尺寸	≤100	>100~200	>200~700	>700
直径余量	0.1	0.3	0.4	0.5

注：抛光前的加工精度为 IT7 级。

表 F-8　超精加工余量

上工序表面粗糙度 Ra/μm	直径加工余量/mm	上工序表面粗糙度 Ra/μm	直径加工余量/mm
>0.63~1.25	0.01~0.02	>0.16~0.63	0.003~0.01

2. 内孔加工余量及偏差（见表 F-9~表 F-21）

表 F-9　基孔制 7 级精度（H7）孔的加工　（单位：mm）

零件基本尺寸	直径					
	钻		用车刀镗以后	扩孔钻	粗铰	精铰
	第一次	第二次				
3	2.8	—	—	—	—	3H7
4	3.9	—	—	—	—	4H7
5	4.8	—	—	—	—	5H7
6	5.8	—	—	—	—	6H7
8	7.8	—	—	—	7.96	8H7

（续）

零件基本尺寸	直 径					
	钻		用车刀镗以后	扩孔钻	粗铰	精铰
	第一次	第二次				
10	9.8	—	—	—	9.96	10H7
12	11.0	—	—	11.85	11.95	12H7
13	12.0	—	—	12.85	12.95	13H7
14	13.0	—	—	13.85	13.95	14H7
15	14.0	—	—	14.85	14.95	15H7
16	15.0	—	—	15.85	15.95	16H7
18	17.0	—	—	17.85	17.94	18H7
20	18.0	—	19.8	19.8	19.94	20H7
22	20	—	21.8	21.8	21.94	22H7
24	22	—	23.8	23.8	23.94	24H7
25	23	—	24.8	24.8	24.94	25H7
26	24	—	25.8	25.8	25.94	26H7
28	26	—	27.8	27.8	27.94	28H7
30	15.0	28	29.8	29.8	29.93	30H7
32	15.0	30.0	31.7	31.75	31.93	32H7
35	20.0	33.0	34.7	34.75	34.93	35H7
38	20.0	36.0	37.7	37.75	37.93	38H7
40	25.0	38.0	39.7	39.75	39.93	40H7
42	25.0	40.0	41.7	41.75	41.93	42H7
45	25.0	43.0	44.7	44.75	44.93	45H7
48	25.0	46.0	47.7	47.75	47.93	48H7
50	25.0	48.0	49.7	49.75	49.93	50H7
60	30	55.0	59.5	59.5	59.9	60H7
70	30	65.0	69.5	69.5	69.9	70H7
80	30	75.0	79.5	79.5	79.9	80H7
90	30	80	89.3	—	89.9	90H7
100	30	80	99.3	—	99.8	100H7
120	30	80	119.3	—	119.8	120H7
140	30	80	139.3	—	139.8	140H7
160	30	80	159.3	—	159.8	160H7
180	30	80	179.3	—	179.8	180H7

注：1. 在铸铁上加工直径小于15mm的孔时，不用扩孔钻和镗孔。

　　2. 在铸铁上加工直径为30mm与32mm的孔时，仅用直径为28mm与30mm的钻头各钻一次。

　　3. 如仅用一次铰孔，则铰孔的加工余量为本表中粗铰与精铰的加工余量之和。

　　4. 钻头直径大于75mm时，采用环孔钻。

表 F-10　孔制 8 级精度（H8）孔的加工　　　　　（单位：mm）

零件基本尺寸	直径					零件基本尺寸	直径				
	钻		用车刀镗以后	扩孔钻	铰		钻		用车刀镗以后	扩孔钻	铰
	第一次	第二次					第一次	第二次			
3	2.9	—	—	—	3H8	30	15.0	28	29.8	29.8	30H8
4	3.9	—	—	—	4H8	32	15.0	30	31.7	31.75	32H8
5	4.8	—	—	—	5H8	35	20.0	33	34.7	34.75	35H8
6	5.8	—	—	—	6H8	38	20.0	36	37.7	37.75	38H8
8	7.8	—	—	—	8H8	40	25.0	38	39.7	39.75	40H8
10	9.8	—	—	—	10H8	42	25.0	40	41.7	41.75	42H8
12	11.8	—	—	—	12H8	45	25.0	43	44.7	44.75	45H8
13	12.8	—	—	—	13H8	48	25.0	46	47.7	47.75	48H8
14	13.8	—	—	—	14H8	50	25.0	48	49.7	49.75	50H8
15	14.8	—	—	—	15H8	60	30.0	55	59.5	—	60H8
16	15.0	—	—	15.85	16H8	70	30.0	65	69.5	—	70H8
18	17.0	—	—	17.85	18H8	80	30.0	75	79.5	—	80H8
20	18.0	—	19.8	19.8	20H8	90	30.0	80.0	89.3	—	90H8
22	20.0	—	21.8	21.8	22H8	100	30.0	80.0	99.3	—	100H8
24	22.0	—	23.8	23.8	24H8	120	30.0	80.0	119.3	—	120H8
25	23.0	—	24.8	24.8	25H8	140	30.0	80.0	139.3	—	140H8
26	24.0	—	25.8	25.8	26H8	160	30.0	80.0	159.3	—	160H8
28	26.0	—	27.8	27.8	28H8	180	30.0	80.0	179.3	—	180H8

注：1. 在铸铁上加工直径为 30mm 与 32mm 的孔时，仅用直径为 28mm 与 30mm 的钻头各钻一次。

　　2. 钻头直径大于 75mm 时，采用环孔钻。

表 F-11　半精镗后磨孔加工余量及偏差　　　　　（单位：mm）

基本尺寸	直径余量					直径偏差	
	第一种	第二种		第三种		终磨前半精镗或第三种粗磨（H10）	第二种粗磨（H8）
	经或未经热处理零件的粗车	热处理后		热处理后	热处理后		
		粗磨	半精磨	粗磨	半精磨		
6 ~ 10	0.2	—	—	—	—	—	—
>10 ~ 18	0.3	0.2	0.1	0.2	0.3	+0.07	+0.027
>18 ~ 30	0.3	0.2	0.1	0.2	0.3	+0.084	+0.033
>30 ~ 50	0.3	0.2	0.1	0.3	0.4	+0.10	+0.039
>50 ~ 80	0.4	0.3	0.1	0.3	0.4	+0.12	+0.046
>80 ~ 120	0.5	0.3	0.2	0.3	0.5	+0.14	+0.054
>120 ~ 180	0.5	0.3	0.2	0.5	0.5	+0.16	+0.063

表 F-12　拉孔加工余量（用于 H7 ～ H11 级精度孔）　　　　　（单位：mm）

零件基本尺寸	拉 孔 长 度			上工序偏差（H11）
	16 ～ 25	25 ～ 45	45 ～ 120	
	直 径 余 量			
10 ～ 18	0.5	0.5	—	+0.11
>18 ～ 30	0.5	0.5	0.5	+0.13
>30 ～ 38	0.5	0.7	0.7	+0.16
>38 ～ 50	0.7	0.7	1.0	+0.16
>50 ～ 60	—	1.0	1.0	+0.19

表 F-13　用金刚石刀精镗孔加工余量　　　　　（单位：mm）

零件基本尺寸	直 径 余 量								上工序偏差	
	轻合金		巴氏合金		青铜及铸铁		钢		镗孔前偏差（H10）	粗镗偏差（H8 ～ H9）
	粗镗	精镗	粗镗	精镗	粗镗	精镗	粗镗	精镗		
≤30	0.2		0.3		0.2		0.2		+0.084	+0.033 ～ +0.052
>30 ～ 50	0.3		0.4	0.1	0.3				+0.10	+0.039 ～ +0.062
>50 ～ 80	0.4		0.5						+0.12	+0.046 ～ +0.074
>80 ～ 120		0.1				0.1			+0.14	+0.054 ～ +0.087
>120 ～ 180							0.3		+0.16	+0.063 ～ +0.100
>180 ～ 250					0.4			0.1	+0.185	+0.072 ～ +0.115
>250 ～ 315	0.5		0.6	0.2					+0.21	+0.081 ～ +0.130
>315 ～ 400									+0.23	+0.089 ～ +0.140
>400 ～ 500									+0.25	+0.097 ～ +0.155
>500 ～ 630					0.5		0.4		+0.28	+0.110 ～ +0.175
>630 ～ 800	—	—	—	—		0.2			+0.32	+0.125 ～ +0.200
>800 ～ 1000					0.6		0.5	0.2	+0.36	+0.140 ～ +0.230

表 F-14　珩磨孔加工余量　　　　　（单位：mm）

零件基本尺寸	直 径 余 量						珩磨前偏差（H7）
	精镗后		半精镗后		磨后		
	铸铁	钢	铸铁	钢	铸铁	钢	
≤50	0.09	0.06	0.09	0.07	0.08	0.05	+0.025
>50 ～ 80	0.10	0.07	0.10	0.08	0.09	0.05	+0.030
>80 ～ 120	0.11	0.08	0.11	0.09	0.10	0.06	+0.035
>120 ～ 180	0.12	0.09	0.12	—	0.11	0.07	+0.040
>180 ～ 260	0.12	0.09	—	—	0.12	0.08	+0.046

表 F-15　研磨孔加工余量 （单位：mm）

零件基本尺寸	铸　铁	钢	零件基本尺寸	铸　铁	钢
≤25	0.010 ~ 0.020	0.005 ~ 0.015	>125 ~ 300	0.080 ~ 0.160	0.020 ~ 0.050
>25 ~ 125	0.020 ~ 0.100	0.010 ~ 0.040	>300 ~ 500	0.120 ~ 0.200	0.040 ~ 0.060

注：经过精磨的零件，手工研磨余量为 0.005 ~ 0.010mm。

表 F-16　单刃钻后深孔加工余量 （单位：mm）

零件基本尺寸	加工后热处理						加工后不经热处理					
	钻孔深度											
	≤1000	>1000 ~2000	>2000 ~3000	>3000 ~5000	>5000 ~7000	>7000 ~10000	≤1000	>1000 ~2000	>2000 ~3000	>3000 ~5000	>5000 ~7000	>7000 ~10000
	直径余量											
>35 ~ 100	4	6	8	10	—	—	2	4	6	8	—	—
>100 ~ 180	4	6	8	10	12	14	2	4	6	8	10	12
>180 ~ 400	—	—	—	12	14	16	—	—	—	10	12	14

表 F-17　刮孔加工余量 （单位：mm）

零件基本尺寸	孔长度			
	≤100	>100 ~ 200	>200 ~ 300	>300
	直径余量			
≤80	0.05	0.08	0.12	—
>80 ~ 180	0.10	0.15	0.20	0.30
>180 ~ 360	0.15	0.20	0.25	0.30
>360	0.20	0.25	0.30	0.35

注：1. 刮孔前的加工精度为 H7。

2. 如两轴承相连，则刮孔前两轴承的公差均以大轴承的公差为准。

3. 表中列举的刮孔加工余量，系根据正常加工条件而定的，当轴线有显著弯曲时，应将表中数值加大。

表 F-18　多边形孔加工余量 （单位：mm）

孔内最大边长	余量	孔加工尺寸上偏差	孔内最大边长	余量	孔加工尺寸上偏差
10 ~ 18	0.8	+0.24	>50 ~ 80	1.5	+0.40
>18 ~ 30	1.0	+0.28	>80 ~ 120	1.8	+0.46
>30 ~ 50	1.2	+0.34			

表 F-19　花键孔加工余量 （单位：mm）

花键规格		定心方式		花键规格		定心方式	
键数 z	外径 D	外径定心	内径定心	键数 z	外径 D	外径定心	内径定心
6	35 ~ 42	0.4 ~ 0.5	0.7 ~ 0.8	10	35	0.5 ~ 0.6	0.8 ~ 0.9
6	42 ~ 50	0.5 ~ 0.6	0.8 ~ 0.9	16	38	0.4 ~ 0.5	0.7 ~ 0.8
6	55 ~ 90	0.6 ~ 0.7	0.9 ~ 1.0	16	50	0.5 ~ 0.6	0.8 ~ 0.9
10	30 ~ 42	0.4 ~ 0.5	0.7 ~ 0.8				

表 F-20　攻螺纹前钻孔用麻花钻直径简表 1　　（单位：mm）

(1) 粗牙普通螺纹

公称直径 D	螺矩 P	麻花钻直径 d	公称直径 D	螺矩 P	麻花钻直径 d	公称直径 D	螺矩 P	麻花钻直径 d
1.0		0.75	5.0	0.8	4.20	24.0	3	21.00
1.1	0.25	0.85	6.0	1	5.00	27.0		24.00
1.2		0.95	7.0	1	6.00	30.0	3.5	26.50
1.4	0.3	1.10	8.0	1.25	6.80	33.0		29.50
1.6	0.35	1.25	9.0		7.80	36.0	4	32.00
1.8		1.45	10.0	1.5	8.50	39.0		35.00
2.0	0.4	1.60	11.0		9.50	42.0	4.5	37.50
2.2	0.45	1.75	12.0	1.75	10.20	45.0		40.50
2.5		2.05	14.0	2	12.00	48.0	5	43.00
3.0	0.5	2.50	16.0		14.00	52.0		47.00
3.5	0.6	2.90	18.0	2.5	15.50	56.0	5.5	50.50
4.0	0.7	3.30	20.0		17.50			
4.5	0.75	3.70	22.0		19.50			

表 F-21　攻螺纹前钻孔用麻花钻直径简表 2　　（单位：mm）

(2) 细牙普通螺纹

公称直径 D	螺矩 P	麻花钻直径 d	公称直径 D	螺矩 P	麻花钻直径 d	公称直径 D	螺矩 P	麻花钻直径 d
2.5	0.35	2.15	12.0	1.25	10.80	24.0		22.00
3.0		2.65	14.0		12.80	25.0		23.00
3.5		3.10	12.0	1.5	10.50	27.0		25.00
4.0	0.5	3.50	14.0		12.50	28.0		26.00
4.5		4.00	15.0		13.50	30.0		28.00
5.0		4.50	16.0		14.50	32.0		30.00
5.5		5.00	17.0		15.50	33.0	2	31.00
6.0	0.75	5.20	18.0		16.50	36.0		34.00
7.0		6.20	20.0		18.50	39.0		37.00
8.0		7.20	22.0		20.50	40.0		38.00
9.0		8.20	24.0		22.50	42.0		40.00
10.0		9.20	25.0		23.50	45.0		43.00
11.0		10.20	27.0		25.50	48.0		46.00
8.0	1	7.00	28.0		26.50	50.0		48.00
9.0		8.00	30.0		28.50	52.0		50.00
10.0		9.00	32.0		30.50	30.0		27.00
11.0		10.00	33.0		31.50	33.0		30.00
12.0		11.00	35.0		33.50	36.0		33.00
14.0		13.00	36.0		34.50	39.0		36.00
15.0		14.00	38.0		36.50	40.0	3	37.00
16.0		15.00	39.0		37.50	42.0		39.00
17.0	1	16.00	40.0		38.50	45.0		42.00
18.0		17.00	42.0		40.50	48.0		45.00
20.0		19.00	45.0		43.50	50.0		47.00
22.0		21.00	48.0		46.50	42.0		38.00
24.0		23.00	50.0		48.50	45.0	4	41.00
25.0		24.00	52.0		50.50	48.0		44.00
27.0		26.00	18.0	2	16.00	52.0		48.00
28.0		27.00	20.0		18.00			
30.0		29.00	22.0		20.00			
10.0	1.25	8.80						

3. 轴端面加工余量及偏差（见表 F-22 ~ 表 F-23）

表 F-22　半精车轴端面加工余量及偏差　　　　　　　　　　　　（单位：mm）

零件长度 （全长）	端面最大直径					粗车端面 尺寸及偏差 （IT12 ~ IT13）
	≤30	>30 ~ 120	>120 ~ 260	>260 ~ 500	>500	
	端面余量					
≤10	0.5	0.6	1.0	1.2	1.4	−0.15 ~ −0.22
>10 ~ 18	0.5	0.7	1.0	1.2	1.4	−0.18 ~ −0.27
>18 ~ 30	0.6	1.0	1.2	1.3	1.5	−0.21 ~ −0.33
>30 ~ 50	0.6	1.0	1.2	1.3	1.5	−0.25 ~ −0.39
>50 ~ 80	0.7	1.0	1.3	1.5	1.7	−0.30 ~ −0.46
>80 ~ 120	1.0	1.0	1.3	1.5	1.7	−0.35 ~ −0.54
>120 ~ 180	1.0	1.3	1.5	1.7	1.8	−0.40 ~ −0.63
>180 ~ 250	1.0	1.3	1.5	1.7	1.8	−0.46 ~ −0.72
>250 ~ 500	1.2	1.4	1.5	1.7	1.8	−0.52 ~ −0.97
>500	1.4	1.5	1.7	1.8	2.0	−0.70 ~ −1.10

注：1. 加工有台阶的轴时，每台阶的加工余量应根据台阶的直径及零件全长分别选用。

　　2. 表中余量指单边余量，偏差指长度偏差。

　　3. 加工余量及偏差适用于经热处理及未经热处理的零件。

表 F-23　磨轴端面加工余量及偏差　　　　　　　　　　　　（单位：mm）

零件长度 （全长）	端面最大直径					半精磨端面 尺寸及偏差 （IT11）
	≤30	>30 ~ 120	>120 ~ 260	>260 ~ 500	>500	
	端面余量					
≤10	0.2	0.2	0.3	0.4	0.6	−0.09
>10 ~ 18	0.2	0.3	0.3	0.4	0.6	−0.11
>18 ~ 30	0.2	0.3	0.3	0.4	0.6	−0.13
>30 ~ 50	0.2	0.3	0.3	0.4	0.6	−0.16
>50 ~ 80	0.3	0.3	0.4	0.5	0.6	−0.19
>80 ~ 120	0.3	0.3	0.5	0.5	0.6	−0.22
>120 ~ 180	0.3	0.4	0.5	0.6	0.7	−0.25
>180 ~ 250	0.3	0.4	0.5	0.6	0.7	−0.29
>250 ~ 500	0.4	0.5	0.6	0.7	0.8	−0.40
>500	0.5	0.6	0.7	0.7	0.8	−0.44

注：1. 加工有台阶的轴时，每台阶的加工余量应根据台阶的直径及零件全长分别选用。

　　2. 表中余量指单边余量，偏差指长度偏差。

　　3. 加工余量及偏差适用于经热处理及未经热处理的零件。

4. 平面加工余量及偏差（见表 F-24 ~ 表 F-32）

表 F-24　平面第一次粗加工余量　　（单位：mm）

平面最大尺寸	毛坯制造方法					
	铸　件			热冲压	冷冲压	锻造
	灰铸铁	青铜	可锻铸铁			
≤50	1.0 ~ 1.5	1.0 ~ 1.3	0.8 ~ 1.0	0.8 ~ 1.1	0.6 ~ 0.8	1.0 ~ 1.4
>50 ~ 120	1.5 ~ 2.0	1.3 ~ 1.7	1.0 ~ 1.4	1.3 ~ 1.8	0.8 ~ 1.1	1.4 ~ 1.8
>120 ~ 160	2.0 ~ 2.7	1.7 ~ 2.2	1.4 ~ 1.8	1.5 ~ 1.8	1.0 ~ 1.4	1.5 ~ 2.5
>260 ~ 500	2.7 ~ 3.5	2.2 ~ 3.0	2.0 ~ 2.5	1.8 ~ 2.2	1.3 ~ 1.8	2.2 ~ 3.0
>500	4.0 ~ 6.0	3.5 ~ 4.5	3.0 ~ 3.4	2.4 ~ 3.0	2.0 ~ 2.6	3.5 ~ 4.5

表 F-25　平面粗刨后精铣加工余量　　（单位：mm）

平面长度	平面宽度		
	≤100	>100 ~ 200	>200
≤100	0.6 ~ 0.7	—	—
>100 ~ 250	0.6 ~ 0.8	0.7 ~ 0.9	—
>250 ~ 500	0.7 ~ 1.0	0.75 ~ 1.0	0.8 ~ 1.1
>500	0.8 ~ 1.0	0.9 ~ 1.2	0.9 ~ 1.2

表 F-26　铣平面加工余量　　（单位：mm）

零件厚度	荒铣后粗铣						粗铣后半精铣					
	宽度≤200			宽度>200 ~ 400			宽度≤200			宽度>200 ~ 400		
	平　面　长　度											
	≤100	>100 ~ 250	>250 ~ 400	≤100	>100 ~ 250	>250 ~ 400	≤100	>100 ~ 250	>250 ~ 400	≤100	>100 ~ 250	>250 ~ 400
>6 ~ 30	1.0	1.2	1.5	1.2	1.5	1.7	0.7	1.0	1.0	1.0	1.0	1.0
>30 ~ 50	1.0	1.5	1.7	1.5	1.5	2.0	1.0	1.2	1.0	1.2	1.2	
>50	1.5	1.7	2.0	1.7	2.0	2.5	1.0	1.3	1.5	1.3	1.5	1.5

表 F-27　研磨平面加工余量　　（单位：mm）

平面长度	平面宽度		
	≤25	>25 ~ 75	>75 ~ 150
≤25	0.005 ~ 0.007	0.007 ~ 0.010	0.010 ~ 0.014
>25 ~ 75	0.007 ~ 0.010	0.010 ~ 0.014	0.014 ~ 0.020
>75 ~ 150	0.010 ~ 0.014	0.014 ~ 0.020	0.020 ~ 0.024
>150 ~ 260	0.014 ~ 0.018	0.020 ~ 0.024	0.024 ~ 0.030

注：经过精磨的零件，手工研磨余量，每面为 0.003 ~ 0.005mm；机械研磨余量，每面为 0.005 ~ 0.010mm。

表 F-28　磨平面加工余量　　　　　　　　　（单位：mm）

零件厚度	第 一 种						第 二 种											
	经热处理或未经热处理零件的终磨						热 处 理 后											
							粗 磨						半 精 磨					
	宽度≤200			宽度>200~400			宽度≤200			宽度>200~400			宽度≤200			宽度>200~400		
	平 面 长 度																	
	≤100	>100~250	>250~400	≤100	>100~250	>250~400	≤100	>100~250	>250~400	≤100	>100~250	>250~400	≤100	>100~250	>250~400	≤100	>100~250	>250~400
>6~30	0.3	0.3	0.5	0.3	0.5	0.5	0.2	0.2	0.3	0.2	0.3	0.3	0.1	0.1	0.2	0.1	0.2	0.2
>30~50	0.5	0.5	0.5	0.5	0.5	0.5	0.3	0.3	0.3	0.3	0.3	0.3	0.2	0.2	0.2	0.2	0.2	0.2
>50	0.5	0.5	0.5	0.5	0.5	0.5	0.3	0.3	0.3	0.3	0.3	0.3	0.2	0.2	0.2	0.2	0.2	0.2

表 F-29　铣及磨平面时的厚度偏差　　　　　　　　　（单位：mm）

零件厚度	荒铣(IT14)	粗铣(IT12~IT13)	半精铣(IT11)	精磨(IT8~IT9)
>3~6	-0.30	-0.12 ~ -0.18	-0.075	-0.018 ~ -0.030
>6~10	-0.36	-0.15 ~ -0.22	-0.09	-0.022 ~ -0.036
>10~18	-0.43	-0.18 ~ -0.27	-0.11	-0.027 ~ -0.043
>18~30	-0.52	-0.21 ~ -0.33	-0.13	-0.033 ~ -0.052
>30~50	-0.62	-0.25 ~ -0.39	-0.16	-0.039 ~ -0.062
>50~80	-0.74	-0.30 ~ -0.46	-0.19	-0.046 ~ -0.074
>80~120	-0.87	-0.35 ~ -0.54	-0.22	-0.054 ~ -0.087
>120~180	-1.00	-0.43 ~ -0.63	-0.25	-0.063 ~ -0.100

表 F-30　刮平面加工余量及偏差　　　　　　　　　（单位：mm）

平面长度	平 面 宽 度					
	≤100		>100~300		>300~1000	
	余量	偏差	余量	偏差	余量	偏差
≤300	0.15	+0.06	0.15	+0.06	0.20	+0.10
>300~1000	0.20	+0.10	0.20	+0.10	0.25	+0.12
>1000~2000	0.25	+0.12	0.25	+0.12	0.30	+0.15

表 F-31　凹槽加工余量及偏差　　　　　　　　　（单位：mm）

凹槽尺寸			宽度余量		宽度偏差	
长	深	宽	粗铣后半精铣	半精铣后磨	粗铣(IT12~IT13)	半精铣(IT11)
≤80	≤60	>3~6	1.5	0.5	+0.12 ~ +0.18	+0.075
		>6~10	2.0	0.7	+0.15 ~ +0.22	+0.09
		>10~18	3.0	1.0	+0.18 ~ +0.27	+0.11
		>18~30	3.0	1.0	+0.21 ~ +0.33	+0.13

（续）

凹槽尺寸			宽度余量		宽度偏差	
长	深	宽	粗铣后半精铣	半精铣后磨	粗铣（IT12～IT13）	半精铣（IT11）
≤80	≤60	>30～50	3.0	1.0	+0.25～+0.39	+0.16
		>50～80	4.0	1.0	+0.30～+0.46	+0.19
		>80～120	4.0	1.0	+0.35～+0.54	+0.22

注：1. 半精铣后磨凹槽的加工余量，适用于半精铣后，经热处理和未经热处理的零件。

　　2. 宽度余量指双面余量（即每面余量是表中所列数值的二分之一）。

表 F-32　外表面拉削余量　（单位：mm）

工　作　状　态		单面余量	工　作　状　态		单面余量
小件	铸造	4～5	中件	铸造	5～7
	模锻或精密铸造	2～3		模锻或精密铸造	7～4
	经预先加工	0.3～0.4		经预先加工	0.5～0.6

5. 切除渗碳层的加工余量（见表 F-33）

表 F-33　切除渗碳层的加工余量简表　（单位：mm）

渗碳层深度	直径加工余量	渗碳层深度	直径加工余量
0.4～0.6	2.0	>1.1～1.4	4.0
>0.6～0.8	2.5	>1.4～1.8	5.0
>0.8～1.1	3.0		

6. 齿轮和花键的精加工余量（见表 F-34～表 F-44）

表 F-34　精滚齿和精插齿的齿厚加工余量　（单位：mm）

模数	2	3	4	5	6	7	8	9	10	11	12
齿厚余量	0.6	0.75	0.9	1.05	1.2	1.35	1.5	1.7	1.9	2.1	2.2

表 F-35　剃齿的齿厚加工余量（剃前滚齿）　（单位：mm）

模　数	齿　轮　直　径			
	～100	100～200	200～500	500～1000
≤2	0.04～0.08	0.06～0.10	0.08～0.12	0.10～0.15
>2～4	0.06～0.10	0.08～0.12	0.10～0.15	0.12～0.18
>4～6	0.10～0.12	0.10～0.15	0.12～0.18	0.15～0.20
>6	0.10～0.15	0.12～0.18	0.15～0.20	0.18～0.22

表 F-36　磨齿的齿厚加工余量（磨前滚齿）　　　（单位：mm）

模数	齿 轮 直 径				
	≤100	100~200	200~500	500~1000	>1000
≤3	0.15~0.20	0.15~0.25	0.20~0.30	0.20~0.40	0.25~0.45
>3~5	0.18~0.25	0.20~0.30	0.25~0.35	0.25~0.45	0.30~0.50
>5~10	0.25~0.40	0.30~0.50	0.35~0.60	0.40~0.65	0.50~0.80
>10	0.35~0.50	0.40~0.60	0.50~0.70	0.50~0.70	0.60~0.80

表 F-37　直径大于 400mm 渗碳齿轮的磨齿齿厚加工余量　　　（单位：mm）

模数	齿 轮 直 径					
	≥40~50	>50~75	>75~100	>100~150	>150~200	>200
≥3~5	—	—	—	0.45~0.60	0.50~0.70	0.60~0.80
>5~7	—	—	0.45~0.60	0.50~0.70	0.60~0.80	—
>7~10	—	0.45~0.60	0.50~0.70	0.60~0.80	—	—
>10~12	0.45~0.60	0.50~0.70	0.60~0.80	—	—	—

注：1. 小数值的余量适用于小模数齿轮及齿数少的齿轮。

　　2. 在选择余量时，必须考虑各种牌号的钢在热处理时的变形情况。

表 F-38　珩齿加工余量　　　（单位：mm）

珩齿工艺要求	单 面 余 量
珩前齿形经剃齿精加工，珩齿主要用于改善齿面质量	0.005~0.025（中等模数取 0.015~0.020）
磨齿后珩齿以降低齿面表面粗糙度参数值	0.003~0.005

表 F-39　螺旋齿轮及双曲线螺旋齿轮精加工的齿厚加工余量　　　（单位：mm）

模数	1.25~1.75	2.0~2.75	3.0~4.5	5.0~7.0	8.0~11.0	12.0~19.0	20.0~30.0
齿厚余量	0.5	0.6	0.8	1.0	1.2	1.6	2.0

表 F-40　圆锥齿轮精加工的齿厚加工余量　　　（单位：mm）

模数	3	4	5	6	7	8	9	10	11	12
齿厚余量	0.5	0.57	0.65	0.72	0.8	0.87	0.93	1.0	1.07	1.5

表 F-41　蜗轮精加工的齿厚加工余量　　　（单位：mm）

模数	3	4	5	6	7	8	9	10	11	12
齿厚余量	1	1.2	1.4	1.6	1.8	2.0	2.2	2.4	2.6	3.0

表 F-42　蜗杆精加工的齿厚加工余量　　　　（单位：mm）

模　数	齿 厚 余 量		模　数	齿 厚 余 量	
	粗铣后精车	淬火后磨削		粗铣后精车	淬火后磨削
≤2	0.7~0.8	0.2~0.3	>5~7	1.4~1.6	0.5~0.6
>2~3	1.0~1.2	0.3~0.4	>7~10	1.6~1.8	0.6~0.7
>3~5	1.2~1.4	0.4~0.5	>10~12	1.8~2.0	0.7~0.8

表 F-43　精铣花键的加工余量　　　　（单位：mm）

花键轴的基本尺寸	花 键 长 度			
	≤100	>100~200	>200~350	>350~500
	花键厚度及直径的加工余量			
≥10~18	0.4~0.6	0.5~0.7	—	—
>18~30	0.5~0.7	0.6~0.8	0.7~0.9	—
>30~50	0.6~0.8	0.7~0.9	0.8~1.0	—
>50	0.7~0.9	0.8~1.0	0.9~1.2	1.2~1.5

表 F-44　磨花键的加工余量　　　　（单位：mm）

花键轴的基本尺寸	花 键 长 度			
	≤100	>100~200	>200~350	>350~500
	花键厚度及直径的加工余量			
≥10~18	0.1~0.2	0.2~0.3	—	—
>18~30	0.1~0.2	0.2~0.3	0.2~0.4	—
>30~50	0.2~0.3	0.2~0.4	0.3~0.5	—
>50	0.2~0.4	0.3~0.5	0.3~0.5	0.4~0.6

7. 有色金属及其合金零件的加工余量（见表 F-45~表 F-49）

表 F-45　有色金属及其合金零件的加工余量　　　　（单位：mm）

（1）孔加工

加工方法	直径余量（按孔的基本尺寸取）		
	≤18	>18~50	>50~80
钻后镗或扩	0.8	1.0	1.1
镗或扩后铰或预磨	0.2	0.25	0.3
预磨后半精镗、铰后拉或半精铰	0.12	0.14	0.18
拉或铰后精铰或精镗	0.10	0.12	0.14
精铰或精镗后珩磨	0.008	0.012	0.015
精铰或精镗后研磨	0.006	0.007	0.008

（续）

（2）外回转表面加工

加工方法	直径余量（按轴的基本尺寸取）		
	≤18	>18~50	>50~80
铸造后粗车或一次车：			
砂型（地面造型）	1.7	1.8	2.0
离心浇注	1.3	1.4	1.6
金属型或薄壳体模	0.8	0.9	1.0
熔模造型	0.5	0.6	0.7
压力浇注	0.3	0.4	0.5
粗车或一次车后半精车或预磨	0.2	0.3	0.4
预磨后半精磨或一次车后磨	0.1	0.15	0.2

（3）端面加工

加工方法	端面余量（按加工表面的直径取）			
	≤18	>18~50	>50~80	>80~120
铸造后粗车或一次车：				
砂型（地面造型）	0.80	0.90	1.00	1.10
离心浇注	0.65	0.70	0.75	0.80
金属型或薄壳体模	0.40	0.45	0.50	0.55
熔模造型	0.25	0.30	0.35	0.40
压力浇注	0.15	0.20	0.25	0.35
粗车后半精车	0.12	0.15	0.20	0.25
半精车后磨	0.05	0.06	0.08	0.08

表 F-46　有色金属及其合金圆筒形零件的加工余量　　（单位：mm）

（1）铸造孔加工

加工方法	直径余量（按孔的基本尺寸取）					
	≤30	>30~50	>50~80	>80~120	>120~180	>180~260
铸造后粗镗或扩						
砂型（地面造型）	2.70	2.80	3.00	3.00	3.20	3.20
离心浇注	2.40	2.50	2.70	2.70	3.00	3.00
金属型或薄壳体模	1.30	1.40	1.50	1.50	1.60	1.60
粗镗后半精镗或拉	0.25	0.30	0.40	0.40	0.50	0.50
半精镗后拉、精镗、铰或预磨	0.10	0.15	0.20	0.20	0.25	0.25
预磨后半精磨	0.10	0.12	0.15	0.15	0.20	0.20
铰孔后精铰	0.05	0.08	0.08	0.10	0.10	0.15
精铰后研磨	0.008	0.01	0.015	0.02	0.025	0.03

（续）

（2）外回转表面加工

加工方法	直径余量（按轴的基本尺寸取）				
	≤50	>50~80	>80~120	>120~180	>180~260
铸造后粗车：					
砂型（地面造型）	2.00	2.10	2.20	2.40	2.60
离心浇注	1.60	1.70	1.80	2.00	2.20
金属型或薄壳体模	0.90	1.00	1.10	1.20	1.30
粗车后半精车或预磨	0.40	0.50	0.60	0.70	0.80
半精车后预磨或半精车后精车	0.15	0.20	0.25	0.25	0.30
粗磨后半精磨	0.10	0.15	0.15	0.20	0.20
半精车后珩磨或精磨	0.01	0.015	0.02	0.025	0.03
精车后研磨、超精研或抛光	0.006	0.008	0.010	0.012	0.015

（3）端面加工

加工方法	端面余量（按加工表面的直径取）				
	≤50	>50~80	>80~120	>120~180	>180~260
铸造后粗车或一次车：					
砂型（地面造型）	0.80	0.90	1.10	1.30	1.50
离心浇注	0.60	0.70	0.80	0.90	1.20
金属型或薄壳体模	0.40	0.45	0.50	0.60	0.70
端面粗车后半精车	0.10	0.13	0.15	0.15	0.15
粗车后磨	0.08	0.08	0.08	0.11	0.11

表 F-47   有色金属及其合金圆盘形零件的加工余量   （单位：mm）

（1）外回转面加工

加工方法	直径余量（按轴的基本尺寸取）				
	120~180	>180~260	>260~360	>360~500	>500~630
铸造后粗车：					
砂型（地面造型）	2.70	2.80	3.20	3.60	4.00
金属型或薄壳体模	1.30	1.40	1.60	1.80	2.00
粗车后半精车或预磨	0.30	0.30	0.35	0.35	0.40
半精车或一次车后磨削	0.20	0.20	0.25	0.25	0.30
半精车后精车	0.05	0.08	0.08	0.10	0.15
半精磨后精磨	0.02	0.025	0.03	0.035	0.04

（续）

（2）端面加工

加工方法	端面余量（按加工表面直径取）				
	120~180	>180~260	>260~360	>360~500	>500~630
铸造后粗车或半精车：					
砂型（地面造型）	1.10	1.30	1.50	1.80	2.10
金属型或薄壳体模	0.60	0.70	0.80	0.90	1.10
粗车后半精车	0.15	0.15	0.17	0.17	0.20
半精车后磨	0.11	0.11	0.13	0.13	0.15

（3）凸台或凸起面加工

加工方法	单面余量（按加工面最大尺寸取）			
	≤30	>30~50	>50~80	>80~120
铸造后锪端面、半精铣、刨或车：				
砂型（地面造型）	0.60	0.65	0.70	0.75
金属型或薄壳体模	0.30	0.35	0.40	0.45
粗铣、刨或车后半精刨或半精车	0.08	0.10	0.13	0.17

表 F-48　有色金属及其合金类零件的平面加工余量　　　（单位：mm）

加工方法	单面余量（按加工面最大尺寸取）												
	≤50	>50~80	>80~120	>120~180	>180~260	>260~360	>360~500	>500~630	>630~800	>800~1000	>1000~1250	>1250~1600	>1600~2000
铸造后粗铣或一次铣或刨：													
砂型（地面造型）	0.80	0.90	1.00	1.20	1.40	1.70	2.10	2.50	3.00	3.60	4.20	5.00	6.00
金属型或薄壳体模	0.50	0.60	0.70	0.90	1.10	1.40	1.80	2.20	2.60	3.00	3.50	4.00	4.50
熔模浇注	0.40	0.50	0.60	0.80	1.00	1.30	1.70	2.10	2.50	—	—	—	—
压力浇注	0.30	0.40	0.50	0.70	0.90	1.10	1.30	1.70	—	—	—	—	—
粗加工后半精刨或铣	0.08	0.09	0.11	0.14	0.18	0.23	0.30	0.37	0.45	0.55	0.65	0.80	1.00
半精加工后磨	0.05	0.06	0.07	0.09	0.12	0.15	0.20	0.25	0.30	0.40	0.50	0.60	0.80

表 F-49　有色金属及其合金壳体类零件的加工余量　　　（单位：mm）

（1）平面加工

加工方法	单面余量（按加工面最大尺寸取）												
	≤50	>50~120	>120~180	>180~260	>260~360	>360~500	>500~630	>630~800	>800~1000	>1000~1250	>1250~1600	>1600~2000
铸造后粗（或一次）铣或刨：												
砂型（地面造型）	0.65	0.75	0.80	0.85	0.95	1.10	1.25	1.40	1.60	1.80	2.10	2.50
金属型或薄壳体模	0.35	0.45	0.50	0.55	0.65	0.85	0.95	1.10	1.30	1.50	—	—
熔模浇注	0.25	0.32	0.38	0.46	0.56	0.70	0.83	1.00	—	—	—	—

（续）

（1）平面加工

加工方法	单面余量（按加工面最大尺寸取）											
	≤50	>50 ~120	>120 ~180	>180 ~260	>260 ~360	>360 ~500	>500 ~630	>630 ~800	>800 ~1000	>1000 ~1250	>1250 ~1600	>1600 ~2000
铸造后粗（或一次）铣或刨：												
压力浇注	0.15	0.25	0.30	0.35	0.45	0.60	0.75	—	—	—	—	—
粗刨后半精刨或铣	0.07	0.09	0.11	0.14	0.18	0.23	0.30	0.37	0.45	0.55	0.65	0.80
半精刨或铣后磨	0.04	0.06	0.07	0.09	0.12	0.15	0.20	0.25	0.30	0.38	0.48	0.60

（2）铸造孔加工

加工方法	直径余量（按孔的基本尺寸取）	
	≤50	>50 ~120
铸造后粗镗或扩孔：		
砂型（地面造型）	2.80	3.00
金属型或薄壳体模	1.40	1.50
熔模浇注	0.80	0.90
压力浇注	0.40	0.45
粗铣或扩孔后半精镗	0.30	0.40
半精镗后精镗、铰或预磨	0.15	0.20
铰后半精铰或预磨后半精磨	0.12	0.18

（3）端面加工

加工方法	端面余量（按加工面直径取）				
	≤50	>50 ~80	>80 ~120	>120 ~180	>180 ~260
铸造后粗车或一次车端面：					
砂型（地面造型）	0.65	0.70	0.80	0.90	1.00
金属型或薄壳体模	0.35	0.40	0.45	0.55	0.65
熔模浇注	0.25	0.30	0.35	0.45	0.55
压力浇注	0.15	0.20	0.25	0.35	0.45
端面粗车后半精车	0.08	0.10	0.13	0.17	0.23
端面半精车后磨	0.04	0.05	0.07	0.09	0.12

（4）铸造窗口加工

加工方法	双面余量（按加工窗口尺寸取）				
	≤50	>50 ~80	>80 ~120	>120 ~180	>180 ~260
铸造后预铣或凿：					
砂型（地面造型）	1.30	1.40	1.50	1.60	1.80
金属型或薄壳体模	0.70	0.80	0.90	1.00	1.20
熔模浇注	0.45	0.50	0.55	0.60	0.65
压力浇注	0.25	0.30	0.35	0.40	0.45
预加工后按轮廓半精铣或凿	0.35	0.40	0.45	0.55	0.65

（续）

(5) 座耳和凸起面加工

加工方法	单面余量（按加工面最大尺寸取）			
	≤18	>18~50	>50~80	>80~120
铸造后锪端面、粗或一次铣、刨或铣：				
砂型（地面造型）	0.60	0.65	0.70	0.75
金属型或薄壳体模	0.30	0.35	0.40	0.45
熔模浇注	0.20	0.25	0.30	0.35
压力浇注	0.12	0.15	0.20	0.25
预加工后半精铣、刨或车	0.07	0.10	0.13	0.17

附录 G　切削用量选择

1. 车削加工（见表 G-1 ~ 表 G-9）

表 G-1　高速钢车刀常用切削用量

工件材料及其抗拉强度/GPa		进给量 $f/(\text{mm/r})$	切削速度 $v/(\text{m/min})$	工件材料及其抗拉强度/GPa	进给量 $f/(\text{mm/r})$	切削速度 $v/(\text{m/min})$
碳钢	$\sigma_b \leq 0.50$	0.2	30~50	灰铸铁 $\sigma_b = 0.18 \sim 0.28$	0.2	15~30
		0.4	20~40		0.4	10~15
		0.8	15~25		0.8	18~10
	$\sigma_b \leq 0.70$	0.2	20~30	铝合金 $\sigma_b = 0.10 \sim 0.30$	0.2	55~130
		0.4	15~25		0.4	35~80
		0.8	10~15		0.8	25~55

表 G-2　硬质合金车刀常用切削速度　　　　　　　（单位：m/min）

工件材料	硬度 HBW	刀具材料		精车（$a_p = 0.3 \sim 2\text{mm}$ $f = 0.1 \sim 0.3\text{mm/r}$）	刀具材料		半精车（$a_p = 2.5 \sim 6\text{mm}$ $f = 0.35 \sim 0.65\text{mm/r}$）	粗车（$a_p = 6.5 \sim 10\text{mm}$ $f = 0.7 \sim 1\text{mm/r}$）
碳素钢 合金结构钢	150~200	P类	YT15	120~150	P类	YT5	90~110	60~75
	200~250			110~130			80~100	50~65
	250~325			70~90			60~80	
	325~400			60~80			40~60	
易切钢	200~250			140~180	YT15		100~120	70~90

（续）

工件材料	硬度 HBW	刀具材料		精车 ($a_p = 0.3 \sim 2$mm $f = 0.1 \sim 0.3$mm/r)	刀具材料		半精车 ($a_p = 2.5 \sim 6$mm $f = 0.35 \sim 0.65$mm/r)	粗车 ($a_p = 6.5 \sim 10$mm $f = 0.7 \sim 1$mm/r)
灰铸铁	150 ~ 200	K 类	YG6	90 ~ 110	K 类	YG8	70 ~ 90	45 ~ 65
	200 ~ 250			70 ~ 90			50 ~ 70	35 ~ 55
可锻铸铁	120 ~ 150			130 ~ 150		YG8	100 ~ 120	70 ~ 90
铝 铝合金				300 ~ 600		YG8	200 ~ 240	150 ~ 300

注：1. 刀具寿命 $T = 60$min；a_p、f 选大值时，v 选小值；反之，v 选大值。

　　2. 成形车刀和切断车刀的切削速度可取表中粗加工栏中的数值，进给量 $f = 0.04 \sim 0.15$mm/r。

表 G-3　硬质合金车刀精车薄壁工件切削用量

工件材料	刀片材料	切削用量		
		$v/$(m/min)	$f/$(mm/r)	$a_p/$mm
45 ~ Q235—A	K 类 YT15	100 ~ 130	0.08 ~ 0.16	0.05 ~ 0.5
铝合金	P 类 YG6X	400 ~ 700	0.02 ~ 0.03	0.05 ~ 0.1

表 G-4　粗车孔的进给量

背吃刀量 a_p /mm	车刀圆截面的直径/mm				
	10	12	16	20	25
	车刀伸出部分的长度/mm				
	50	60	80	100	125
	进给量 $f/$(mm/r)				
	钢和铸钢				
2	<0.8	≤0.10	0.08 ~ 0.20	0.15 ~ 0.40	0.25 ~ 0.70
3		<0.08	≤0.12	0.10 ~ 0.25	0.15 ~ 0.40
5			≤0.08	≤0.10	0.08 ~ 0.20
	铸　铁				
2	0.08 ~ 0.12	0.12 ~ 0.20	0.25 ~ 0.40	0.50 ~ 0.80	0.90 ~ 1.50
3	≤0.08	0.08 ~ 0.12	0.15 ~ 0.25	0.30 ~ 0.50	0.50 ~ 0.80
5		≤0.08	0.08 ~ 0.12	0.15 ~ 0.25	0.25 ~ 0.50

表 G-5　切断及车槽的进给量

切　断　刀				车　槽　刀				
切断刀宽度 /mm	刀头长度 /mm	工件材料		车槽刀宽度 /mm	刀头长度 /mm	刀杆截面 /mm²	工件材料	
		钢	灰铸铁				钢	灰铸铁
		进给量 $f/$(mm/r)					进给量 $f/$(mm/r)	
2	15	0.07 ~ 0.09	0.10 ~ 0.13	6	16	10 × 16	0.17 ~ 0.22	0.24 ~ 0.32
3	20	0.10 ~ 0.14	0.15 ~ 0.20	10	20		0.10 ~ 0.14	0.15 ~ 0.21
5	35	0.19 ~ 0.25	0.27 ~ 0.37	6	20	12 × 20	0.19 ~ 0.25	0.27 ~ 0.36
	65	0.10 ~ 0.13	0.12 ~ 0.16	8	25		0.16 ~ 0.21	0.22 ~ 0.30
6	45	0.20 ~ 0.26	0.28 ~ 0.37	12	30		0.14 ~ 0.18	0.20 ~ 0.26

表 G-6 切断及车槽的切削速度 (m/min)

进给量 f/(mm/r)	高速钢车刀 W18Cr4V		YT5(P 类)	YG6(K 类)
	工 件 材 料			
	碳钢 $\sigma_b = 0.735$GPa	可锻铸铁 150HBW	钢 $\sigma_b = 0.735$GPa	灰铸铁 190HBW
	加切削液		不加切削液	
0.08	35	59	179	83
0.10	30	53	150	76
0.15	23	44	107	65
0.20	19	38	87	58
0.25	17	34	73	53
0.30	15	30	62	49
0.40	12	26	50	44
0.50	11	24	41	40

表 G-7 粗车外圆和端面时的进给量

加工材料	车刀刀杆尺寸 $B \times H$/mm × mm	工件直径 /mm	切削深度 a_p/mm		
			3	5	8
			进给量 f/(mm/r)		
碳素结构钢和合金结构钢	16 × 25	20	0.3 ~ 0.4	—	—
		40	0.4 ~ 0.5	0.3 ~ 0.4	—
		60	0.5 ~ 0.7	0.4 ~ 0.5	0.3 ~ 0.5
		100	0.6 ~ 0.9	0.5 ~ 0.7	0.5 ~ 0.6
		400	0.8 ~ 1.2	0.7 ~ 1.0	0.6 ~ 0.8
	20 × 30 25 × 25	20	0.3 ~ 0.4	—	—
		40	0.4 ~ 0.5	0.3 ~ 0.4	—
		60	0.6 ~ 0.7	0.5 ~ 0.7	0.4 ~ 0.6
		100	0.8 ~ 1.0	0.7 ~ 0.9	0.5 ~ 0.7
		600	1.2 ~ 1.4	1.0 ~ 1.2	0.8 ~ 1.0
铸铁	16 × 25	40	0.4 ~ 0.5	—	—
		60	0.6 ~ 0.8	0.5 ~ 0.8	0.4 ~ 0.6
		100	0.8 ~ 1.2	0.7 ~ 1.0	0.6 ~ 0.8
		400	1.0 ~ 1.4	1.0 ~ 1.2	0.8 ~ 1.0
	20 × 30 25 × 25	40	0.4 ~ 0.5	—	—
		60	0.6 ~ 0.9	0.5 ~ 0.8	0.4 ~ 0.7
		100	0.9 ~ 1.3	0.8 ~ 1.2	0.7 ~ 1.0
		600	1.2 ~ 1.8	1.2 ~ 1.6	1.0 ~ 1.3

注：1. 加工断续表面及有冲击加工时，表内进给量仅乘以系数 0.75 ~ 0.85。

2. 加工耐热钢及其合金时，不采用大于 1.0mm/r 的进给量。

3. 在无外皮加工时，表内进给量应乘以系数 1.1。

表 G-8　外圆切削速度参考表

工件材料	热处理	硬度 HBW	硬质合金车刀 $a_p = 0.3 \sim 2mm$ $f = 0.08 \sim 0.3mm/r$	硬质合金车刀 $a_p = 2 \sim 6mm$ $f = 0.3 \sim 0.6mm/r$	硬质合金车刀 $a_p = 6 \sim 10mm$ $f = 0.6 \sim 1mm/r$	高速钢车刀
			切削速度/(m/s)			
低碳钢	热轧	143 ~ 207	2.33 ~ 3.0	1.667 ~ 2.0	1.167 ~ 1.5	0.417 ~ 0.75
中碳钢	热轧	179 ~ 255	2.17 ~ 1.667	1.5 ~ 1.83	1 ~ 1.333	0.333 ~ 0.5
	调质	200 ~ 250	1.667 ~ 2.17	1.167 ~ 1.5	0.833 ~ 1.167	0.25 ~ 0.417
合金结构钢	热轧	212 ~ 269	1.667 ~ 2.17	1.167 ~ 1.5	0.833 ~ 1.167	0.333 ~ 0.5
	调质	200 ~ 293	1.333 ~ 1.83	0.883 ~ 1.167	0.667 ~ 1	0.167 ~ 0.333
工具钢	退火		1.5 ~ 2.0	1 ~ 1.333	0.833 ~ 1.167	0.333 ~ 0.5
不锈钢			1.667 ~ 1.333	1 ~ 1.167	0.833 ~ 1	0.25 ~ 0.417
灰铸铁		<190	1.5 ~ 2.0	1 ~ 1.333	0.833 ~ 1.167	0.333 ~ 0.5
		190 ~ 225	1/333 ~ 1.83	0.833 ~ 1.167	0.67 ~ 1	0.25 ~ 0.417
铜及铜合金			3.33 ~ 4.167	2.0 ~ 3.0	1.5 ~ 2	0.833 ~ 1.167
铝及铝合金			5.0 ~ 10.0	3.33 ~ 6.67	2.5 ~ 5	1.667 ~ 4.167

注：切削钢及铸铁时刀具寿命为 60 ~ 90min

表 G-9　半精车和精车外圆与端面时的进给量（硬质合金车刀和高速钢车刀）

表面粗糙度 $Ra/\mu m$	加工材料	刀具副偏角 /(°)	切削速度 范围/(m/s)	刀尖半径/mm 0.5	刀尖半径/mm 1.0	刀尖半径/mm 2.0
				进给量 $f/(mm/r)$		
12.5	钢和铸铁	5	不限制	—	1.0 ~ 1.4	1.3 ~ 1.5
		15	不限制	—	0.8 ~ 0.9	1.0 ~ 1.1
		15		—	0.7 ~ 0.8	0.9 ~ 1.0
6.3	钢和铸铁	5	不限制	—	0.55 ~ 0.7	0.7 ~ 0.88
		10 ~ 15	不限制	—	0.45 ~ 0.8	0.6 ~ 0.7
3.2	钢	5	<0.833	0.2 ~ 0.3	0.25 ~ 0.35	0.3 ~ 0.46
			0.833 ~ 1.66	0.28 ~ 0.35	0.35 ~ 0.4	0.4 ~ 0.55
			>1.666	0.35 ~ 0.4	0.4 ~ 0.5	0.5 ~ 0.6
		10 ~ 15	<0.833	0.18 ~ 0.25	0.25 ~ 0.3	0.3 ~ 0.4
			0.833 ~ 1.66	0.25 ~ 0.3	0.3 ~ 0.35	0.35 ~ 0.5
			>1.666	0.3 ~ 0.35	0.35 ~ 0.4	0.5 ~ 0.55
	铸铁	5	不限制	—	0.3 ~ 0.5	0.45 ~ 0.65
		10 ~ 15		—	0.25 ~ 0.4	0.4 ~ 0.6

（续）

表面粗糙度 $Ra/\mu m$	加工材料	刀具副偏角 /(°)	切削速度 范围/(m/s)	刀尖半径/mm		
				0.5	1.0	2.0
				进给量 $f/(mm/r)$		
1.6	钢	≥5	0.5 ~ 0.833	—	0.11 ~ 0.15	0.14 ~ 0.22
			0.833 ~ 1.333	—	0.14 ~ 0.20	0.17 ~ 0.25
			1.333 ~ 1.666	—	0.16 ~ 0.25	0.23 ~ 0.35
			1.666 ~ 2.166	—	0.2 ~ 0.3	0.25 ~ 0.39
			>2.166	—	0.25 ~ 0.3	0.35 ~ 0.39
	铸铁	≥5	不限制		0.15 ~ 0.25	0.2 ~ 0.35
0.8	钢	≥5	1.666 ~ 1.833	—	0.12 ~ 0.15	0.14 ~ 0.17
			1.833 ~ 2.166	—	0.13 ~ 0.18	0.17 ~ 0.23
			>2.166	—	0.17 ~ 0.20	0.21 ~ 0.27

2. 铣削加工（见表 G-10 ~ 表 G-23）

表 G-10　高速钢套式面铣刀粗铣平面进给量

机床功率/kW	工件-夹具系统的刚度	整体粗齿及镶刃铣刀	
		每齿进给量 $f_z/(mm/z)$	
		碳钢、合金钢、耐热钢	铸铁、铜合金
>10	上等	0.2 ~ 0.3	0.4 ~ 0.6
	中等	0.15 ~ 0.25	0.3 ~ 0.5
	下等	0.1 ~ 0.15	0.2 ~ 0.3
5 ~ 10	上等	0.12 ~ 0.2	0.3 ~ 0.5
	中等	0.08 ~ 0.15	0.2 ~ 0.4
	下等	0.06 ~ 0.1	0.15 ~ 0.25
≤5	中等	0.04 ~ 0.06	0.15 ~ 0.3
	下等	0.04 ~ 0.06	0.1 ~ 0.2

注：背吃刀量小和加工宽带小时，用大进给量；反之，用小进给量。

表 G-11　高速钢（W18Cr4V）套式面铣刀铣削速度　　（单位：m/min）

T/min	d/z	切削宽度/mm	结构碳钢 σ_b =0.735GPa 加切削液				灰铸铁 195HBW			
			$f_z/(mm/z)$	背吃刀量/mm			$f_z/(mm/z)$	背吃刀量/mm		
				3	5	8		3	5	8
			1. 镶齿铣刀							
180	80/10	48	0.03	54.6	51.9	49.3	0.05	70.2	66.6	
			0.05	48.4	45.8	44	0.08	57.6	54.9	
			0.08	44.9	42.7	40.5	0.12	49	46.8	
			0.12	40.5	38.3	36.5	0.2	40	38.3	

（续）

T/min	d/z	切削宽度/mm	f_z/(mm/z)	背吃刀量/mm 3	5	8	f_z/(mm/z)	背吃刀量/mm 3	5	8
			结构碳钢 σ_b =0.735GPa 加切削液				灰铸铁 195HBW			
1. 镶齿铣刀										
180	125/14	75	0.03	55.4	52.8	51	0.05	71.1	67.5	64.8
			0.05	50.0	47.5	45.3	0.08	58.5	55.8	54
			0.08	46.6	44	42	0.12	50.4	47.7	45.9
			0.12	40.5	38.7	37	0.2	41	38.7	36.9
			0.2	33.4	31.2	30.4	0.3	34.6	32.9	
180	160/16	96	0.05	49	46.6	44.9	0.05	72	68.4	65.3
			0.08	15.8	43.1	41.8	0.08	59.4	56.3	53.6
			0.12	40.9	39.6	37.4	0.12	50.4	48.2	45.9
			0.2	33.4	31.7	30.4	0.2	41.4	39.2	37.4
			0.3	28.6	26.8		0.3	35.1	33.3	31.5
240	200/20	120	0.05	47.5	45	43.6	0.08	56.7	54	51.8
			0.08	44	42.2	40	0.12	48.6	45.9	44.1
			0.12	39.2	37.8	36	0.2	39.6	37.4	35.6
			0.2	32.1	30.4	29	0.3	33.8	32	30.6
			0.3	27.3	26		0.4	29.7	28.4	27
2. 整体铣刀										
120	40/12	24	0.05	54.6	51.9		0.03	83.7	80	
			0.05	49	46.6		0.05	68.4	65.3	
			0.08	44.9	42.7		0.08	56.7	53.6	
180	68/10	38	0.03	52.8	50.2	48.4	0.05	68.4	65.3	62.1
			0.05	47.5	44.9	44	0.08	56.7	54	51.3
			0.08	44	41.8	40	0.12	48.6	45.9	43.7
			0.12	38.7	37	35.6	0.2	39.2	37.3	35.6
180	80/18	48	0.03	51.5	48.8		0.05	65.7	63	
			0.05	46.2	44.4		0.08	54.9	52.2	
			0.08	42.7	40.5		0.1	50.4	47.7	
			0.12	36	34		0.15	42.8	40.5	

注：d——铣刀直径（mm）；z——铣刀齿数；T——铣刀寿命；f_z——每齿进给量。

表 G-12　高速钢套式面铣刀精铣平面进给量

表面粗糙度 Ra/μm	加工材料（钢） 45（轧制）、40Cr（轧制的、正火）	35	45（调质）	10、20、20Cr
	铣刀每转进给量 f/(mm/r)			
10	1.2 ~ 2.7	1.4 ~ 3.1	2.6 ~ 5.6	1.8 ~ 3.9
5	0.5 ~ 1.2	0.5 ~ 1.4	1.0 ~ 2.6	0.7 ~ 1.8
2.5	0.24 ~ 0.5	0.3 ~ 0.5	0.4 ~ 1.0	0.3 ~ 1.7

表 G-13　硬质合金圆柱铣刀铣削进给量

机床-夹具-工具-零件系统的刚度	钢	铸铁
	每齿进给量 f_z/(mm/z)	
上等	0.2~0.3	0.2~0.35
中等	0.15	0.08~0.12

表 G-14　硬质合金（YT15）圆柱铣刀的铣削速度　（单位：m/min）

T/min	d/z	切削宽度/mm	结构碳钢、铬钢、镍铬钢 σ_b=0.735GPa				灰铸铁 195HBW			
			f_z/(mm/z)	背吃刀量/mm			f_z/(mm/z)	背吃刀量/mm		
				2	3	5		2	3	5
180	62/8	40	0.15	213	173	142	0.1	166	156	128
			0.2	196	159	131	0.2	146	137	111
180	80/8	40	0.15	222	178	149	0.1	183	172	140
			0.2	204	166	137	0.2	161	151	122
							0.3	137	123	100

表 G-15　高速钢立铣刀铣削平面的铣削速度　（单位：m/min）

T/min	d/z	切削宽度/mm	结构碳钢、铬钢、镍铬钢 σ_b=0.735GPa 加切削液				灰铸铁 195HBW			
			f_z/(mm/z)	背吃刀量/mm			f_z/(mm/z)	背吃刀量/mm		
				3	5	8		3	5	8
60	20/5	40	0.03	91	71		0.05	42	33	
			0.04	79	61		0.08	39	30	
			0.06	65	50		0.12	35	27	
			0.08	56			0.18	33		
90	32/6	40	0.06	68	53		0.08	46	35	
			0.08	59	46		0.12	42	33	
			0.1	53	41		0.18	39	30	
			0.12	48			0.25	36		
120	50/6	40	0.06		59	46	0.08		45	35
			0.08	66	51	40	0.12	54	42	33
			0.1	59	46	36	0.18	49	38	30
			0.12	53	42	31	0.25	47	36	
			0.15	48			0.4	42		
			0.2	42						

表 G-16　高速钢立铣刀铣槽进给量

工件材料	铣　刀		槽深/mm			
	直径/mm	齿数	5	10	15	20
			每齿进给量 f_z/(mm/z)			
钢	8	5	0.01~0.02	0.008~0.015		
	10	5	0.015~0.025	0.012~0.02	0.01~0.015	
	16	3	0.035~0.05	0.03~0.04	0.02~0.03	
		5	0.02~0.04	0.015~0.025	0.012~0.02	
	20	3		0.05~0.08	0.04~0.06	0.025~0.05
		5		0.04~0.06	0.03~0.05	0.02~0.04
铸铁、铜合金	8	5	0.015~0.025	0.012~0.02		
	10	5	0.03~0.05	0.015~0.03	0.012~0.02	
	16	3	0.07~0.1	0.05~0.08	0.04~0.07	
		5	0.05~0.08	0.04~0.07	0.025~0.05	
	20	3	0.08~0.12	0.07~0.12	0.06~0.1	0.04~0.07
		5	0.06~0.12	0.06~0.1	0.05~0.08	0.035~0.05

表 G-17　高速钢立铣刀铣槽的铣削速度　　　　　　　　（单位：m/min）

T/min	d/z	槽宽 a_p/mm	结构碳钢 σ_b=0.735GPa 加切削液					灰铸铁 195HBW				
			f_z/(mm/z)	槽深/mm				f_z/(mm/z)	背吃刀量/mm			
				5	10	15	20		5	10	15	20
45	8/5	8	0.006		111			0.01	38	30		
			0.008	97	90			0.02	33	26		
			0.01	87	81			0.03	30	25		
			0.02	61	57							
45	10/5	10	0.008		90	85		0.01		32	28	
			0.01	86	80	76		0.02	35	28	25	
			0.02	61	56	54		0.03	31	26		
			0.03	49				0.05	29			
60	16/5	16	0.01	76	71	68		0.02		28	25	
			0.02	53	50	48		0.03	32	26	23	
			0.03	44	41			0.05	29	23	21	
			0.04	38				0.08	26	21	19	
60	20/5	20	0.02		47			0.03	33	27	24	22
			0.03		40	39	46	0.05	30	25	21	20
			0.03		35	34	38	0.08	27	22	20	
			0.06		28	27	32	0.12	25	21	18	

注：表内切削用量能得到表面粗糙度 $Ra5\mu m$。

表 G-18 高速钢立铣刀铣平面的铣削用量

工件材料	铣 刀		背吃刀量/mm		
	直径/mm	齿数	≤3	≤5	≤8
			每齿进给量 f_z/(mm/z)		
钢	16	3	0.05~0.07		
		5	0.03~0.06		
	20	3	0.06~0.09	0.05~0.08	
		5	0.04~0.08	0.03~0.06	
	25	3	0.08~0.12	0.07~0.1	
		5	0.05~0.1	0.04~0.08	
	32	4	0.1~0.14	0.08~0.12	
		6	0.06~0.12	0.05~0.1	
	40	4	0.12~0.16	0.1~0.14	0.08~0.12
		6	0.08~0.15	0.07~0.12	0.05~0.08
	50	4	0.15~0.2	0.12~0.16	0.1~0.14
		6	0.12~0.18	0.08~0.12	0.06~0.1
铸铁、铜合金	16	3	0.1~0.14		
		5	0.06~0.12		
	20	3	0.12~0.2	0.1~0.13	
		5	0.08~0.15	0.06~0.1	
	25	3	0.12~0.2	0.1~0.15	
		5	0.1~0.16	0.08~0.12	
	32	4	0.2~0.3	0.14~0.2	
		6	0.12~0.22	0.1~0.15	
	40	4	0.24~0.3	0.16~0.24	0.1~0.15
		6	0.16~0.25	0.12~0.18	0.08~0.12
	50	4	0.24~0.4	0.18~0.3	0.12~0.2
		6	0.16~0.3	0.12~0.2	0.08~0.15

表 G-19 高速钢切断铣刀铣槽的切断速度　　　　（单位：m/min）

T/min	d/z	切宽/mm	结构碳钢 σ_b = 0.735GPa 加切削液					灰铸铁 195HBW				
			f_z/(mm/z)	背吃刀量/mm				f_z/(mm/z)	背吃刀量/mm			
				6	10	15	20		6	10	15	20
90	60/36	1	0.01	60	52					52	58	46
			0.015	57	48					48	50	39
			0.02	53	46					44	44	35

（续）

T/min	d/z	切宽/mm	f_z/(mm/z)	背吃刀量/mm 6	10	15	20	f_z/(mm/z)	背吃刀量/mm 6	10	15	20
				结构碳钢 σ_b=0.735GPa 加切削液					灰铸铁 195HBW			
120	110/50	2	0.015	40	35	31	28	0.015	44	34	29	24
			0.02	39	33	29	27	0.02	40	31	25	22
			0.03	35	31	27	25	0.03	34	26	22	18
								0.04	30	23	19	17
	110/40	3	0.015	49	43	38	35	0.02	37	29	23	20
			0.02	47	41	36	33	0.03	32	24	20	18
			0.03	44	37	33	30	0.04	29	22	18	16
180	150/50	4	0.015			34	31	0.015			25	21
			0.02			33	30	0.02			22	19
			0.03			30	27	0.03			19	16
								0.04			17	14

注：加工可锻铸铁 150HBW 按结构碳钢 σ_b=0.735GPa 的选取值乘以系数 1.39。

加工铜合金 150~200HBW 按结构碳钢 σ_b=0.735GPa 的选取值乘以系数 1.47。

表 G-20　高速钢切断铣刀切断进给量

工件材料	铣刀直径/mm	切削宽度/mm	背吃刀量/mm ≤6	6~10	10~15
			每齿进给量f_z/(mm/z)		
钢	60	1	0.015~0.02	0.01~0.02	
		2	0.015~0.025	0.01~0.02	
	75	1	0.015~0.02	0.01~0.02	0.01~0.02
		2	0.015~0.025	0.01~0.02	0.01~0.02
		3	0.02~0.025	0.015~0.025	
铸铁、铜合金	60	1	0.02~0.03	0.01~0.02	
		2	0.02~0.03	0.015~0.025	
	75	1	0.02~0.03	0.01~0.02	0.015~0.025
		2	0.02~0.03	0.015~0.025	0.015~0.025
		3	0.03~0.04	0.015~0.03	

表 G-21　高速钢键槽铣刀铣槽的切削用量

铣刀直径/mm	在摆动进给的键槽铣床上铣削 每一行程的背吃刀量/mm 0.1 v/(m/min)	f_m/(mm/min)	0.2 v/(m/min)	f_m/(mm/min)	0.3 v/(m/min)	f_m/(mm/min)	一次行程铣槽 每分钟进给量 f_m/(mm/min) 垂直切入	纵向的
6	28	580	22	475	20	410	14	47
8	30	510	24	420	21	370	11	40
12	31	490	25	395	22	350	10	31

（续）

铣刀直径 /mm	在摆动进给的键槽铣床上铣削						一次行程铣槽	
	每一行程的背吃刀量/mm						每分钟进给量 f_m/（mm/min）	
	0.1		0.2		0.3			
	v/（m/min）	f_m/（mm/min）	v/（m/min）	f_m/（mm/min）	v/（m/min）	f_m/（mm/min）	垂直切入	纵向的
16	33	450	26	360	23	315	9	26
20	34	420	27	340	24	300	8	24
24	35	380	28	305	25	270	7	21

注：表内切削用量适用于加工 $\sigma_b = 0.735$GPa 的结构碳钢。

表 G-22　硬质合金三面刃圆盘铣刀铣槽进给量

钢 σ_b/GPa	背吃刀量/mm	机床动力（铣头）/kW			
		5 ~ 10		>10	
		零件-夹具系统刚度			
		上等	中等	上等	中等
		每齿进给量 f_z/（mm/z）			
≤0.882	≤30	0.1 ~ 0.12	0.08 ~ 0.1	0.12 ~ 0.15	0.1 ~ 0.12
	>30	0.08 ~ 0.1	0.06 ~ 0.08	0.1 ~ 0.12	0.08 ~ 0.1
>0.882	≤30	0.06 ~ 0.08	0.05 ~ 0.06	0.08 ~ 0.1	0.06 ~ 0.08
	>30	0.05 ~ 0.06	0.04 ~ 0.05	0.06 ~ 0.08	0.05 ~ 0.06

表 G-23　硬质合金三面刃圆盘铣刀铣槽切削速度　　（单位：m/min）

T/min	d/z	槽宽/mm	f_z/（mm/z）	结构碳钢、铬钢、镍铬钢 $\sigma_b = 0.735$GPa 切削深度/槽深/mm			
				12	20	30	50
240	200/12	20	0.03	382	327	291	250
			0.06	318	273	241	204
			0.09	268	232	204	175
			0.12	241	200	182	156
			0.15	223	191	170	145

3. 钻、扩、镗、铰加工（见表 G-24 ~ 表 G-37）

表 G-24　高速钢麻花钻钻削碳钢及合金钢的切削用量

工件材料		硬度 HBW	切削速度 /（m/min）	钻头直径/mm				
				<3	3 ~ 6	6 ~ 13	13 ~ 19	19 ~ 25
				进给量 f/（mm/r）				
碳钢	$w(C) = 0.25\%$	125 ~ 175	24	0.08	0.13	0.20	0.26	0.32
	$w(C) = 0.25\%$	175 ~ 225	20	0.08	0.13	0.20	0.26	0.32
	$w(C) = 0.25\%$	175 ~ 225	17	0.08	0.13	0.20	0.26	0.32

（续）

工件材料		硬度 HBW	切削速度/(m/min)	<3	3~6	6~13	13~19	19~25
				进给量 f/(mm/r)				
合金钢	$w(C)=0.25\%~0.25\%$	175~225	21	0.08	0.15	0.20	0.40	0.48
	$w(C)=0.25\%~0.25\%$	175~225	15~18	0.05	0.09	0.15	0.21	0.26

注：表中的 $w(C)$ 表示钢中碳的含量。

表 G-25　在组合机床上用高速钢刀具钻孔时的切削用量

加工孔径/mm			1~6	6~12	12~22	22~50
铸铁	160~200HBW	v/(m/min)	16~24			
		f/(mm/r)	0.07~0.12	0.12~0.20	0.20~0.40	0.40~0.80
	200~241HBW	v/(m/min)	10~18			
		f/(mm/r)	0.05~0.10	0.10~0.18	0.18~0.25	0.25~0.40
	300~400HBW	v/(m/min)	5~12			
		f/(mm/r)	0.03~0.08	0.08~0.15	0.15~0.20	0.20~0.30
钢件	$\sigma_b=0.52~0.70GPa$ (35、45 钢)	v/(m/min)	18~25			
		f/(mm/r)	0.05~0.10	0.10~0.20	0.20~0.30	0.30~0.60
	$\sigma_b=0.70~0.90GPa$ (15Cr、20Cr)	v/(m/min)	12~20			
		f/(mm/r)	0.05~0.10	0.10~0.20	0.20~0.30	0.30~0.45
	$\sigma_b=1.00~1.10GPa$ (合金钢)	v/(m/min)	8~15			
		f/(mm/r)	0.03~0.08	0.08~0.15	0.15~0.25	0.25~0.35

注：1. 钻孔深度与钻孔直径之比大时，取小值。

　　2. 采用硬质合金钻头加工铸铁件，v 一般为 20~30m/min。

表 G-26　硬质合金扩孔钻扩孔的进给量

扩孔钻直径/mm	钢		铸铁			
			≤200HBW		>200HBW	
	进给量组别					
	I	II	I	II	I	II
	进给量 f/(mm/r)					
20	0.6~0.7	0.45~0.5	0.9~1.1	0.6~0.7	0.6~0.75	0.5~0.55
25	0.7~0.9	0.5~0.6	1.0~1.2	0.75~0.8	0.7~0.8	0.55~0.6
30	0.8~1.0	0.6~0.7	1.1~1.3	0.8~0.9	0.8~0.9	0.6~0.7
35	0.9~1.1	0.65~0.7	1.2~1.5	0.9~1.0	0.9~1.0	0.65~0.75
40	0.9~1.2	0.7~0.75	1.4~1.7	1.0~1.1	1.0~1.2	0.7~0.8
50	1.0~1.3	0.8~0.9	1.6~2.0	1.1~1.3	1.2~1.4	0.85~1.0
60	1.1~1.3	0.85~0.9	1.8~2.2	1.2~1.4	1.3~1.5	0.9~1.1
≥80	1.2~1.5	0.9~1.1	2.0~2.4	1.4~1.6	1.4~1.7	1.0~1.2

注：进给量选用

　　[I 组]（1）扩无公差或 12 级公差的孔；

　　　　　（2）扩以后尚需用几个刀具来加工的孔；

　　　　　（3）攻螺纹前扩孔。

　　[II 组]（1）扩有提高表面粗糙度要求的孔；

　　　　　（2）扩背吃刀量小的 9~11 级公差的孔；

　　　　　（3）扩以后尚需用一个刀具（铰刀、扩孔钻、镗刀）来加工的孔。

表内进给量用于加工通孔；当扩不通孔时，特别是需要同时加工孔底时，进给量应取 0.3~0.6mm/r。

表 G-27　硬质合金扩孔钻扩孔的切削速度　　　　　（单位：m/min）

碳钢及合金钢 σ_b = 0.735GPa，YT15，加切削液					灰铸铁 195HBW，YG8，不加切削液				
扩孔钻直径/mm	25	40	60	80	扩孔钻直径/mm	25	40	60	80
背吃刀量/mm	1.5	2	3	4	背吃刀量/mm	1.5	2	3	4
进给量 f/(mm/r)	0.4　60.4				进给量 f/(mm/r)	0.4　119.5			
	0.5　56.5	66.8	67.8	69.4		0.5　108.1	114.3		
	0.6　53.4	63.3	64.2	65.7		0.6　99.6	105.3	92.1	
	0.7　51	60.5	61.3	62.7		0.7　92.9	98.2	85.9	79.7
	0.8　49	58	59	60.3		0.8　87.5	92.5	80.9	75.1
	0.9　47.3	56	56.9	58.3		0.9　83.0	87.7	76.8	71.2
	1.0	54.3	55	56.4		1.0　79.1	83.7	73.2	67.9
	1.2	51.4	52.2	53.4		1.2　72.9	77.1	67.4	62.6

表 G-28　高速钢铰刀铰削碳钢、合金钢及铝合金的切削速度　　（单位：m/min）

精　　铰		
精度等级	加工表面粗糙度等级	切削速度
7 ~ 8	Ra2.5 ~ 1.25μm	2 ~ 3
	Ra5 ~ 2.5μm	4 ~ 5

粗　　铰									
d/mm	10	15	20	25	30	40	50	60	80
a_p/mm	0.075	0.1	0.125	0.125	0.125	0.15	0.15	0.2	0.25
f/(mm/r)	0.8　14.0	11.4	11.9	10.7	11.4	10.6	10.0	9.4	8.6
	1.0　12.1	9.8	10.2	9.3	9.9	9.2	8.7	8.1	7.5
	1.2　10.8	8.7	9.1	8.3	8.7	8.0	7.7	7.2	6.6
	1.4	8.1	8.2	7.5	7.8	7.4	7.0	6.5	6.0
	1.6　7.2	7.6	6.9	7.2	6.6	6.4	6.0	5.5
	1.8　6.8	6.4	6.7	6.3	5.9	5.5	5.1
	2.0　8.2	6.5	5.9	6.2	5.9	5.2	4.8
	2.2	5.8	5.5	5.2	4.8	4.5
	2.5	5.5	5.0	4.8	4.5	4.1

注：1. 表内粗铰切削用量能得到 9 ~ 11 级公差及表面粗糙度 Ra5μm。

　　2. 精铰切削速度的上限用于铰正火钢，而下限铰韧性钢。

表 G-29　高速钢铰刀精铰灰铸铁（195HBW）的切削速度

工件材料	表面粗糙度 Ra	
	5 ~ 2.5μm	2.5 ~ 1.25μm
	允许的最大切削速度 v/(m/min)	
灰铸铁	8	4
可锻铸铁	15	8
铜合金	15	8

注：精铰切削用量能得到 7 级公差孔。

表 G-30 高速钢铰刀粗铰灰铸铁（195HBW）的切削速度 （单位：m/min）

d/mm		5	10	15	20	25	30	40	50	60	80
a_p/mm		0.05	0.075	0.1	0.125	0.125	0.125	0.15	0.15	0.2	0.25
$f/(mm/r)$	0.8	14.9	14.1	12.6	13.1	11.6	12.1	11.5	11.5	10.7	10.0
	1.0	13.3	12.6	11.2	11.7	10.4	10.8	10.3	10.0	9.6	8.9
	1.2	12.2	11.5	10.3	10.7	9.5	9.8	9.4	9.2	8.7	8.1
	1.4	11.3	10.7	9.5	9.9	8.8	9.1	8.7	8.5	8.1	7.5
	1.6	10.6	10.0	8.9	9.2	8.2	8.5	8.1	7.9	7.6	7.1
	1.8	9.9	9.4	8.4	8.7	7.7	8.0	7.6	7.6	7.1	6.7
	2.0	9.4	8.9	8.0	8.3	7.4	7.6	7.3	7.1	6.8	6.3
	2.5			7.4	6.6	6.8	6.5	6.3	6.1	5.6	
	5						4.8	4.6	4.5	4.3	4.0

注：表内粗铰切削用量能得到 9～11 级公差及表面粗糙度 $Ra5\mu m$。

表 G-31 硬质合金铰刀的切削用量

加工直径/mm	铸　铁		钢（铸钢）	
	$v/(m/min)$	$f/(mm/r)$	$v/(m/min)$	$f/(mm/r)$
6～10	50～80	0.5～1.5	60～90	0.5～1.0
10～20	50～75	0.8～2.0	65～85	0.8～1.5
20～40	45～75	1.0～3.0	60～80	1.0～2.0
40～60	40～65	1.5～4.0	55～75	1.5～3.0
>60	40～60	2.0～5.0	50～70	2.0～4.0

表 G-32 在组合机床上用高速钢铰刀铰孔的切削用量

加工直径/mm	铸铁		钢（铸钢）	
	$v/(m/min)$	$f/(mm/r)$	$v/(m/min)$	$f/(mm/r)$
6～10	2～6	0.30～0.5	1.2～5	0.30～0.40
10～15		0.50～1.0		0.40～0.50
15～40		0.80～1.50		0.40～0.60
40～60		1.20～1.80		0.50～0.60

表 G-33 高速钢镗刀镗孔的切削用量

加工工序	刀具类型	铸铁		钢（铸钢）	
		$v/(m/min)$	$f/(mm/r)$	$v/(m/min)$	$f/(mm/r)$
粗镗	刀头	20～35	0.3～1.0	20～40	0.3～1.0
	刀板	25～40	0.3～0.8		
半精镗	刀头	25～40	0.2～0.8	30～50	0.2～0.8
	刀板	30～40	0.2～0.6		
	粗铰刀	15～25	2.0～5.0	10～20	0.5～3.0

（续）

加工工序	刀具类型	铸铁		钢（铸钢）	
		v/（m/min）	f/（mm/r）	v/（m/min）	f/（mm/r）
精镗	刀头	15 ~ 30	0.15 ~ 0.5	20 ~ 35	0.1 ~ 0.6
	刀板	8 ~ 15	1.0 ~ 4.0	6.0 ~ 12	1.0 ~ 4.0
	精铰刀	10 ~ 20	2.0 ~ 5.0	10 ~ 20	0.5 ~ 3.0

注：采用镗模镗削，v 宜取中值；采用悬伸镗削，v 宜取小值。

表 G-34　硬质合金镗刀镗孔的切削用量

加工工序	刀具类型	铸铁		钢（铸钢）	
		v/（m/min）	f/（mm/r）	v/（m/min）	f/（mm/r）
粗镗	刀头	40 ~ 80	0.3 ~ 1.0	40 ~ 60	0.3 ~ 1.0
	刀板	35 ~ 60	0.3 ~ 0.8		
半精镗	刀头	60 ~ 100	0.2 ~ 0.8	80 ~ 120	0.2 ~ 0.8
	刀板	50 ~ 80	0.2 ~ 0.6		
	粗铰刀	30 ~ 50	3 ~ 5		
精镗	刀头	50 ~ 80	0.15 ~ 0.5	60 ~ 100	0.1 ~ 0.5
	刀板	20 ~ 40	1.0 ~ 4.0	8 ~ 20	1.0 ~ 4.0
	精铰刀	30 ~ 50	2.0 ~ 5.0		

表 G-35　用高速钢锪钻锪端面的切削用量

被加工端面直径/mm	工件材料		
	钢 σ_b≤0.588GPa、铜及黄铜	钢 σ_b >0.588GPa	铸铁、青铜、铝合金
	进给量 f/（mm/r）		
15	0.08 ~ 0.12	0.05 ~ 0.08	0.10 ~ 0.15
20	0.08 ~ 0.15	0.05 ~ 0.10	0.10 ~ 0.15
30	0.10 ~ 0.15	0.06 ~ 0.10	0.12 ~ 0.20
40	0.12 ~ 0.20	0.08 ~ 0.12	0.15 ~ 0.25
50	0.12 ~ 0.20	0.08 ~ 0.12	0.15 ~ 0.25
60	0.15 ~ 0.25	0.10 ~ 0.18	0.20 ~ 0.30
工件材料	钢 σ_b≤0.588GPa、铜及黄铜	钢 σ_b >0.588GPa	铝合金	铸铁及青铜
	加切削液			不加切削液
切削速度 v/（m/min）	10 ~ 18	7 ~ 12	40 ~ 60	12 ~ 25

注：刀具材料为 9CrSi 钢，切削速度应乘系数 0.6 ~ 0.7；用碳素工具钢刀具加工，切削速度应乘系数 0.5。

表 G-36　拉削的进给量（单面齿升量）　　（单位：mm/z）

拉刀形式	钢 σ_b/GPa			铸　铁	
	≤0.49	0.49 ~ 0.735	>0.735	灰铸铁	可锻铸铁
圆柱拉刀	0.01 ~ 0.02	0.015 ~ 0.08	0.01 ~ 0.025	0.03 ~ 0.08	0.05 ~ 0.1
三角形及渐开线花键拉刀	0.03 ~ 0.05	0.04 ~ 0.06	0.03 ~ 0.05	0.04 ~ 0.08	0.05 ~ 0.08

（续）

拉刀形式	钢 σ_b/GPa			铸　铁	
	≤0.49	0.49~0.735	>0.735	灰铸铁	可锻铸铁
键槽拉刀	0.05~0.15	0.05~0.2	0.05~0.12	0.06~0.2	0.06~0.2
直角及平角拉刀	0.03~0.12	0.05~0.15	0.03~0.12	0.06~0.2	0.05~0.15
型面拉刀	0.02~0.05	0.03~0.06	0.02~0.05	0.03~0.08	0.05~0.1
正方形及六角形拉刀	0.015~0.08	0.02~0.15	0.015~0.12	0.03~0.15	0.05~0.15

表 G-37　拉　削　速　度　　　　　　　（单位：mm/min）

切削速度组	圆柱孔		花键孔		外表面及键槽		其他类型表面
	$Ra2.5\mu m$ 或7级公差	$Ra5~10\mu m$ 或9级公差	$Ra2.5\mu m$ 或7级公差	$Ra5~10\mu m$ 或9级公差	$Ra2.5\mu m$ 或公差值 0.03~0.05mm	$Ra5~10\mu m$ 或公差值 >0.05mm	$Ra1.25~0.63$ μm
I	6~4	8~5	5~4	8~5	7~4	10~5	4~2.5
II	5~3.5	7~5	4.5~3.5	7~5	6~4	8~6	3~2
III	4~3	6~4	3.5~3	6~4	5~3.5	7~5	2.5~2
IV	3~2.5	4~3	2.5~2	4	3.5~3	4	2

注：切削速度的选择：当选用 CrWMn 及 9CrWMn 钢拉刀时取小值；用 W18Cr4V 钢拉刀时取大值。

4. 磨削加工（见表 G-38~表 G-39）

表 G-38　在圆台平面磨床上用砂轮端面粗磨平面的切削用量

工件的运动速度 v/(m/min)	折合的磨削宽度/mm						
	20	30	50	80	120	200	300
	工作台的磨削深度进给量 f/(mm/r)						
10	0.065	0.048	0.033	0.023	0.017	0.012	0.0086
12	0.054	0.040	0.027	0.019	0.014	0.0097	0.0071
15	0.044	0.032	0.022	0.015	0.011	0.0077	0.0057
20	0.033	0.024	0.016	0.012	0.0086	0.0058	0.0043
25	0.026	0.019	0.013	0.0093	0.0068	0.0046	0.0034
30	0.022	0.016	0.011	0.0078	0.0057	0.0039	0.0028
40	0.016	0.012	0.0083	0.0058	0.0043	0.0029	0.0021

注：磨削非淬火钢及铸铁工件时，v 取 10~20m/min；磨削淬火钢工件时，v 取 25~40m/min。

表 G-39　在圆台平面磨床上用砂轮端面精磨平面的切削用量

工件的运动速度 v/(m/min)	折合的磨削宽度/mm						
	20	30	50	80	120	200	300
	工作台的磨削深度进给量 f/(mm/r)						
10	0.024	0.020	0.015	0.012	0.010	0.0077	0.0062
15	0.016	0.013	0.010	0.0081	0.0065	0.0052	0.0042

（续）

工件的运动速度	折合的磨削宽度/mm						
v/(m/min)	20	30	50	80	120	200	300
	工作台的磨削深度进给量f/(mm/r)						
20	0.012	0.010	0.0076	0.0061	0.0049	0.0039	0.0030
25	0.0097	0.0078	0.0061	0.0048	0.0039	0.0030	0.0024
30	0.0081	0.0065	0.0051	0.0040	0.0032	0.0025	0.0020
40	0.0061	0.0049	0.0038	0.0030	0.0024	0.0019	0.0015

注：1. 磨削非淬火钢工件时，v 取 10~25m/min；磨削淬火钢及铸铁工件时，v 取 15~40m/min。

　　2. 精磨进给量不应超过粗磨的进给量。

5. 齿轮及螺纹加工（见表 G-40～表 G-43）

表 G-40　滚齿的进给量

加工性质			工件材料	齿轮模数 /mm	滚齿机的电动机功率 $P_{\rm m}$/kW				
					1.5~2.8	3~4	5~9	10~14	15~22
					工件每转进给量f/(mm/r)				
粗加工			45 钢 170~207HBW	1.5	0.8~1.2	1.4~1.8	1.6~1.8	—	—
				2.5	1.2~1.6	2.4~2.8	2.4~2.8	2.4~2.8	—
				4	1.6~2.0	2.6~3.0	1.8~3.2	2.8~3.2	—
				6	1.2~1.4	2.2~2.6	2.4~2.8	2.6~3.0	2.6~3.0
				8	—	2.0~2.2	2.2~2.6	2.4~2.8	2.4~2.8
				12	—	—	2.0~2.4	2.2~2.6	2.4~2.8
			灰铸铁 170~210HBW	1.5	0.9~1.3	1.6~2.2	1.8~2.2	—	—
				2.5	1.3~1.8	2.9~3.0	2.6~3.0	2.6~3.2	—
				4	1.8~2.2	2.8~3.2	3.0~3.5	3.0~3.5	—
				6	1.3~1.6	2.4~3.0	2.6~3.0	2.8~3.3	2.8~3.3
				8	—	2.2~2.4	2.5~2.8	2.6~3.0	2.6~3.0
				12	—	—	2.2~2.6	2.4~2.8	2.6~3.0
精加工	实体材料	Ra 6.3~3.2μm	45 钢 170~207HBW	1.5~2	—	—	1.0~1.2	—	—
				3	—	—	1.2~1.8	—	—
		Ra1.6μm		1.5~2	—	—	0.5~0.8	—	—
				3	—	—	0.8~1.0	—	—
		Ra 6.3~3.2μm	灰铸铁 170~210HBW	1.5~2	—	—	1.2~1.4	—	—
				3	—	—	1.4~1.8	—	—
		Ra1.6μm		1.5~2	—	—	0.5~0.8	—	—
				3	—	—	0.8~1.0	—	—
	粗加工后	Ra 6.3~3.2μm	钢及 灰铸铁	≤12	—	—	2.0~2.5	—	—
				>12	—	—	3.0~4.0	—	—
		Ra1.6μm		≤12	—	—	0.7~0.9	—	—
				>12	—	—	1.0~1.2	—	—

表 G-41　滚齿的切削用量（碳钢及合金）

加工性质	进给量/(mm/r)	v/(m/s) P_m/kW	滚齿模数/mm 1.5~3	4	6	8	12	加工性质	进给量/(mm/r)	滚齿模数/mm 1.5~3	1.5~12
										v/(m/s)	
粗滚齿	0.8	v	0.95	0.95	0.833	0.683	0.583	精滚齿	≤0.7	1	—
		P_m	—	0.7	0.8	0.9	1.4		0.9	0.8	—
	1.1	v	0.8	0.8	0.7	0.583	0.5	加工实体齿坯	1.1	0.683	—
		P_m	—	0.8	0.9	1.1	1.6		1.3	0.583	—
	1.5	v	0.7	0.7	0.6	0.5	0.425		1.6	0.483	—
		P_m	—	0.9	1.0	1.2	1.8		2.0	0.408	—
	2.0	v	0.6	0.6	0.533	0.433	0.366		2.5	0.333	—
		P_m	—	1.1	1.2	0.5	2.0	齿顶先滚出	$Ra6.3$ $Ra3.2$	2.0~2.5	—	0.333~0.4
	2.8	v	0.508	0.508	0.45	0.366	0.311		$Ra1.6$	0.7~0.9	—	3.3~0.333
		P_m	—	1.2	1.4	1.6	2.3				

滚刀的中等使用寿命

滚齿模数		4	6	8	12
耐磨时间/min	粗滚	240	360	480	720
	精滚	240	240	240	360

表 G-42　攻螺纹的切削用量

螺纹直径/mm	螺距/mm	丝锥类型及材料				
		高速钢螺母丝锥 W18Cr4V		高速钢机动丝锥 W18Cr4V		
		工件材料				
		碳钢 σ_b = 0.49~0.78GPa	碳钢、镍镉钢 σ_b =0.735GPa	碳钢 σ_b = 0.49~0.78GPa	碳钢、镍镉钢 σ_b =0.735GPa	灰铸铁 190HBW
		切削速度 v/(m/min)				
5	0.5	12.5	11.3	9.4	8.5	10.2
	0.8			6.3	5.7	6.8
6	0.75	15.0	13.5	8.3	7.5	8.9
	1.0			6.4	5.8	6.9
8	1.0	20.0	18.0	9.0	8.2	9.8
	1.25			7.4	6.7	8.0

（续）

螺纹直径/mm	螺距/mm	丝锥类型及材料				
		高速钢螺母丝锥 W18Cr4V		高速钢机动丝锥 W18Cr4V		
		工件材料				
		碳钢 σ_b = 0.49~0.78GPa	碳钢、镍镉钢 σ_b = 0.735GPa	碳钢 σ_b = 0.49~0.78GPa	碳钢、镍镉钢 σ_b = 0.735GPa	灰铸铁 190HBW
		切削速度 $v/$(m/min)				
10	1.0	25.0	22.5	11.8	10.7	12.8
	1.5			8.2	7.4	8.9
12	1.25	26.6	24.0	12.0	10.8	12.1
	1.75	23.4	21.1	8.9	8.0	9.6
14	1.5	27.4	24.7	12.6	11.3	12.5
	2.0	23.7	21.4	9.7	8.7	10.2
16	1.5	29.4	26.4	15.1	13.6	15.5
	2.0	25.4	22.9	11.7	10.5	12.0
20	1.5	33.2	29.4	19.3	17.3	20.3
	2.0	28.4	25.5	14.9	13.4	15.7
	2.5	25.8	22.6	12.1	10.9	12.8
24	1.5	35.8	32.1	24.0	21.6	25.2
	2.0	31.1	27.9	18.6	16.7	19.5
	2.5	27.8	24.8	15.1	13.6	15.9

表 G-43　在组合机床上加工螺纹的切削速度

工件材料	铸铁	钢及合金钢	铝及铝合金
$v/$(m/min)	5~10	3~8	10~20

附录 H　连杆加工工艺规程

连杆是发动机的主要传力部件之一，在工作过程中承受剧烈的载荷变化。因此，连杆应具有足够的强度和刚度，还应尽量减少自身的质量，以减小惯性力的作用。

连杆锻件毛坯图、结合部及连杆体零件图参见图 H-1~图 H-3。

技术要求

1. 调质硬度223～280HBW,同一条连杆上的硬度差不大于30个单位。●
2. 未注明脱模斜度≤5°,未注明圆角半径R2～R3。
3. 未注明横剖面金属宏观纤维方向,应沿着连杆中心线并与外形相符,不得有环流、不允许有裂缝、流松、而松,气泡、气孔、夹灰及其他非金属夹杂物等缺陷存在。
4. 连杆不得有因金属未充满锻模而产生的缺陷,连杆不允许有折叠、氧化、发裂等缺陷。
5. 连杆的纤维组织应为均匀的细晶粒索氏体结构,允许有少量断续网状分布的铁素体存在。
6. 连杆不加工表面光洁,不允许有裂纹,折叠、氧化、发裂等缺陷。连杆非加工表面允许有数量不多个索2个,直径不大于3mm,深度不大于0.05mm,经修整缺陷的痕迹,加工表面不得大于实同一截面飞边量的1/2。分模面飞边光边≤0.05mm,经修整圆滑过渡,深度不得大于0.10际加工余量毛坯上。
7. 毛坯应经喷丸或喷砂处理。
8. 连杆应经磁力探伤,探伤后作退磁处理,探伤标准执行Q/CCJ04009—1986标准。
9. 错模量≤0.5mm,直线度或平面度≤0.4mm。
10. 连杆未注高度方向尺寸公差+0.7/−0.5,水平方向尺寸公差±1.0。
11. 连杆锻件单件质量2.4(+0.10/−0.05)kg,连杆锻件表面脱碳层深度0.10mm。
12. 毛坯调质后需经冷镦,冷镦后应消除氧化皮等表面附着物。

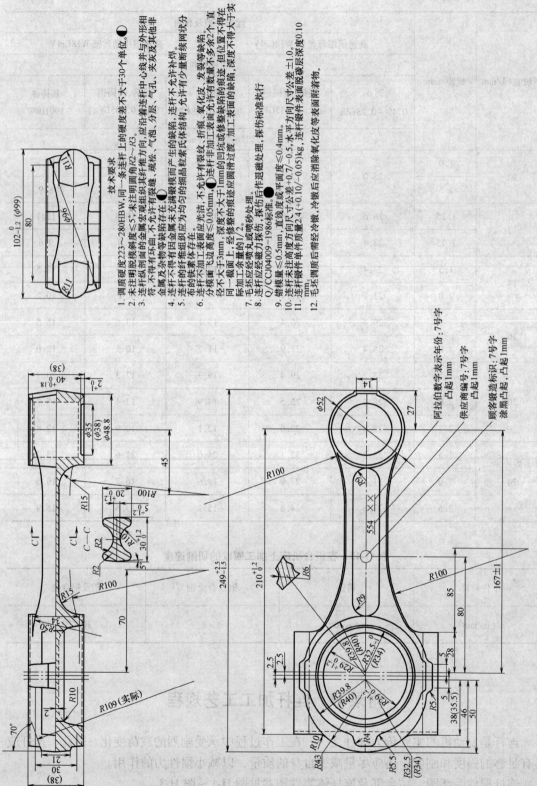

阿拉伯数字表示年份:7号字
凸起1mm

供应商编号:7号字
凸起1mm

顾客锻造标识:7号字
涂黑凸起,凸起1mm

图 H-1 连杆锻件毛坯图

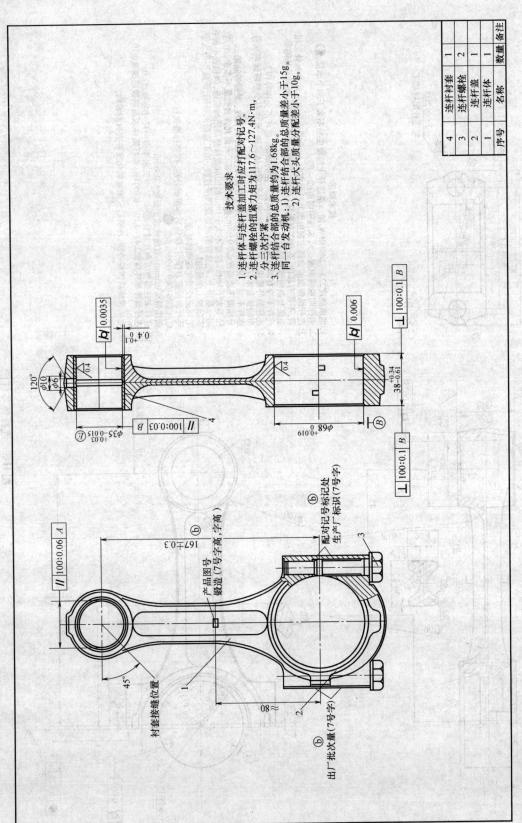

技术要求

1. 连杆体与连杆盖加工时应打配对记号。
2. 连杆螺栓的拧紧扭矩为117.6～127.4N·m，分三次拧紧。
3. 连杆结合部的总质量约为1.68kg。同一台发动机：1) 连杆结合部的总质量差小于15g。2) 连杆大头质量分配差小于10g。

4	连杆衬套	1	
3	连杆螺栓	2	
2	连杆盖	1	
1	连杆体	1	
序号	名称	数量	备注

图 H-2 连杆结合部

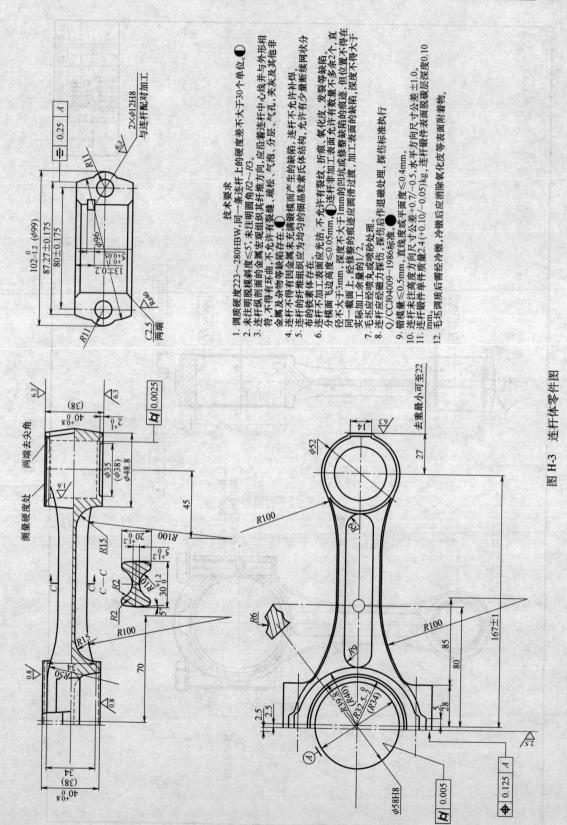

技术要求

1. 调质硬度223～280HBW，同一条连杆上的硬度差不大于30个单位。●
2. 未注明脱模斜度≤5°，未注明圆角R2～R3。
3. 连杆纵剖面的金属宏观组织其纤维方向，应沿着连杆中心线并与外形相符，不得有环状，不允许有裂缝、疏松、气泡、分层、气孔、夹灰及其他非金属夹杂物等缺陷存在。
4. 连杆不得因金属未充满锻模而产生的缺陷，连杆不允许补焊。
5. 连杆纤维组织为均匀细晶粒索氏体结构，允许有少量断续网状分布的铁素体存在。
6. 连杆不加工表面应光洁，不允许有裂纹、折痕、氧化皮、发裂等缺陷。分锻面飞边允许≤0.05mm，深度不大于1mm的凹陷或修整缺陷的痕迹，但位置不得多余2个，直径不大于3mm，截面上，经修整后的缺陷的数量不多余2个。同一实际加工表面的缺陷的缺陷，深度不得大于其1/2。
7. 连杆应经喷丸或喷砂处理。
8. 连杆应经磁力探伤，探伤后作退磁处理，探伤标准执行Q/CC04009-1986标准。
9. 锻模量≤0.5mm，直线度或平面度≤0.4mm。
10. 连杆未注高度方向尺寸公差±0.7/-0.5，水平方向尺寸公差±1.0。
11. 连杆锻件单件质量2.4(+0.10/-0.05)kg，连杆锻件表面脱碳层深度0.10 mm。
12. 毛坯调质后需经冷锻，冷锻后应消除氧化皮及等表面附着物。

图 H-3　连杆体零件图

1. 连杆的主要技术要求

1）小头底孔的尺寸精度为 IT7 ~ IT8 级，大头底孔的尺寸公差为 IT6 ~ IT7 级，孔的形状误差一般在直径公差的 1/2 范围内。大、小头孔压入衬套进行滚压加工后，表面粗糙度为 $Ra0.4\mu m$。

2）大、小头两孔中心线的平行度允差为 100:0.03。

3）大头孔两端面对大头孔中心线的垂直度允差为 100:0.05。

4）两螺栓孔中心线对结合面的垂直度允差为 100:0.25。

2. 连杆的材料和毛坯

连杆的材料一般都采用高强度碳钢和合金钢，如 45 钢、55 钢、40Cr、40MnB 等。

连杆毛坯一般采用锻造毛坯，成批生产采用模锻，单件小批生产采用自由锻。连杆毛坯必须经过外观缺陷、磁力探伤、毛坯尺寸及质量等的全面检查。

3. 连杆加工工艺过程

（1）连杆加工的主要问题和工艺措施

1）剖分式连杆，连杆体、盖分别加工后再合件加工。整体毛坯在加工过程中尚需切开，装成连杆总成后还需继续加工。重要表面应进行多次加工，在粗、精加工之间穿插一些其他工序，使内应力有充分时间重新分布，促使变形及早发生、及早纠正，最终保证连杆的各项技术要求。

2）先加工定位面后加工其他面。一般从基面加工开始（大小头端面、小头孔、大头外侧的工艺凸台），再加工主要面（大头孔、分开面、螺栓孔），然后进行连杆总成的精加工（大、小头孔及端面）。

3）各主要表面的粗精加工分开。

4）为使活塞销和连杆小头孔的配合间隙小而均匀，采用分组选择装配。

（2）定位基准的选择　一般选择大、小头端面为主要定位基准。同时，选择小头孔和大头连杆体的外侧作为第二、第三定位基准。

在粗磨上、下端面时，采用互为基准的原则进行加工。为了保证壁厚均匀，在钻、粗镗小头孔时，选择端面及小头外轮廓为粗基准。

精加工时，采用基准统一、自为基准及互为基准的原则进行加工，即以大、小头端面和大头外侧面为统一的精基准，小头孔加工以其自身为精基准，上、下端面的磨削加工采用互为基准的原则。

（3）合理的夹紧　连杆的刚度差，应合理选择夹紧力的大小、方向和作用点，避免不必要的夹紧变形。夹紧力的方向应朝向主要定位面，即大、小头端面。

（4）加工路线　连杆各主要表面的加工顺序如下：

上、下两端面：粗磨、半精磨、精磨。

大头孔：粗镗、半精镗、精镗、滚压。

小头孔：钻、粗镗、半精镗、精镗、滚压、压衬套、精镗衬套、滚压衬套。

其他次要表面的加工，可安排在工艺过程的中间或后面进行。

某柴油机生产企业连杆加工的工艺过程卡片和工序卡片分别见表 H-1、H-2。

表 H-1　连杆加工工艺过程卡片

工艺过程卡片	产品型号	4102	零件图号		编号		共3页　第1页
	产品名称	柴油机	零件名称	连杆	单件净重		1.6±0.1kg

材料牌号	毛坯种类	毛坯外形尺寸	单件用料	外协毛坯	每毛坯可制件数	单件工时定额/min
40Cr	锻件	下料尺寸	材料消耗定额			

工序号	工种	工序内容	设备型号	设备名称	单件工时定额/min
		生产部门			
10		按连杆毛坯图，检查锻件各部分尺寸，外形应光洁，不允许有裂纹、折痕，氧化皮等缺陷，分模面的飞边高度不大于0.8mm（质量部门）			
20		1. 总剖面金属宏观组织其纤维方向应沿着连杆中心线并与连杆外形相符，不得有环曲及断裂，并且不允许有裂纹、气泡、夹灰及其他非金属杂物等缺陷存在 2. 检查硬度，应为223～280HBW（同一副连杆硬度差不超过30单位） 3. 连杆的纤维组织应为均匀的细晶粒组织，铁素体只允许呈细小夹杂状存在（质量部门）			
40		喷丸处理（处理后不得涂漆，立即送生产厂，防止生锈）（铸造公司）			
50	金工二	毛坯检查			
60	金工二　磨	磁粉探伤	CJW-2000	磁粉探伤机	0.75
70	金工二　磨	粗磨上、下面，磨后退磁	M74125/1TCJ2	圆盘磨/退磁机	0.2
80	金工二　钻	钻小头孔	EQZ535	钻孔专机	0.6
90	金工二　镗	粗镗小头孔	EQZ536	镗孔专机	0.4
100	金工二　钻	小头孔倒角	Z525WJ	立钻	0.4
120	金工二　镗	镗大头两半圆孔	CS180	四轴镗床	0.1
130	金工二　磨	半精磨上下面，磨后退磁	MA7480TCJ2 M7475B TCJ-2	圆盘磨/退磁机	0.4 0.32

设计	校对	审核	标准化	会签
标记	处数	更改文件号	签字	日期	批准

（续）

工艺过程卡片		产品型号	4102	零件图号		编号	
		产品名称	柴油机	零件名称	连杆	共3页	第2页

材料牌号	40Cr	毛坯种类	锻件	单件用料		外协毛坯		单件净重	1.6±0.1kg
		材料消耗定额		下料尺寸		每毛坯可制件数			

生产部门	工序号	工种	工序内容	设备			单件工时定额/min	备注
				型号	名称			
金工二	140	镗	半精镗小头孔	T740	金刚镗		0.35	
金工二	145	车	小头孔两端倒角	C620	车床		0.3	
金工二	150	车	车大头两侧面	CA6140	车床		0.41	
金工二	160	钳	打标记	AQD	智能气动标记机		0.3	
金工二	170	铣	粗铣螺钉面	X6140	卧铣		0.36	
金工二	180	铣	体、盖切开	DU4402	切断专机		0.42	
金工二	200	磨	磨分开面	MS74100A	圆盘磨		1	
金工二	200A	铣	精铣分开面,钻铰攻螺纹孔	E2-Ux054-868	自动线		0.625	
金工二	210	铣	精铣盖螺钉面	X52K X5030	立铣		0.36	
金工二	220	钻	钻孔	DLU019	钻孔专机		1	
金工二	230	车	镗体窝	CW6140A	车床		0.38	
金工二	250	专机	扩、铰、攻螺纹	DU4403	专机		0.875	
金工二	260	钻	体盖螺纹孔倒角	ZQ4116	台钻		0.3	
金工二	270	洗	中间清洗	DHQX019	清洗机		0.2	
金工二	290	钳	合对	ESTIC036	扭矩机		0.42	
金工二	300	镗	粗镗大头孔	CS183	四轴镗床		0.35	
金工二	310	车	大头孔两端倒角	C620	车床		0.4	

设计	校对	审核	标准化	会签	批准

标记	处数	更改文件号	签字	日期

（续）

工艺过程卡片	产品型号	4102	零件图号		共3页	第3页
	产品名称	柴油机	零件名称	连杆	编号	

材料牌号	40Cr	毛坯种类	锻件	单件用料		单件净重	1.6±0.1kg
		材料消耗定额		下料尺寸	外协毛坯	每毛坯可制件数	

工序号	工种	工序内容	设备型号	设备名称	单件工时定额/min	备注
340	磨	精磨上、下面，退磁	MA7480 TCJ2	圆盘磨 退磁机	0.42	
350	镗	半精镗大头孔，精镗小头底孔	T760	金刚镗	0.46	
355	钻	滚压小头底孔	Z5150A	立钻	0.2	
360	压	压衬套	Y41-10A	滚压机	0.2	
370	钳	钻油孔	Z5150A	立钻	0.2	
390	镗	精镗大头孔及小头衬套孔	T760A T760	金刚镗	0.46	
400	磨	滚压大头孔	Z5150A	立钻	0.2	
410	钻	滚压小头衬套孔	Z5150A	立钻	0.2	
420	钳	称重、写数字	YLP 或 LWD-3AQD	电子天平 重量分选仪 智能气动标记机	0.2	
430	检	检查	FJG05006	连杆检测仪	1	
440	钳	校对			0.15	
445	检	检查分开面，螺栓孔位置度			1.5	
450	铣	铣瓦片槽	X6130A	卧铣	0.2	
460	洗	清洗	DHQX014	清洗机	0.2	
470	钳	合对、分组，总检，转入总装厂			0.3	

生产部门：金工二（各工序）

	设计	校对	审核	标准化	会签	批准
标记	处数	更改文件号	签字	日期		

表 H-2　连杆加工工序卡片

机械加工工序卡片	产品型号	4102	零件图号		4102.04.03 4102.04.04	编号	11-2040-2004019
	产品名称	柴油机	零件名称		连杆	共1页	第1页

工序号	50
工序名称	检查毛坯
工时定额/min	0.75
设备名称	
设备型号	
设备编号	
材料牌号	40Cr
工装代号	名称及规格
刀具	
量具	GB/T 21389—2008　　游标卡尺 0.02 0-150
辅料	

MP41$_0^{+1.2}$　0.6　0.6　MP102$_0^{+1.2}$

工步号	工步内容	主轴转速 /(r/min)	切削速度 /(m/min)	进给量 /(mm/r)	背吃刀量 /mm	进给次数
1	检查图中所示尺寸					

	设计	审核	标准化	会签	批准
标记　处数　更改文件号　签字　日期					

（续）

机械加工工序卡片	产品型号	4102	零件图号	4102.04.03 04	编号	11-2040-2004019
	产品名称	柴油机	零件名称	连杆	共1页	第1页

Ⅲ(130)　Ⅰ(84)　Ⅱ(58)　(φ58)Ⅱ

	名称及规格
工序号	60
工序名称	磁粉探伤
工时定额/min	0.2
设备名称	磁粉探伤机
设备型号	CJW-2000
设备编号	
材料牌号	40Cr
工装代号	
辅具	直柄式气动砂轮 S40
量具	磁场指示器 25.4
辅料	YC-2型荧光磁粉 400 亚硝酸钠 6501 煤油

技术要求

1. 连杆磁粉探伤应符合 Q/CC J040009—1986 技术条件要求
2. 对于A、B类缺陷磁痕，允许进行一次修磨，Ⅰ区修磨深度不大于0.2mm，Ⅱ、Ⅲ区修磨深度不大于0.4mm
3. 修整部位应圆滑过渡
4. 磁悬液配方：

6501	5g
亚硝酸钠	15g
煤油	0.5~1g
荧光磁粉	1~2g
水	1L

缺陷磁痕分类情况

缺陷磁痕分类	类别	规则
	A类	1. 长度大于1mm的横向缺陷磁痕 2. 擦去磁痕后，用5倍放大镜可见的纵向缺陷 3. 在10×10mm² 正方形内缺陷磁痕多于3条的密集磁痕（5倍放大镜不可见的纵向缺陷磁痕）
	B类	

验收技术条件

区类	不允许	允许
Ⅰ区	A、B类缺陷磁痕	
Ⅱ区	A类缺陷磁痕	1. 小头有一条或两条累计长度不超过3mm的A类缺陷磁痕 2. 大头内孔表面有一条或两条累计长度不超过3.5mm的B类缺陷磁痕
Ⅲ区	B类缺陷磁痕	有一条或两条累计长度不超过9mm的B类缺陷磁痕

标记	处数	更改文件号	签字	日期		设计	审核	标准化	会签	批准

机械加工工序卡片

	产品型号	4102	零件图号		工序号	70	编号	11-2040-2004019
	产品名称	柴油机	零件名称	连杆	工序名称	粗磨上、下面，磨后退磁		共1页 第1页

工序号 4102.04.03 / 4102.04.04　（续）

图示：杆身无字号一侧　39±0.15　3.2 / 3.2

技术要求
1. 大小头 39±0.15 所指两端面的对称中心线和杆身的对称中心线之间的偏移允差 0.6
2. 退磁后剩磁量不大于 $2×10^{-4}$ Wb/m²

工步号	工步内容	主轴转速 /(r/min)	切削速度 /(m/min)	进给量 /(mm/r)	背吃刀量 /mm	进给次数
1	以杆身有字号一侧大平面为基准磨另一侧大平面	750	1740	0.13	≈1	自动
2	以磨好平面为基准，磨削杆身有字号一侧大平面	750	1740	0.13	≈1	自动
3	退磁					

	名称及规格
工时定额/min	0.6
设备名称	圆盘磨　退磁机
设备型号	M74125/1　TCJ-2
设备编号	
材料牌号	40Cr
工装代号	
刀具	GB/T 2485—2008　砂瓦 WP150X80X25 A24K5B30
量具	GB/T 21389—2008　游标卡尺 0.02, 0-125
	GB/T 21389—2008　高度游标卡尺 0.02 0-300
	磁强计 XCJ-A
辅料	乳化金属切削液

设计	审核	标准化	会签	批准

标记	处数	更改文件号	签字	日期

机械加工工序卡片	产品型号	4102	零件图号	4102.04.03 4102.04.04	编号	11-2040-2004019 （续）
	产品名称	柴油机	零件名称	连杆	共1页	第1页

φ35$^{+1.0}_{-0.5}$　　12.5

	工序号	80
	工序名称	钻小头孔
	工时定额/min	0.4
	设备名称	钻孔专机
	设备型号	EQZ535
	设备编号	
	材料牌号	40Cr
工装代号		名称及规格
刀具	EQZ535-20	钻夹具
刀具	R416.2-350W32-31	刀体
	WCMX06T308R-53	刀片
辅具	416.1-863 （T10）	扳手
量具	416.1-833	螺钉
辅料	GB/T 21389—2008	游标卡尺 0.02，0-125
		金属乳化切削液

工步号	工步内容	主轴转速/(r/min)	切削速度/(m/min)	进给量/(mm/r)	背吃刀量/mm	进给次数
1	以小头外形、杆身有字号一侧端面为基准钻孔	800	88	0.1	17.5	1

			设计	审核	标准化	会	批准
			签字				
			日期				
标记	处数	更改文件号	签字	日期			

机械加工工序卡片		产品型号	4102		零件图号		4102.04.03 　　　　04		编号	11-2040-2004019
		产品名称	柴油机		零件名称		连杆		共1页	第1页

		工序号	90
		工序名称	粗镗小头孔
		工时定额/min	0.4
		设备名称	镗孔专机
		设备型号	EQZ536
		设备编号	
		材料牌号	40Cr
		工装代号	名称及规格
	夹具	EQZ535-20	钻夹具
	刀具	EQZ536-61A	镗杆总成
		EQZ536-61A-03	镗刀
	辅具 11K71-038/04.03		对刀仪
	量具	6KF103/04.08	内径百分表 35-50
			标准孔 φ36.5
	辅料		1号金属乳化切削液

工步号	工步内容	主轴转速 /(r/min)	切削速度 /(m/min)	进给量 /(mm/r)	背吃刀量 /mm	进给次数
1	以小头外形、杆身有字号一侧端面为基准，按工序尺寸要求镗孔	1030	118	0.12	0.75	1

$\phi 36.5^{+0.10}_{0}$

6.3

标记	处数	更改文件号	签字	日期	设计	审核	标准化	会签	批准

（续）

机械加工工序卡片	产品型号	4102	零件图号	4102.04.03	编号	11-2040-2004019
	产品名称	柴油机	零件名称	连杆	共1页	第1页

工序号		100
工序名称		小头孔倒角
工时定额/min		0.1
设备名称		立钻
设备型号		Z525WJ
设备编号		
材料牌号		40Cr
工装代号	辅具	名称及规格
11QF107/04.03	刀具	倒角辅具
6ZR101/04.08	量具	90°倒角锪钻
		镗刀
		对刀仪
GB/T 21389—2008		游标卡尺 0.02, 0-125
GB/T 6315—2008		万能角度尺

C1.5　12.5

工步号	工步内容	主轴转速/(r/min)	切削速度/(m/min)	进给量/(mm/r)	背吃刀量/mm	进给次数
1	以杆身侧面、杆身无字号一侧端面为基准倒角	140	16-17.3	手动	0~1.5	1

	设计	审核	标准化	会签	批准
	签字				
	日期				

标记	处数	更改文件号	签字	日期

机械加工工序卡片		产品型号	4102	零件图号		4102.04.03		编号	11-2040-2004019
		产品名称	柴油机	零件名称		连杆		共1页	第1页
						工序号			120
						工序名称			镗大头偏心孔
						工时定额/min			0.4
						设备名称			四轴镗床
						设备型号			CS183
						设备编号			
						材料牌号			40Cr
						工装代号		名称及规格	
						夹具	CS183-20	镗夹具	
						刀具 QB/T 2569.1—2002		钳工锉	
							CS183-6141	镗刀杆	
							CS183-6142	镗刀杆	
							CS183-6041	镗刀	
							CS183-6042	镗刀	
						辅具 2TF002		镗刀对刀仪	
						量具 11KF001.04.03		标准孔 φ36.5	
							GB/T 21389—2008	内径百分表 35-50	
								游标卡尺 0.02 0-200	

工步号	工步内容	主轴转速 /(r/min)	切削速度 /(m/min)	进给量 /(mm/r)	背吃刀量 /mm	进给次数
1	检φ36.5 $^{+0.1}_{0}$ 孔，首尾件必检，中间20件抽检1件					
2	以小头孔、杆身有字号一侧大头平面，大头侧面为基准，镗连杆体侧半圆孔	582	117	0.2	3	1
3	调工位，镗连杆盖大头半圆孔	583	117	0.2	3	1
4	去毛刺					

			设计	审核	标准化	会签	批准
标	记	处 数	更改文件号	签 字	日 期		

机械加工工序卡片	产品型号	4102	零件图号	4102.04. 03 04	编号	11-2040-2004019
	产品名称	柴油机	零件名称	连杆	共1页	第1页 （续）

	工序号	4102.04. 03 04
	工序名称	半精磨上、下面，磨后退磁
	工时定额/min	130
	设备名称	圆盘磨　退磁机
	设备型号	MA7480　M7475B　TC　J-2
	设备编号	
	材料牌号	40Cr
	工装代号	名称及规格

技术要求

1. 上下面中心线和杆身中心线之间的偏移允差 0.6
2. 退磁后，剩磁不大于 $2×10^{-4}$ Wb/m²

杆身有字号一侧

$38^{+0.05}_{0}$　1.6　1.6　// 0.05 A

刀具	名称及规格
GB/T 2485—2008	砂轮 N450×150×380 A36P B30

量具	名称及规格
GB/T 1216—2004	外径千分尺 25-50
GB/T 21389—2008	高度游标卡尺 0.02，0-300
GB/T 8123—2007	杠杆百分表 0-0.8
	磁强计 XCJ-A
	乳化金属切削液

工步号	工步内容	主轴转速/(r/min)	切削速度/(m/min)	进给量/(mm/r)	背吃刀量/mm	进给次数
1	以杆身有字号一侧大平面为基准，磨另一侧大平面	980	1385	0.13	0.3	自动
2	以磨好端面为基准，磨削杆身有字号一侧大平面	980	1385	0.13	0.3	自动
3	磨后退磁					

	设　计	审　核	标准化	会　签	批　准
标记	处数	更改文件号	签字	日期	

（续）

机械加工工序卡片	产品型号	4102	零件图号	4102.04.03		11-2040-2004019
	产品名称	柴油机	零件名称	连杆	04.04	编号　共1页　第1页

		工序号				140
		工序名称				半精镗小头孔
		工时定额/min				0.35
		设备名称				金刚镗
		设备型号				T740
		设备编号				
		材料牌号				40Cr
		工装代号				名称及规格
		夹具	6TJ111B/0.4.08			半精镗小头孔夹具
		刀具	6TR81-102B/04.08			镗刀杆
			6TR108B/04.08			镗刀
		辅具	2TF001			镗刀对刀仪
		量具	GB/T 1216—2004			外径千分尺 25-50
						内径百分表 35-50
			6KF103/04.08			标准孔 φ37.5

（38 +0.05 0）

φ37.5 +0.045 +0.020

⊥ | 0.05 | A

√3.2

(167)

2×φ64±0.20

以小头孔、杆身有字号一侧大平面，大头侧面为基准，半精镗小头孔

工步号	工步内容	主轴转速 /(r/min)	切削速度 /(m/min)	进给量 /(mm/r)	背吃刀量 /mm	进给次数
1	检尺寸 38 +0.05 0，首件必检，中间每20件抽检一件尾件必检					
2	以小头孔、杆身有字号一侧大平面，大头侧面为基准，半精镗小头孔	1000	117-120	0.15	0.5	1

			设　计	审　核	标准化	会　签	批　准
标记	处数	更改文件号	签字	日期			

（续）

机械加工工序卡片	产品型号	4102	零件图号	4102.04.03 / 4102.04.04	编号	11-2040-2004019
	产品名称	柴油机	零件名称	连杆	共1页	第1页

工序号	4102.04.03 / 4102.04.04
工序名称	小头孔两端倒角
工时定额/min	145
设备名称	车床
设备型号	C620
设备编号	
材料牌号	40Cr

图样标注：6.3　$\phi 38.8$　$15°$　$(\phi 37.5^{+0.045}_{+0.02})$

工装代号	名称及规格
夹具　11CJ018/04.03	倒角胎具
刀具　6ZR101A/04.08　6KF103/04.08	
量具	游标卡尺 0.02 0-125　GB/T 21389—2008
	万能角度尺　GB/T 6315—2008
	内径百分表 35-50
	标准孔 $\phi 37.5$

工步号	工步内容	主轴转速 /(r/min)	切削速度 /(m/min)	进给量 /(mm/r)	背吃刀量 /mm	进给次数
1	检 $37.5^{+0.045}_{+0.02}$ 首件必检，中间每 20 件抽检一件，尾件必检					
2	以小头孔，小头所在平面为基准，按工序尺寸要求倒角	380	44.7~47.6	手动	0~0.7	1
3	翻转180°，倒另一端角	380	44.7~47.6	手动	0~0.7	1

	设计	审核	标准化	会签	批准
签字					
日期					

标记	处数	更改文件号	签字	日期

（续）

机械加工工序卡片	产品型号	4102	零件图号	4102.04. 03	编号	11-2040-2004019
	产品名称	柴油机	零件名称	连杆	共 1 页	第 1 页

工序号		150
工序名称		车定位面
工时定额/min		0.41
设备名称		车床
设备型号		CA6140
设备编号		
材料牌号		40Cr

工装代号	名称及规格
夹具	
6CJ343/04.08	车定位面夹具
刀具	
6CR206/04.08	大头定位面车刀杆
6CR207/04.08	大头定位面车刀
量具	
GB/T 1216—2004	外径千分尺 75-100

$\phi 99^{+0.05}_{0}$

3.2

工步号	工步内容	主轴转速 /(r/min)	切削速度 /(m/min)	进给量 /(mm/r)	背吃刀量 /mm	进给次数
1	以小头孔、杆身有字号一侧大平面，体侧大头半圆孔为基准，车定位面	1400	435	0.33	1.5	1

	设计	审核	标准化	会签	批准
	签字	日期			

标记	处数	更改文件号	签字	日期

（续）

机械加工工序卡片

产品型号	4102	零件图号	4102.04.03.04	编号	11-2040-2004019
产品名称	柴油机	零件名称	连杆	共1页	第1页

工序号	160
工序名称	打配对标记
工时定额/min	0.3
设备名称	智能气动标记机
设备型号	AQD
设备编号	
材料牌号	40Cr
工装代号	名称及规格

（图示：连杆，标注：此面打标记、打标记Ⅰ或Ⅱ、01-A001、A001、10、班组标识Ⅰ或Ⅱ、产品标识）

技术要求
1. 配对记号应清楚
2. 配对记号从A001,A002,…,A999开始,每打完99件,更换一个英文字母,即B001,B002,…,B999,…

工步号	工步内容	主轴转速 /(r/min)	切削速度 /(m/min)	进给量 /(mm/r)	背吃刀量 /mm	进给次数
1	以杆身有字号一侧大平面、小头孔、连杆大头侧面为基准,打配对标记。配对标记应打在杆身有字号一侧的大头右侧面					

	设计	审核	标准化	会签	批准
标记 处数 更改文件号 签字 日期					

（续）

机械加工工序卡片	产品型号	4102	零件图号	4102.04.04	编号	11-2040-2004019
	产品名称	柴油机	零件名称	连杆	共1页	第1页

工序号		170
工序名称		粗铣螺钉面
工时定额/min		0.36
设备名称		卧铣
设备型号		X6140
设备编号		
材料牌号		40Cr
工装代号	名称及规格	

工装代号	名称及规格
夹具 11XJ010/04.03	铣夹具
刀具 QB/T 2569.1—2002	钳工锉
西夏墅工具所	硬质合金可转位二面刃铣刀盘 SMDφ200X30Z
西夏墅工具所 XD5040	铣床长刀杆
西夏墅工具所 DP25, DP26	YT758 4XH19 左右刀片
量具 GB/T 1216—1985	外径千分尺75-100
6K71-101A/04.08	专用检具
6K71-348A/04.08	标准连杆体
GB/T 21389—2008	游标卡尺 0.02, 0-125

$\phi 99^{+0.05}_{0}$　208.5±0.10　66.5　(16.25)　6.3

工步号	工步内容	主轴转速/(r/min)	切削速度/(m/min)	进给量/(mm/r)	背吃刀量/mm	进给次数
1	检查φ99 +0.05/0 孔，首件必检，中间每20件抽检1件，尾件必检					
2	以连杆小头孔、连杆大平面、侧定位面为基准，按工序尺寸要求加工	475	298	0.35	1.5	1
3	去毛刺					

标记	处数	更改文件号	签字	日期	设计	审核	标准化	会签	批准

（续）

机械加工工序卡片	产品型号	4102	零件图号	4102.04.03	编号	11-2040-2004019
	产品名称	柴油机	零件名称	连杆 04	共1页	第1页

工序号	工序名称	工时定额/min	设备名称	设备型号	设备编号	材料牌号
180	体、盖切开	0.42	切断专机	DU4420		40Cr

工装代号	名称及规格
夹具	双切开夹具
DU4402-20	
刀具	刀盘
330.20-125040-240	
330.20-40-AA-235	刀片
QB/T 2569.1—2002	钳工锉
辅具	扳手
5680 056-01	
量具	
6K71-347/04、08	检测平板
GB/T 21389—2008	游标卡尺 0.02、0-300

12.5 ∇

4.1

167.45±0.15

(36.95)

工步号	工步内容	主轴转速/(r/min)	切削速度/(m/min)	进给量/(mm/r)	背吃刀量/mm	进给次数
1	以小头孔、连杆大头面、侧定位面为基准,按工序尺寸切开体、盖	175	68.6	0.59	4.1	1
2	去毛刺					

	设计	审核	标准化	会签	批准
标记					
处数					
更改文件号					
签字					
日期					

机械加工工序卡片

（续）

产品型号	4102	零件图号	4102.04.04	编号	11-2040-2004019
产品名称	柴油机	零件名称	连杆	共1页	第1页

	工序号	200
	工序名称	精磨体、盖接合面
	工时定额/min	1
	设备名称	圆盘磨
	设备型号	MS74100A
	设备编号	
	材料牌号	40Cr
工装代号		名称及规格
夹具 11MJ012A-00A-04.08		连杆分开面磨夹具
刀具 GB/T 2485—2008		砂轮 N500X150X380 WA701 5B30
量具 QB/T 2569.1—2008		钳工锉
量具 6K79-008/04.08A		专用检具
量具 6K79-007/04.08A		垂直度检具
量具 GB/T 21389—2008		游标卡尺 0.02, 0-300
辅料		1号金属乳化切削液

167±0.05
36.5±0.17

技术要求
1.接合面对杆身有标记一侧端面的垂直度允差100:0.05
2.去除接合面边缘毛刺

工步号	工步内容	主轴转速 /(r/min)	切削速度 /(m/min)	进给量 /(mm/r)	背吃刀量 /mm	进给次数
1	检查 36.95、167.45±0.15，首件必检，中间每20件抽检1件，尾件必检					
2	体以小头孔、侧定位面、盖以螺钉面、侧定位面，与体同侧大平面为基准，按工序尺寸要求精磨接合面	980	1539	0.13	0.45	自动

					设计	审核	标准化	会签	批准
标记	处数	更改文件号	签字	日期					

（续）

机械加工工序卡片	产品型号	4102	零件图号		编号	11-2040-2004019
	产品名称	柴油机	零件名称			共 4 页　第 1 页

	4102.04.03		工序号	200A
	4102.04.04	连杆号	工序名称	精铣分开面、钻、铰、攻螺栓孔
			工时定额/min	0.625
			设备名称	自动线
			设备型号	E2-Ux054-868
			设备编号	
			材料牌号	40Cr
			工装代号	名称及规格
			夹具　E2-Ux054-3R-22A	自动线随行夹具
			刀具　QB/T 2569.1—2002	钳工锉

体以小头孔、侧定位面、杆身无字号一侧大平面为基准，盖以螺钉面、侧定位面与体同侧大定位面为基准、加工分开面、螺栓孔加工前各定位面及夹具上的铁屑、毛刺等清除干净，不得破损螺纹应有全牙形、不得破损螺纹

工步号	工 步 内 容	主轴转速 /(r/min)	切削速度 /(m/min)	进给量 /(mm/r)	背吃刀量 /mm	进给次数	刀片
1	精铣分开面	510	200	2.88	0.45		铣刀盘 φ125　德国 SANDVIK R245-125 Q40-12H　德国 SANDVIK R245-12-T3E-PL4030
2	钻盖 φ12、体以 φ10.5/φ12 阶梯孔	1850	70	0.2	5.15~6		自定心内冷硬质合金涂层钻头 φ12　德国 SANDVIK R840-1200-50-A1A, 1200　自定心冷硬质合金涂层 阶梯钻头 φ10.5/φ12　TM840.4-355193
3	铰盖 φ12.2H7、体 φ10.5/φ12.2H7 孔	900	34.5	0.4	0.1		内冷涂层直铰刀 φ12.2H7　E2-Ux054-8R-6003　内冷涂层阶梯铰刀 φ12.2H7　E2-Ux054-8R-6004　涂层丝锥 B2317 TIN*M12×1.5　德国 TITEX

设 计	审 核	批 准	标 准 化	会 签
（日 期）				

标	记	处	数	更改文件号	签	字	日	期

（续）

机械加工工序卡片	产品型号	4102	零件图号		编号	11-2040-2004019
	产品名称	柴油机	零件名称		共4页	第2页

连杆号　4102.04.03　4102.04.04

工序号	200A
工序名称	精铣分开面、钻、铰、攻螺栓孔
工时定额/min	0.625
设备名称	自动线
设备型号	E2-Ux054-868
设备编号	
材料牌号	40Cr
工装代号	名称及规格
夹具 E2-Ux054-3R-22A	自动线随行夹具

辅具

德国 钻岭 HSK-C50 4367 12.05	HSK夹持头
德国 钻岭 HSK-C50 4381 38	法兰
德国 钻岭 HSK-C50 4954 38	中间接头
德国 钻岭 HSK-C50 4367 14.05	HSK夹持头
德国 BILZ WE2 9?	攻螺纹接杆
德国 BILZ WFL240-40 TR28?	攻螺纹夹头

工步号	工步内容	主轴转速/(r/min)	切削速度/(m/min)	进给量/(mm/r)	背吃刀量/mm	进给次数
4	攻 M12×1.5-5H6H螺纹孔	196	7.4	1.5	0.75	1
5	去毛刺					

	设计	审核	标准化	会签	批准

标记	处数	更改文件号	签字	日期

（续）

机械加工工序卡片	产品型号	4102	零件图号	4102.04.03 04	编号	11-2040-2004019
	产品名称	柴油机	零件名称	连杆	共4页	第3页

工序号	工序名称	精铣分开面、钻、铰、攻螺栓孔		200A
	工时定额/min	0.625		
	设备名称	自动线		
	设备型号	E2-Ux054-868		
	设备编号			
	材料牌号	40Cr		

工装代号	名称及规格
夹具	
6K71-421-00-04、08	连杆分开面中心距检具
6K11-101G/04、08	圆柱塞规 φ12.2
6K61A-102/04、08	螺孔同轴度检具
量具	
螺纹塞规 M12×1.5-5H-T/Z　GB/T 3934—2003	
游标卡尺 0.02, 0-125　GB/T 21389—2008	
辅料	尤希路 FX375 切削液

工步号	工步内容	主轴转速/(r/min)	切削速度/(m/min)	进给量/(mm/r)	背吃刀量/mm	进给次数	量具

	设计	审核	标准化	会签	批准
标记	处数	更改文件号	签字	日期	

机械加工工序卡片		产品型号	4102	零件图号	4102.04.03 4102.04.04	编号	11-2040-2004019
		产品名称	柴油机	零件名称	连杆	共 4 页	第 4 页
200A					工时定额/min		0.625

工序号

其余 $\overset{3.2}{\triangledown}$

$2 \times \phi 12.2^{+0.018}_{0}$

$\boxed{\perp\ \phi 0.25/100\ C1}$

36.5 ± 0.05

82 ± 0.03

8.5 ± 0.05

$\boxed{\square\ 0.03}$

A—A

120°

9^{+6}_{+1}

$2 \times \phi 12.2^{+0.018}_{0}$ (E)

$\boxed{\perp\ \phi 0.25/100\ C2}$

(D)

$2 \times M12 \times 1.5 - 5H6H$

$\boxed{D\ \phi 0.04}$

$\boxed{\perp\ \phi 0.15/100\ C2}$

8.5 ± 0.05

82 ± 0.03

167 ± 0.05

$\boxed{\square\ 0.03}$

19 ± 0.05

$38^{+0.05}_{0}$

(G)

A

设 计	审 核	标准化	会 签	批 准
标 记	处 数	更改文件号	签 字	日 期

（续）

机械加工工序卡片	产品型号	4102	零件图号		编号	11-2040-2004019
	产品名称	柴油机	零件名称	连杆	共1页	第1页

工序号	4102.04.03 / 4102.04.04
工序名称	精铣螺钉面
工时定额/min	0.36
设备名称	立铣
设备型号	X5030　X52K
设备编号	
材料牌号	40Cr
工装代号	名称及规格
夹具 6XJI06A/04, 08	铣夹具
刀具 6XR101A/04, 08	硬质合金立铣刀 φ27
QB/T 2569.1—2002	钳工锉
量具	
GB/T 21390—2008	高度游标卡尺 0.02, 0-300
GB/T 8123—2007	杠杆百分表 0-0.8
GB/T 21389—2008	游标卡尺 0.02, 0-125
JB/T 7980—1999	半径样板 R1-6.5

其余 6.3

$2×R2^{+0.7}_{0}$　　$35.5±0.17$　　3.2　　Ⅱ 100:0.05 C

$2×R13.5^{+0.40}_{0}$　　$22^{+0.6}_{+0.3}$

工步号	工步内容	主轴转速 /(r/min)	切削速度 /(m/min)	进给量 /(mm/r)	背吃刀量 /mm	进给次数
1	检查36.5±0.05，首件必检，中间每20件抽检1件，尾件必检					
2	以接合面、侧定位面、大平面为基准，按工序要求精铣盖一侧螺钉面	1500	127	手动	1	1
3	调个，铣另一侧螺钉面	1500	127	手动	1	1
4	去毛刺					

	设计	审核	标准化	会签	批准
	签字				
	日期				

标	处数	更改文件号	签字	日期

（续）

机械加工工序卡片	产品型号	4102	零件图号	4102.04.03	编号	11-2040-2004019
	产品名称	柴油机	零件名称	连杆	4102.04.04	共1页 第1页

工序号	220
工序名称	钻孔
工时定额/min	1
设备名称	钻孔专机
设备型号	DLU019
设备编号	
材料牌号	40Cr
工装代号	夹具 名称及规格
DLU019-20	夹具 钻夹具
刀具	
GB/T 1438.3—2008	锥柄长麻花钻 φ9.5×260
GB/T 1438.2—2008	锥柄长麻花钻 φ11×206
量具	
GB/T 21389—2008	游标卡尺 0.02, 0-150
辅料	1号金属乳化切削液

工步号	工步内容	主轴转速 /(r/min)	切削速度 /(m/min)	进给量 /(mm/r)	背吃刀量 /mm	进给次数
1	以小头内孔、侧定位面、杆身有标记一侧端面为基准，钻 φ11 孔	410	12.2	0.139	5.5	1
2	钻通 φ9.5 孔	400	13.8	0.1425	4.75	1

	设计	审核	标准化	会签	批准
	签字	日期			

标记	处数	更改文件号	签字	日期

（续）

机械加工工序卡片	产品型号	4102	零件图号	4102.04.03 / 04	编号	11-2040-2004019
	产品名称	柴油机	零件名称	连杆	共1页	第1页

工序号		230
工序名称		镗体窝
工时定额/min		0.38
设备名称		车床
设备型号		CW6140A
设备编号		
材料牌号		40Cr

工装代号	名称及规格
夹具 11XJ035/04.03	
GB/T 6117.2—1996	钳工镗　铣夹具
刀具 QB/T 2569.1—2002	莫氏锥柄立铣刀 141
量具 6K71-383-00-04，08	长度检测轴
GB/T 21389—2008	游标卡尺 0.02，0-150
辅具 6CF103E/04.08	双头主轴箱
6CF103G/04.08	浮动接头

图注：82　19　2×φ14 +0.5 −0.3　26 +0.5　2×R0.6　6.3

工步号	工 步 内 容	主轴转速 /(r/min)	切削速度 /(m/min)	进给量 /(mm/r)	背吃刀量 /mm	进给次数
1	以接合面、侧定位面、杆身无标记一侧端面为基准，按工序尺寸要求进行加工	200	87.9	手动	2	1
2	去毛刺					

	设	计	审	核	标 准 化	会	签	批	准

标	记	处	数	更改文件号	签	字	日	期

（续）

机械加工工序卡片	产品型号	4102	零件图号		编号	11-2040-2004019
	产品名称	柴油机	零件名称	连杆	共2页	第1页

工序号	4102.04.03 04	工序名称	扩、铰、攻螺纹
工时定额/min	0.875	设备名称	扩、铰、攻专机
设备型号	DU4403	设备编号	
材料牌号	40Cr		

工装代号	名称及规格
夹具 DU4403-20	扩、铰、攻夹具
刀具	

1. 扩铰前各定位面及夹具上的铁屑、毛刺等要清除干净
2. 螺纹应有全形，不得有破损乱螺纹

工步号	工步内容	主轴转速/(r/min)	切削速度/(m/min)	进给量/(mm/r)	背吃刀量/mm	进给次数	刀具
1	检查 $\phi9.5^{+0.3}_{-0.1}$、$\phi11^{+0.3}_{-0.1}$，首件必检中间每20件抽检1件，尾件必检						DU4403-60701C 复合扩孔钻
							DU4403-60702C 复合扩孔钻
							DU4403-60703C 复合扩孔钻
							DU4403-60704C 复合铰刀
2	体以接合面、杆身有标记一侧平面、侧定位面为基准，盖以接合面、与杆身同侧平面、侧定位面为基准，按工序要求加工						DU4403-60705C 复合丝锥
							QB/T 2569.1—2002 钳工锉

标记	处数	更改文件号	签字	日期	设计	审核	标准化	会签	批准
									250

（续）

| 机械加工工序卡片 | 产品型号 | 4102 | 零件图号 | | 工序号 | 4102.04.03 / 04 | 编号 | 11-2040-2004019 |
| | 产品名称 | 柴油机 | 零件名称 | 连杆 | | | 共2页 | 第2页 |

图样（零件图：连杆）

标注：2×φ12.2 +0.018/0；100:φ0.25 C1；φ0.30 D；2×φ12.2 −0.018/0；100:φ0.25 C2；φ0.30 D；2×M12×1.5-5H6H；100:φ0.04 A；100:φ0.15 C2 ⊥；10 +0/0；19±0.1；41；82；其余 12.5

注：体盖一起加工，满足工序要求。

工步号	工步内容	工序名称	设备名称	工时定额/min	主轴转速/(r/min)	切削速度/(m/min)	进给量/(mm/r)	背吃刀量/mm	进给次数	设备型号	材料牌号	量具名称及规格
		扩、铰、攻螺纹	扩、铰、攻专机	0.875						DU4403	40Cr	
3	粗扩: φ10/φ11.2				310	9.7/10.9	0.16	0.25/0.1	1			6K11-101G/04, 08
4	半精扩: φ10.35/φ11.85				310	10/11.5	0.16	0.175/0.325	1			6K61-102A/04, 08
5	精扩: φ10.5/φ12.16				300	9.9/11.5	0.16	0.075/0.155	1			圆柱塞规 φ12.2
6	精铰: φ10.5 +0.027/0 /φ12.2 +0/0.018				100	3.3/3.8	0.45	0.075/0.075	1			螺孔同轴度检具
7	机攻螺纹: 2×M12×1.5-5H6H				54	2.04	1.5	1.5	1			螺纹塞规 M12×1.5-5H-T/Z GB/T 3934—2003

辅料：810切削油　250

游标卡尺 0.02, 0-125　GB/T 21389—2008

标	处数	更改文件号	签字	日期	设计	审核	标准化	会签	批准

（续）

机械加工工序卡片	产品型号	4102	零件图号		编号	11-2040-2004019
	产品名称	柴油机	零件名称		共1页	第1页

工序号	4102.04.03		工序名称	260

	连杆		螺栓孔倒角	

工时定额/min	0.3
设备名称	台钻
设备型号	ZQ4116
设备编号	
材料牌号	40Cr
工装代号	

刀具	名称及规格
GB/T 1438—2008	锥柄麻花钻 φ17
GB/T 9217.11—2005	旋转锉

2×C0.5

2×C0.2

2×C0.5

12.5

工步号	工步内容	主轴转速 /(r/min)	切削速度 /(m/min)	进给量 /(mm/r)	背吃刀量 /mm	进给次数
1	倒角	173	7.2/6.8	手动	0.5/0.2	1
2	去体螺纹孔口处产生的毛刺					

			设计	审核	标准化	会签	批准
标记	处数	更改文件号	签字	日期			

（续）

机械加工工序卡片	产品型号	4102	零件图号	4102.04.03 04.04	编号	11-2040-2004019
	产品名称	柴油机	零件名称	连杆	共1页	第1页

工序号	270
工序名称	清洗
工时定额/min	0.3
设备名称	清洗机
设备型号	DHQX019
设备编号	
材料牌号	40Cr
工装代号	

辅料	名称及规格
	6501
	碳酸钠
	亚硝酸钠
	煤油

技术要求：
1. 清洗液温度：60~80℃
2. 清洁度 <8mg/件
3. 每清洗15000件更换一次清洗液
4. 清洗液配方：

水	97.44%
碳酸钠	1.2%
亚硝酸钠	0.25%~0.5%
6501	0.5%
煤油	0.5%

工步号	工步内容	主轴转速 /(r/min)	切削速度 /(m/min)	进给量 /(mm/r)	背吃刀量 /mm	进给次数
1	体以大平面、接合面、小头孔定位，盖以大平面、接合面、螺钉面定位，按工序要求清洗					

	设 计	审 核	标 准 化	会 签	批 准
标记 处数 更改文件号 签字 日期					

（续）

机械加工工序卡片		产品型号	4102	零件图号		4102.04.03 04		编号	11-2040-2004019
		产品名称	柴油机	零件名称		连杆		共1页	第1页

				工序号		290
				工序名称		合对
				工时定额/min		0.42
				设备名称		扭矩机
				设备型号		ESTIC036
				设备编号		
				材料牌号		40Cr
				工装代号	辅具	名称及规格
					6QF299-00-04.08	扭矩机辅具
					工具	
					GB/T 3288—2009	方孔12.5的六角孔扳手套筒17

工步号	工　步　内　容	主轴转速 /(r/min)	切削速度 /(m/min)	进给量 /(mm/r)	背吃刀量 /mm	进给次数
1	螺栓需清洗干净	25				
2	合对时先在螺纹部分涂上清洁机油，然后用手动扳机将螺栓顺利拧到底					
3	用扭矩机将连杆螺栓拧紧，螺栓扭紧力矩为118～127N·m					

					设　计	审　核	标准化	会　签	批　准
标	记	处	数	更改文件号	签　字	日　期			

（续）

机械加工工序卡片	产品型号	4102	零件图号	4102.04.03	编号	11-2040-2004019
	产品名称	柴油机	零件名称	连杆	共1页	第1页

工序号	03　04	
工序名称	粗镗大头孔	
工时定额/min	300	
设备名称	四轴镗床	
设备型号	CS183	
设备编号		
材料牌号	40Cr	
工装代号		名称及规格
夹具	CS183A-20	镗夹具
刀具	CS183A-6042	镗刀
	CS183A-6141	镗刀杆
	QB/T 2569.1—2002	钳工锉
辅具	2TF002	镗刀对刀仪
量具		内径百分表 50-100
	GB/T 21389—2008	游标卡尺 0.02, 0-300
	11KF-001/04.03	标准孔 φ66.5

$\phi 66.5^{+0.1}_{0}$　　167±0.10　　49.5　　6.3

工步号	工步内容	主轴转速/(r/min)	切削速度/(m/min)	进给量/(mm/r)	背吃刀量/mm	进给次数
1	以小头孔、侧定面、杆身有字号一侧大头平面为基准，按工序尺寸要求进行加工	582	117	0.2	1.25	1

	设计	审核	标准化	会签	批准
标记	处数	更改文件号	签字	日期	

（续）

机械加工工序卡片	产品型号	4102	零件图号		工序号	4102.04.03 4102.04.04	编号	11-2040-2004019
	产品名称	柴油机	零件名称	连杆	工序名称	连杆	共1页	第1页

大头孔两端倒角 0.4

310

6.3

2×φ73　45°

	工装代号	夹具	刀具	量具	名称及规格
	11CJ017/04.03				倒角胎具
	330.20-40-AA-235		大头倒角刀		
		6TR115A/04, 08	刀杆		
		6TR81-106A/04, 08			
				GB/T 21389—2008	游标卡尺 0.02, 0-150
				GB/T 6315—2008	万能角度尺

设备名称　车床
设备型号　C620
设备编号
材料牌号　40Cr
工时定额/min

工步号	工步内容	主轴转速 /(r/min)	切削速度 /(m/min)	进给量 /(mm/r)	背吃刀量 /mm	进给次数
1	以小头孔、连杆大头所在平面为基准，按工序尺寸要求倒一端角	300	69	手动	0~3.4	1
2	翻转180°，倒另一端角	300	69	手动	0~3.4	1
		设计	审核	标准化	会签	批准
标记	处数 更改文件号 签字 日期					

机械加工工序卡片	产品型号	4102	零件图号	4102.04.03 / .04		编号	11-2040-2004019
	产品名称	柴油机	零件名称	连杆		共1页	第1页

0.8

II 0.04 A

杆身有字号一侧

38-0.3

技术要求
1. 上、下面中心线和杆身中心线之间的偏移允许差 0.6
2. 退磁后，剩磁量不大于 2×10⁻⁴ Wb/m²

工序号	340		
工序名称	精磨上、下面，退磁		
工时定额/min	0.42		
设备名称	圆盘磨，退磁机		
设备型号	MA7480，TCJ-2		
设备编号			
材料牌号	40Cr		
工装代号		名称及规格	
刀具	GB/T 2485—2008	砂轮 N450×150×380 A701SV25	
量具	GB/T 1216—2004	外径千分尺 25-50	
	GB/T 21389—2008	高度游标卡尺 0.02, 0-300	
	GB/T 8123—2007	杠杆百分表 0-0.8	
	磁强计 XCJ-A		
辅料	乳化金属切削液		

工步号	工步内容	主轴转速 /(r/min)	切削速度 /(m/min)	进给量 /(mm/r)	背吃刀量 /mm	进给次数
1	冲刷磁台，表面不允许有铁屑、杂物等					
2	以杆身有字号一侧大平面为基准，磨另一侧大平面	980	1385	手动	0.2	自动
3	冲刷磁台，表面不允许有铁屑、杂物等					
4	翻转180°，以磨好平面为基准，磨另一侧大平面	980	1385	手动	0.2	自动
5	磨后退磁					

标记	处数	更改文件号	签字	日期	设计	审核	标准化	会签	批准

（续）

机械加工工序卡片

产品型号	4102	零件图号		编号	11-2040-2004019
产品名称	柴油机	零件名称	连杆	共2页　第1页	（续）

工序号	4102.04. 03 04
工序名称	半精镗大头孔，精镗小头孔
工时定额/min	0.46
设备名称	金刚镗
设备型号	T760A，T760
设备编号	
材料牌号	40Cr

工装代号	夹具	名称及规格
6TJI13/04.08	夹具	镗夹具
6TR108B/04.08	刀具	镗刀
6TR109A/04.08		镗刀
6TR81-101B/04.08		镗刀杆
6TR81-102B/04.08		镗刀杆
QB/T 2569.1—2002		钳工锉

φ38 $^{-0.01}_{-0.03}$　　3.2

（φ66.5 $^{+0.1}_{0}$）　φ67.5 $^{-0.10}_{-0.20}$

工步号	工步内容	主轴转速/(r/min)	切削速度/(m/min)	进给量/(mm/r)	背吃刀量/mm	进给次数
1	检φ66.5 $^{+0.1}_{0}$，首件必检，中间每20件抽检1件，尾件必检					
2	以小头孔，杆身有字号一侧大头平面，大头侧定位面为基准，按工序尺寸要求加工	1500	318/179	0.09	0.5/0.25	1
3	去毛刺					

	设计	审核	标准化	会签	批准
签字					
日期					

标记	处数	更改文件号	签字	日期

（续）

机械加工工序卡片	产品型号	4102	零件图号	4102.04.03	编号	11-2040-2004019
	产品名称	柴油机	零件名称	连杆	共2页	第2页

工序号	4102.04.04
工序名称	半精镗大头孔，精镗小头孔
工时定额/min	0.46
设备名称	金刚镗
设备型号	T760A，T760
设备编号	
材料牌号	40Cr

工装代号		名称及规格
辅具		对刀仪
	2TF001	对刀仪
	2TF002	
量具	6KF101/04.08	标准孔 φ67.5
	11KF-001/04.03	标准孔 φ66.5
	6KF103/04.08	标准孔 φ38
	GB/T 21389—2008	游标卡尺 0.02，0-300
	内径千分表 35-60
	内径百分表 50-100

工步号	工步内容	主轴转速/(r/min)	切削速度/(m/min)	进给量/(mm/r)	背吃刀量/mm	进给次数

	设计	审核	标准化	会签	批准
签字					
日期					

标记	处数	更改文件号	签字	日期

（续）

机械加工工序卡片	产品型号	4102	零件图号		编号	11-2040-2004019
	产品名称	柴油机	零件名称	连杆	共1页	第1页

4102.04.03 04

工序号	355
工序名称	液压小头孔
工时定额/min	0.2
设备名称	立钻
设备型号	Z5150A
设备编号	
材料牌号	40Cr

工装代号	名称及规格
夹具	
6ZJ324/04.08	滚压夹具
辅具	
6ZF105B/04.08	滚压头 φ38
量具	
6KF103/04.08	标准孔 φ38
	内径千分表 35-60
辅料	煤油

$\phi 38^{-0.01}_{-0.03}$　$\phi 38^{-0.025}_{0}$　1.6

‖ d | 0.006

技术要求
1. 滚压头外圆直径应保证 φ38.055±0.002，通过测量滚芯直径与选配滚针直径保证
2. 滚压用切削油为煤油

工步号	工步内容	主轴转速/(r/min)	切削速度/(m/min)	进给量/(mm/r)	背吃刀量/mm	进给次数
1	检 φ38 $^{-0.01}_{-0.03}$，首件必检，中间每20件抽检一件，尾件必检					
2	以大头孔、杆身有字号一侧大平面为基准按工序尺寸进行滚压	500	59.6	手动	1	

			设计	审核	标准化	会签	批准
			签字	日期			
标记	处数	更改文件号					

（续）

机械加工工序卡片	产品型号	4102	零件图号	4102.04. 03 04	编号	11-2040-2004019
	产品名称	柴油机	零件名称	连杆	共1页	第1页

工序号	360
工序名称	压连杆衬套
工时定额/min	0.2
设备名称	液压机
设备型号	Y41-10A
设备编号	
材料牌号	40Cr
工装代号	名称及规格
辅具	压套辅具
6QF250-04. 10A	压头
6QF251-04. 10A	调整套
6QF252-04. 10A	
GB/T 21389—2008	游标卡尺 0.02, 0-300

工步号	工步内容	主轴转速/(r/min)	切削速度/(m/min)	进给量/(mm/r)	背吃刀量/mm	进给次数
1	以小头孔、杆身有字一侧大平面、侧定位面衬套油孔为基准,压入连杆衬套					

				设 计	审 核	标准化	批 准

标记	处数	更改文件号	签字	日期	签 字	日 期

（续）

机械加工工序卡片	产品型号	4102	零件图号	4102.04.03	编号	11-2040-2004019
	产品名称	柴油机	零件名称	连杆	共2页　第1页	370

工序号	4102.04.03
工序名称	钻小头油孔、倒角
工时定额/min	0.2
设备名称	立钻
设备型号	Z5150A
设备编号	
材料牌号	40Cr

工装代号	名称及规格
夹具　6ZJ134/04.08	钻夹具
刀具　11ZR026A/04.03　QB/T 2569.1—2002	油孔中心钻　钳工锉
量具　GB/T 21389—2008	游标卡尺 0.02，0-125

12.5 / 120° / φ10 / 9φ

工步号	工步内容	主轴转速 /(r/min)	切削速度 /(m/min)	进给量 /(mm/r)	背吃刀量 /mm	进给次数
1	以小头孔、杆身有标记一侧端面、测定位面为基准，按工序尺寸要求进行加工	250	4.7/7.8	手动	3/5	1
2	去毛刺					

	设计	审核	标准化	会签	批准
标记　处数　更改文件号　签字　日期					

机械加工工序卡片		产品型号	4102	零件图号	4102.04.03 4102.04.04		编号	11-2040-2004019	
		产品名称	柴油机	零件名称	连杆		共 2 页	第 1 页	
					工序号			390	
					工序名称		精镗大头孔及小头衬套孔		
					工时定额/min		0.46		
					设备名称		金刚镗		
					设备型号		T760A		
					设备编号				
					材料牌号		40Cr		
					工装代号		名称及规格		
					夹具 6TJ113B/04.08		镗夹具		
					刀具 6TR108B/04.08		镗刀		
					6TR109A/04.08		镗刀		
					6TR81-101B/04.08		镗刀杆		
					6TR81-102B/04.08		镗刀杆		
					QB/T 2569.1—2002		钳工锉		

工步号	工 步 内 容	主轴转速 /(r/min)	切削速度 /(m/min)	进给量 /(mm/r)	背吃刀量 /mm	进给次数
1	检查 φ67.5$^{-0.1}_{-0.2}$，首件必检，中间每 20 件抽检一件，尾件必检	1500	320/165	0.09	0.3/0.25	1
2	以小头孔、杆身有字号一侧大头平面，侧定位面为基准，按工序尺寸要求加工					
3	去毛刺					

设 计	审 核	标 准 化	会 签	批 准

标 记	处 数	更改文件号	签 字	日 期

（续）

图示尺寸：167±0.03、35$^{+0.015}_{+0.005}$、ϕ67.5$^{-0.1}_{-0.2}$、ϕ68±0.01

$\frac{1.6}{\nabla}$

$\perp$ 100:0.1 A
$\parallel$ 0.05/100 B
$\parallel$ 0.03/100 B

（续）

机械加工工序卡片	产品型号	4102	零件图号		编号	11-2040-2004019
	产品名称	柴油机	零件名称		共2页	第2页

工序号	4102.04.03 / 04	连杆
工序名称	精镗大头孔及小头衬套孔	
工时定额/min	0.46	390
设备名称	金刚镗 b	
设备型号	T760A	
设备编号		
材料牌号	40Cr	

工装代号	名称及规格
辅具	
2TF001	对刀仪
2TF002	对刀仪
量检具	
GB/T 1219—2008	内径千分表 35-60
GB/T 1219—2008	内径千分表 50-160
6KF101/04.08	标准孔 φ67.5
6KF102/04.08	标准孔 φ68
6KF104/04.08	标准孔 φ35
GB/T 21389—2008	游标卡尺 0.02, 0-300
6K79-015/04.10A	大头孔垂直度检具

工步号	工步内容	主轴转速/(r/min)	切削速度/(m/min)	进给量/(mm/r)	背吃刀量/mm	进给次数

	设计	审核	标准化	会签	批准

标记	处数	更改文件号	签字	日期

（续）

机械加工工序卡片		产品型号	4102	零件图号	4102.04.03 04	编号	11-2040-2004019
		产品名称	柴油机	零件名称	连杆	共1页	第1页

	工序号	400
	工序名称	滚压大头孔
	工时定额/min	0.2
	设备名称	立钻
	设备型号	Z5150A
	设备编号	
	材料牌号	40Cr
工装代号	名称及规格	
夹具		
6ZJ163/04.08	液压夹具	
量具		
6KF102/04.08	标准孔 $\phi 68$	
GB/T 1219—2008	内径千分表 50-160	
6K79-015/04.10A	大头孔垂直度检具	
辅料	研磨液	

$\phi 68 \pm 0.01$　$\phi 68^{+0.019}_{0}$

$\sqrt{0.4}$　$\perp | 100:0.1 | A$　$b | 0.006$

工步号	工步内容	主轴转速 /(r/min)	切削速度 /(m/min)	进给量 /(mm/r)	背吃刀量 /mm	进给次数
1	检查$\phi 68 \pm 0.01$，首件必检，中间每20件抽检一件，尾件必检					
2	以小头孔、杆身有字号一侧大头面、侧定位面为基准，滚压大头孔	224	48	自动	0.01~0.03	1

	设计	审核	标准化	会签	批准
签字					
日期					

标　记　处　数　更改文件号　签　字　日　期

机械加工工序卡片	产品型号	4102	零件图号	4102.04.03	编号	11-2040-2004019
	产品名称	柴油机	零件名称	连杆	共1页　第1页	410

工序号 410
工序名称 滚压小头衬套孔
工时定额/min 0.2
设备名称 立钻
设备型号 Z5150A
设备编号
材料牌号 40Cr

工装代号		名称及规格
夹具	6ZJ164/04.08	液压夹具
辅具	6ZF105/04.08	滚压头
量具	6KF104/04.08	标准孔 φ35
	GB/T 1219—2008	内径千分表 35-60
	F　JG05　006	连杆检测仪
		煤油

图样标注：
$\phi35^{+0.015}_{+0.005}$　$\phi35^{+0.030}_{+0.015}$
0.4（表面粗糙度）
// 100:0.03 B
// 100:0.05 B
0.0035
B

液压头外圆直径应保证 φ35.055±0.002，通过测量滚芯直径与选配滚针直径保证

工步号	工步内容	主轴转速 /(r/min)	切削速度 /(m/min)	进给量 /(mm/r)	背吃刀量 /mm	进给次数
1	检查 $\phi35^{+0.015}_{+0.005}$，首件必检，中间每20件抽检一件，尾件必检					
2	以大头孔、杆身有字号一侧大平面为基准，按工序尺寸要求进行滚压	500	55	手动		1

				设计	审核	标准化	会签	批准
标记	处数	更改文件号	签字	日期				

机械加工工序卡片		产品型号	4102	零件图号		4102. 04. 03 04	连杆	编号	11-2040-2004019
		产品名称	柴油机	零件名称				共 3 页	第 1 页

连杆总重　连杆大头质量　生产年月

57 ── 14　0406

BD

工序号						420			
工序名称						称重、写数字			
工时定额/min						0. 2			
设备名称						连杆电子天平 智能气动标记机			
设备型号						YLP AQD			
设备编号									
材料牌号						40Cr			
工装代号						名称及规格			

工步号	工 步 内 容	主轴转速 /(r/min)	切削速度 /(m/min)	进给量 /(mm/r)	背吃刀量 /mm	进给次数			
1	以杆身无字号一侧大平面、大头孔、小 头孔、为基准，按工艺要求进行称重，打 分组标记								
						设 计	审 核	标 准 化	会 签	批 准
						签 字				
						日 期				

| 标
记 | 处
数 | 更改文件号 | 签
字 | 日
期 | | | | | |

（续）

机械加工工序卡片	产品型号	4102	零件图号		4102.04.03 04		编号	11-2040-2004019
	产品名称	柴油机	零件名称	连杆			共3页　第2页	

工序号		
工序名称	称重，写数字	
工时定额/min	0.3	
设备名称	连杆两端重量定值分选仪，智能气动标记机	
设备型号	YLP AQD	
设备编号		
材料牌号	40Cr	
工装代号	名称及规格	

连杆总重标记法　单位: g

质量	标记	质量	标记
1900	30	1980	46
1905	31	1985	47
1910	32	1990	48
1915	33	1995	49
1920	34	2000	50
1925	35	2005	51
1930	36	2010	52
1935	37	2015	53
1940	38	2020	54
1945	39	2025	55
1950	40	2030	56
1955	41	2035	57
1960	42	2040	58
1965	43	2045	59
1970	44	...	...
1975	45	2100	70

说明:
1. 本表为连杆总重与刻写标记对照表
2. 连杆总重起始质量为1900g, 最大质量为2100g
3. 连杆总重刻写在连杆体的侧定位面上

连杆大头质量标记法　单位: g

质量	标记	质量	标记
1300	0	1415	23
1305	1	1420	24
...	...	1425	25
1350	10	1430	26
1355	11	1435	27
1360	12	1440	28
1365	13	1445	29
1370	14	1450	30
1375	15	1455	31
1380	16	1460	32
1385	17	1465	33
1390	18	1470	34
1395	19	1475	35
1400	20	1480	36
1405	21	...	...
1410	22	1600	60

说明:
1. 本表为连杆大头质量与刻写标记对照表
2. 连杆大头起始质量为1300g, 最大质量为1600g
3. 连杆大头质量刻写在连杆体的侧定位面上, 下方写年月

工步号	工步内容	主轴转速/(r/min)	切削速度/(m/min)	进给量/(mm/r)	背吃刀量/mm	进给次数

	设 计	审 核	标准化	会 签	批 准
	日 期				

标 记	处 数	更改文件号	签 字	日 期

| 178 | 机械制造技术课程设计指导书 | | | | |

(续)

机械加工工序卡片	产品型号	4102	零件图号	4102.04.03 04	编号	11-2040-2004019
	产品名称	柴油机	零件名称	连杆	共3页	第3页

连杆大头质量标记法 单位：g

质量	标记	质量	标记
1045	0	1160	23
1050	1	1165	24
…	…	1170	25
1095	10	1175	26
1100	11	1180	27
1105	12	1185	28
1110	13	1190	29
1115	14	1195	30
1120	15	1200	31
1125	16	1205	32
1130	17	1210	33
1135	18	1215	34
1140	19	1220	35
1145	20	1225	36
1150	21	∶	…
1155	22	1345	60

连杆总重标记法 单位：g

质量	标记
1495	30
1500	31
1505	32
1510	33
1515	34
1520	35
1525	36
1530	37
1535	38
1540	39
1545	40
1550	41
1555	42
1560	43
1565	44
1570	45
1575	46
1580	47
1585	48
1590	49
1595	50
1600	51
1605	52
1610	53
16.5	54
1620	55
1625	56
1630	57
1635	58
1640	59
…	…
1695	70

说明：
1. 本表为连杆总重与刻写标记对照表。
2. 连杆总重低于或高于表中所给质量，可按表中规律填写。
3. 连杆总重刻写在连杆体的侧定位面上。

工序号	4102.04. 03 04
工序名称	连杆
工时定额/min	420
设备名称	连杆电子天平智能气动标记机
设备型号	称重，写数字
设备编号	0.2
材料牌号	YLP AQD
工装代号	40Cr
	名称及规格

说明：
1. 本表为连杆大头质量与刻写标记对照表。
2. 如连杆总重低于或高于表中所给质量，可按表中规律填写。
3. 连杆大头质量刻写在连杆体的侧定位面上，下方写年月。

工步号	工步内容	主轴转速/(r/min)	切削速度/(m/min)	进给量/(mm/r)	背吃刀量/mm	进给次数

	设计	审核	标准化	会签	批准
	签字				
	日期				

标记	处数	更改文件号	签字	日期

机械加工工序卡片	产品型号	4102	零件图号	4102.04.03		编号	11-2040-2004019
	产品名称	柴油机	零件名称	连杆 04		共1页	第1页

（续）

工序号		430
工序名称		检查
工时定额/min		1
设备名称		连杆检测仪
设备型号		FJC05 006
设备编号		
材料牌号		40Cr
工装代号	名称及规格	
量检具	6K79-015/04, 10A	大头孔垂直度检具

$167±0.03$

$\phi 68^{+0.019}_{0}$

$\phi 35^{-0.030}_{+0.015}$

⊥	100:0.05	A
//	100:0.05	B
//	100:0.03	B

A B

工步号	工步内容	主轴转速 /(r/min)	切削速度 /(m/min)	进给量 /(mm/r)	背吃刀量 /mm	进给次数

		设 计	审 核	标 准 化	会 签	批 准
		日 期				
		签 字				
标 记	处 数	更改文件号				

机械加工工序卡片

产品型号	4102	零件图号	4102.04.03 04	编号	11-2040-2004019
产品名称	柴油机	零件名称	连杆	共1页	第1页

（续）

工序号	440
工序名称	松对
工时定额/min	0.15
设备名称	
设备型号	
设备编号	
材料牌号	40Cr
工装代号	名称及规格

工具		
GB/T 3390.3—2004	滑行头手柄 12.5×320	
GB/T 3228—2009	方孔 12.5 的六角孔扳手套筒 17	

工步号	工步内容	主轴转速/(r/min)	切削速度/(m/min)	进给量/(mm/r)	背吃刀量/mm	进给次数
1	松开螺栓					

			设 计	标 准 化	审 核	会 签	批 准
标 记	处 数	更改文件号	签 字	日 期			

（续）

机械加工工序卡片	产品型号	4102	零件图号		工序号	4102.04.	03 04	编号	11-2040-2004019
	产品名称	柴油机	零件名称	连杆				共 1 页	第 1 页

2×φ12.2 +0.018/0
⊥ 0.30 B1　⊥ φ0.30 B2
82
BD
B1　B2
⊥ 0.30 B2

工序名称	检查分开面、螺栓孔位置度
工时定额/min	1.5
设备名称	
设备型号	
设备编号	
材料牌号	40Cr
工装代号	6K71-143/04, 08
检具	名称及规格　半圆位移检具
量具	GB/T 21389—2008　游标卡尺 0.02, 0-125

工步号	工步内容	主轴转速 /(r/min)	切削速度 /(m/min)	进给量 /(mm/r)	背吃刀量 /mm	进给次数	设计	审核	标准化	会签	批准
1	按工序要求检查分开面、螺栓孔位置度										
标记	处数	更改文件号	签字	日期							

（续）

机械加工工序卡片	产品型号	4102	零件图号	4102.04.03 / 04	编号	11-2040-2004019
	产品名称	柴油机	零件名称	连杆	共2页	第1页

工序号	450
工序名称	铣瓦片槽
工时定额/min	0.2
设备名称	卧铣
设备型号	X6130A
设备编号	
材料牌号	40Cr

工装代号	名称及规格
	夹具
11XJ015/04.03	铣槽夹具
	刀具
XD4022（ISO40）	铣床刀杆
6XR103A/04.08	瓦片槽铣刀
	自制扁锉
	量具
GB/T 21389—2008	游标卡尺 0.02，0-150
6K71-347/04，08	检测平板
6K79-012/04.08A	连杆检具

技 术 要 求

1. 体以小头孔、杆身有字号一侧大平面为基准，侧定位面、盖以螺钉面为基准，与体异侧大平面为基准，按工艺要求进行加工
2. 瓦片槽应加工在有配对标记一侧
3. 去毛刺

工步号	工步内容	主轴转速 /(r/min)	切削速度 /(m/min)	进给量 /(mm/r)	背吃刀量 /mm	进给次数
1	铣体瓦片槽	210	39	手动	2	1
2	铣盖瓦片槽	210	39	手动	2	1
			设 计	审 核	标 准 化	会 签	批 准
标 记	处 数	更改文件号	签 字	日 期		

（续）

机械加工工序卡片	产品型号	4102	零件图号	4102.04. 03 04	编号	11-2040-2004019
	产品名称	柴油机	零件名称	连杆		第2页 共2页

铣瓦片槽

工时定额/min　0.2

6.3 ▽

K
11.8±0.10
4.6 +0.025 +0.07

7.5±0.2
2±0.2
φ60
φ60
BD
P

K

P
11.8±0.10
4.6 +0.025 +0.07

| 工序号 | | | 设计 | 审核 | 标准化 | 会签 | 批准 |
| 450 | | | | | | | |

| 标 | 记 | 处 | 数 | 更改文件号 | 签 字 | 日 期 | |

（续）

机械加工工序卡片	产品型号	4102	零件图号	4102.04.03 .04	编号	11-2040-2004019
	产品名称	柴油机	零件名称	连杆	共1页	第1页

技术要求：
1. 不允许磕碰划伤
2. 清洗液温度：60～80℃
3. 清洁度不大于8mg/件
4. 每清洗15000件更换一次清洗液
5. 清洗液配方如下：

水	97.44%
亚硝酸钠	0.25%～0.5%
煤油	0.5%
碳酸钠	1.2%
6501	0.5%

工序号	460
工序名称	清洗
工时定额/min	0.2
设备名称	清洗机
设备型号	DHQX014
设备编号	
材料牌号	40Cr
工装代号	
辅料	名称及规格
	6501
	煤油
	碳酸钠
	亚硝酸钠

缺陷磁痕分类情况

类别		不允许	允许
A类	1. 长度大于1mm的横向缺陷磁痕 2. 擦去磁痕后，用5倍放大镜可见的纵向缺陷 3. 在10×10mm²正方形内缺陷磁痕多于3条的密集磁痕长度大于2mm，擦去磁痕后，5倍放大镜不可见的纵向缺陷磁痕		
B类			1. 小头有一条或两条累计长度不超过3mm的A类缺陷磁痕 2. 大头内孔表面有一条或两条累计长度不超过3.5mm的B类缺陷磁痕

验收技术条件

区类	规则	不允许	允许
I区		A、B类缺陷磁痕	
II区		A类缺陷磁痕	有一条或两条累计长度不超过9mm的B类缺陷磁痕
III区		B类缺陷磁痕	

	设计	审核	标准化	会签	批准
标记　处数　更改文件号　签字　日期					

（续）

机械加工工序卡片	产品型号	4102	零件图号	4102.04.03 / 04	编号	11-2040-2004019
	产品名称	柴油机	零件名称	连杆	共1页	第1页

工序号	470
工序名称	合对、分组、转入总装厂
工时定额/min	0.3
设备名称	
设备型号	
设备编号	
材料牌号	40Cr
工装代号	名称及规格

技术要求

1. 合对前，连杆螺栓需清洗干净
2. 合对时，应用手将螺栓顺利拧到底
3. 同一台发动机，应保证连杆结合部质量差小于15g，大头分配质量差小于1g
4. 连杆质量按其上所打标记分组，同组连杆结合部质量差在连续两个号内，大头质量差在连续两个号内
5. 同一台发动机，所用连杆毛坯和连杆螺栓均应在同一厂家生产
6. 检查其是否有表面缺陷、墙碰、划伤、毛刺

工步号	工步内容	主轴转速/(r/min)	切削速度/(m/min)	进给量/(mm/r)	背吃刀量/mm	进给次数

	设计	审核	标准化	会签	批准
标记 处数 更改文件号 签字 日期	设计	审核	标准化	会签	批准

附录 I　常用定位元件

表 I-1　支承钉（摘自 JB/T 8029.2—1999）　　　　　　　　　　　（单位：mm）

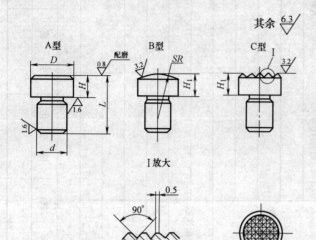

(1) 材料：T8 按 GB/T 1298—2008 的规定。

(2) 热处理：55~60HRC。

(3) 其他技术条件按 JB/T 8044—1999 的规定。

标记示例：

D =16mm、H =8mm 的 A 型支承钉：

支承钉 A16×8mm　JB/T 8029.2—1999

D	H	H_1		L	d		SR	t
		基本尺寸	极限偏差 h11		基本尺寸	极限偏差 r6		
5	2	2	0 / -0.060	6	3	+0.016 / +0.010	5	1
	5	5		9				
6	3	3	0 / -0.075	8	4	+0.023 / +0.015	6	
	6	6		11				
8	4	4	0 / -0.090	12	6		8	1.2
	8	8		16				
12	6	6	0 / -0.075	16	8	+0.028 / +0.019	12	
	12	12	0 / -0.110	22				
16	8	8	0 / -0.090	20	10		16	1.5
	16	16	0 / -0.110	28				
20	10	10	0 / -0.090	25	12	+0.034 / +0.023	20	
	20	20	0 / -0.130	35				
25	12	12	0 / -0.110	32	16		25	2
	25	25	0 / -0.130	45				
30	16	16	0 / -0.110	42	20	+0.041 / +0.028	30	
	30	30	0 / -0.130	55				2
40	20	20		50	24		40	
	40	40	0 / -0.160	70				

表 I-2　支承板（摘自 JB/T 8029.1—1999）　　　　　　（单位：mm）

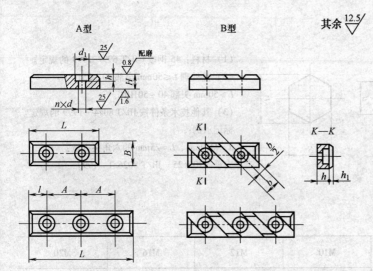

A 型　　　　　　B 型　　　　　　其余 $\sqrt{\dfrac{12.5}{\ }}$

（1）材料：T8 按 GB/T 1298—2008 的规定。

（2）热处理：55～60HRC。

（3）其他技术条件按 JB/T 8044—1999 的规定。

标记示例：

$D = 16$mm、$L = 100$mm 的 A 型支承板：

支承板 A16 × 100mm　JB/T 8029.1—1999

H	L	B	b	l	A	d	d_1	h	h_1	孔数 n
5	30	12	—	7.5	15	4.5	8	3	—	2
	45									3
6	40	14		10	20	5.5	10	3.5		2
	60									3
8	60	16	14	15	30	6.6	11	4.5		2
	90									3
12	80	20	17	20	40	9	15	6	1.5	2
	120									3
16	100	25			60					2
	160									3
20	120	32	20	30		11	18	7	2.5	2
	180									3
25	140	40			80					2
	220									3

表 I-3　六角头支承（摘自 JB/T 8026.1—1999）　　　　　　　　　（单位：mm）

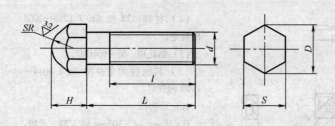

(1) 材料：45 钢按 GB/T 699—1999 的规定。

(2) 热处理 L≤50mm 全部 40～55HRC。

L>50mm 头部 40～50HRC。

(3) 其他技术条件按 JB/T 8044—1999 的规定。

标记示例：

d = M10mm、L = 25mm 的六角头支承：

支承 M10×25　JB/T 8026.1—1999

d		M8	M10	M12	M16	M20
D≈		12.7	14.2	17.59	23.35	31.2
H		10	12	14	16	20
SR		5				12
S	基本尺寸	11	13	17	21	27
	极限偏差	$\begin{matrix}0\\-0.270\end{matrix}$			$\begin{matrix}0\\-0.330\end{matrix}$	
L		l				
20		15				
25		20	20			
30		25	25	25		
35		30	30	30	30	
40		35	35	35	35	30
45						
50			40	40	40	35
60				45	45	40
70					50	50
80					60	60

表 I-4　调节支承（摘自 JB/T 8026.4—1999） （单位：mm）

其余 $\sqrt{6.3}$

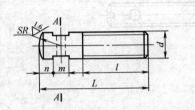

(1) 材料：45 钢按 GB/T 699—1999 的规定。

(2) 热处理 $L \leqslant 50$mm 全部 40~50HRC。$L > 50$mm 头部 40~45HRC。

(3) 其他技术条件按 JB/T 8044—1999 的规定。

标记示例：

$d = $M12mm、$L = $50mm 的调节支承：

支承 M12×50　JB/T 8026.4—1999

d	M8	M10	M12	M16	M20
n	3	4	5	6	8
m	5	8		10	12
S 基本尺寸	5.5	8	10	13	16
S 极限偏差	$\begin{array}{c}0\\-0.180\end{array}$	$\begin{array}{c}0\\-0.220\end{array}$		$\begin{array}{c}0\\-0.270\end{array}$	
d_1	3	3.5	4	5	—
SR	8	10	12	16	20
L			l		
25	12				
30	16	14			
35	18	16			
40	20	20	18		
45	25	25	20		
50	30	30	25	25	
60			30	30	
70			35	40	35
80				50	45

表 I-5　调节支承螺钉　　　　　　　　　　　　（单位：mm）

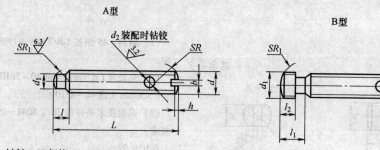

（1）材料：45 钢按 GB/T 699—1999 的规定。

（2）螺纹按 3 级精度制造。

（3）表面发蓝或其他防锈处理。

（4）热处理：淬火 33~38HRC。

d		M8	M10	M12	M16	M20
d_1		6	7	9	12	15
l		5	6	7	8	10
SR		8	10	12	16	20
SR_1		6	7	9	12	15
l_1		9	11	13.5	15	17
l_2		4	5	6.5	8	9
b		1.2	1.5	2		—
h		2.5	3	3.5	4.5	—
d_2	基本尺寸	3		4		5
	极限偏差 H7	$+0.010$ 0		$+0.012$ 0		
L		35				
		40	40			
		45	45			
		50	50	50		
		60	60	60	60	
		70	70	70	70	70
		80	80	80	80	80
			90	90	90	90
			100	100	100	100

表 I-6　固定式定位销（摘自 JB/T 8014.2—1999）　　　　　（单位：mm）

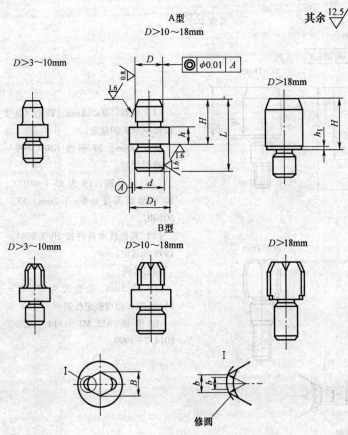

（1）材料：$D \le 18$mm，T8 按 GB/T 1298—2008 的规定。

$D > 18$mm，20 钢按 GB/T 699—1999 的规定。

（2）热处理：T8 为 55 ~ 60HRC；20 钢渗碳深度 0.8 ~ 1.2mm，55 ~ 60HRC。

（3）其他技术条件按 JB/T 8044—1999 的规定。

标记示例：

D = 11.5mm、公差带为 f7、H = 14mm 的 A 型定位销：

定位销　A11.5f7 × 14　JB/T 8014.4—1999

D	H	d		D_1	L	h	h_1	B	b	b_1
		基本尺寸	极限偏差 r6							
6 ~ 8	10	8	+0.028 +0.019	14	20	3		D-1	3	2
	18				28	7				
8 ~ 10	12	10		16	24	4	—			
	22				34	8				
10 ~ 14	14	12		18	26	4				
	24				36	9		D-2	4	
14 ~ 18	16	15		22	30	5				
	26				40	10				
18 ~ 20	12	12	+0.034 +0.023		26		1			3
	18				32					
	28				42					
20 ~ 24	14				30					
	22	15		—	38	—	2	D-3	5	
	32				48					
24 ~ 30	16				36					
	25				45					
	34				54					

注：D 的公差带按设计要求决定。

表 I-7   可换式定位销（摘自 JB/T 8014.3—1999）   （单位：mm）

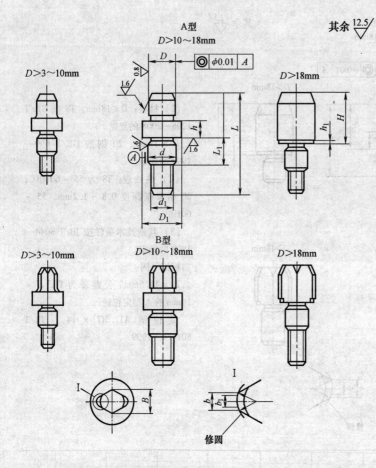

（1）材料：$D \leqslant 18\text{mm}$，T8 按 GB/T 1298—2008 的规定。

$D > 18\text{mm}$，20 钢按 GB/T 699—1999 的规定。

（2）热处理：T8 为 $55 \sim 60\text{HRC}$；20 钢渗碳深度 $0.8 \sim 1.2\text{mm}$，$55 \sim 60\text{HRC}$。

（3）其他技术条件按 JB/T 8044—1999 的规定。

标记示例：

$D = 12.5\text{mm}$、公差带为 f7、$H = 14\text{mm}$ 的 A 型可换定位销：

定位销 A12.5f7 × 14   JB/T 8014.3—1999

D	H	d		d_1	D_1	L	L_1	h	h_1	B	b	b_1
		基本尺寸	极限偏差 h6									
6 ~ 8	10	8	0 −0.009	M6	14	28	8	3		D-1	3	2
	18					36		7				
8 ~ 10	12	10		M8	16	35	10	4	—			
	22					45		8				
10 ~ 14	14	12		M10	18	40	12	4		D-2	4	
	24					50		9				
14 ~ 18	16	15		M12	22	46	14	5				
	26					56		10				
18 ~ 20	12	12	0 −0.011	M10		40			1			3
	18					46						
	28					55						
20 ~ 24	14	15		M12		45	—	—		D-3	5	
	22					53						
	32					63			2			
24 ~ 30	16					50				D-4		
	25					60						
	34					68						

表 I-8　定位衬套（摘自 JB/T 8013.1—1999）　　　　　　（单位：mm）

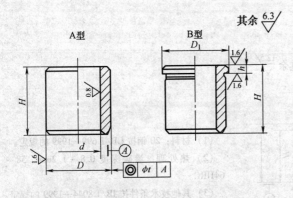

其余 6.3 ∇

（1）材料：$d \leqslant 25$mm，T8 按 GB/T 1298—2008 的规定；$d > 25$mm，20 钢按 GB/T 699—1999 的规定。

（2）热处理：T8 为 55~60HRC；20 钢渗碳深度 0.8~1.2mm，55~60HRC。

（3）其他技术条件按 JB/T 8044—1999 的规定。

标记示例：

$d = 22$mm、公差带为 H6、$H = 20$mm 的 A 型定位衬套：

定位衬套 A22H6×20　JB/B 8013.3—1999

d 基本尺寸	d 极限偏差 H6	d 极限偏差 H7	h	H	D 基本尺寸	D 极限偏差 n6	D_1	t 用于 H6	t 用于 H7
6	+0.008 / 0	+0.012 / 0	3	10	10	+0.019 / +0.010	13	0.005	0.008
8	+0.009 / 0	+0.015 / 0	3	10	12	+0.019 / +0.010	15	0.005	0.008
10	+0.009 / 0	+0.015 / 0	3	12	15	+0.023 / +0.012	18	0.005	0.008
12	+0.011 / 0	+0.018 / 0	3	12	18	+0.023 / +0.012	22	0.005	0.008
15	+0.011 / 0	+0.018 / 0	4	16	22	+0.023 / +0.012	26	0.005	0.008
18	+0.011 / 0	+0.018 / 0	4	16	26	+0.028 / +0.015	30	0.005	0.008
22	+0.013 / 0	+0.021 / 0	5	20	30	+0.028 / +0.015	34	0.005	0.008
26	+0.013 / 0	+0.021 / 0	5	20	35	+0.028 / +0.015	39	0.005	0.008
30	+0.013 / 0	+0.021 / 0	5	25, 45	42	+0.033 / +0.017	46	0.008	0.012
35	+0.016 / 0	+0.025 / 0	5	25, 45	48	+0.033 / +0.017	52	0.008	0.012
42	+0.016 / 0	+0.025 / 0	6	30, 56	55	+0.039 / +0.020	59	0.008	0.012
48	+0.016 / 0	+0.025 / 0	6	30, 56	62	+0.039 / +0.020	66	0.008	0.012

表 I-9　V 形块（摘自 JB/T 8018.1—1999）　　　　（单位：mm）

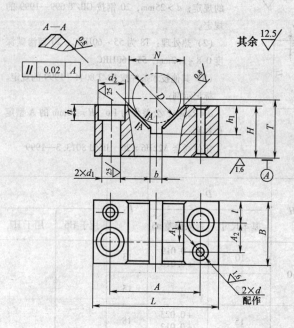

其余 $\sqrt{\dfrac{12.5}{}}$

（1）材料：20 钢按 GB/T 699—1999 的规定。

（2）热处理：渗碳深度 0.8~1.2mm，58~64HRC。

（3）其他技术条件按 JB/T 8044—1999 的规定。

标记示例：

$N = 24$mm 的 V 形块：

V 形块 24JB/T 8018.1—1999

N	D	L	B	H	A	A₁	A₂	b	l	d 基本尺寸	d 极限偏差 H7	d₁	d₂	h	h₁
9	5~10	32	16	10	20	5	7	2	5.5	4		4.5	8	4	5
14	>10~15	38	20	12	26	6	9	4	7			5.5	10	5	7
18	>15~20	46	25	16	32	9	12	6	8	5	+0.012 0	6.6	11	6	9
24	>20~25	55		20	40			8							11
32	>25~35	70	32	25	50	12	15	12	10	6		9	15	8	14
42	>35~45	85	32	32	64	16	19	16	12	8		11	18	10	18
55	>45~60	100	40	35	76			20			+0.015 0				22
70	>60~80	125		42	96	20	25	30	15	10		13.5	20	12	25
85	>80~100	140	50	50	110			40							30

注：尺寸 T 按公式计算：$T = H + 0.707D - 0.5N$。

表 I-10　固定 V 形块（摘自 JB/T 8018. 2—1999）　　　　（单位：mm）

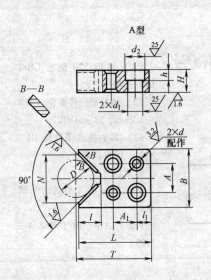

（1）材料：20 钢按 GB/T 699—1999 的规定。

（2）热处理：渗碳深度 0.8 ~ 1.2mm，58 ~ 64HRC。

（3）其他技术条件按 JB/T 8044—1999 的规定。

标记示例：

$N = 18$mm 的 A 型固定 V 形块

V 形块 A18　JB/T 8018. 1—1999

N	D	B	H	L	l	l_1	A	A_1	d 基本尺寸	d 极限偏差 H7	d_1	d_2	h
9	5 ~ 10	22	10	32	5	6		13	4		4. 5	8	4
14	>10 ~ 15	24	12	35	7	7	10	14	5		5. 5	10	5
18	>15 ~ 20	28	14	40	10	8	12			+0. 012 / 0	6. 6	11	6
24	>20 ~ 25	34		45	12	10	15	15	6				
32	>25 ~ 35	42	16	55	16	12	20	18	8		9	15	8
42	>35 ~ 45	52		68	20	14	26	22		+0. 015 / 0	11	18	10
55	>45 ~ 60	65	20	80	25	15	35	28	10				
70	>60 ~ 80	80	25	90	32	18	45	35	12	+0. 018 / 0	13. 5	20	12

注：尺寸 T 按公式计算：$T = L + 0.707D - 0.5N$。

表 I-11　活动 V 形块（摘自 JB/T 8018.4—1999）　　　　　　（单位：mm）

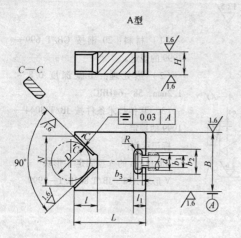

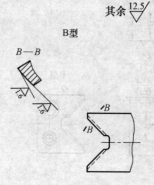

（1）材料：20 钢按 GB/T 699—1999 的规定。

（2）热处理：渗碳深度 0.8~1.2mm，58~64HRC。

（3）其他技术条件按 JB/T 8044—1999 的规定。

标记示例：

N = 18mm 的 A 型活动 V 形块：

V 形块 A18　JB/T 8018.4—1999

N	D	B		H		L	l	l_1	b_1	b_2	b_3	相配件 d
		基本尺寸	极限偏差 f7	基本尺寸	极限偏差 f9							
9	5~10	18	-0.016 -0.034	10	-0.013 -0.049	32	5	6	5	10	4	M6
14	>10~15	20	-0.020 -0.041	12		35	7	8	6.5	12		M8
18	>15~20	25		14	-0.016 -0.059	40	10	10		15	6	M10
24	>20~25	34	-0.025 -0.050	16		45	12	12	10	18	8	M12
32	>25~35	42				55	16					
42	>35~45	52		20		70	20	13	13	24	10	M16
55	>45~60	65	-0.030 -0.060		-0.020 -0.072	85	25					
70	>60~80	80		25		105	32	15	17	28	11	M20

附录 J　常用典型夹紧机构

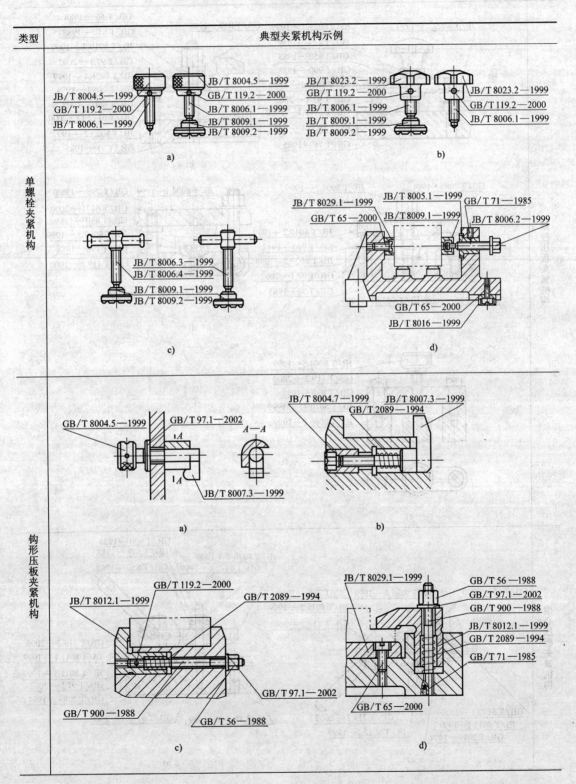

（续）

类型	典型夹紧机构示例
螺栓压板夹紧机构	a) JB/T 8029.2—1999　JB/T 8023.2—1999　GB/T 849—1988　GB/T 849—1988　GB/T 850—1988　GB/T 900—1988　JB/T 8010.1—1999　GB/T 97.1—2002　GB/T 6172.1—2000　JB/T 8026.4—1999　GB/T 71—1985　　b) GB/T 56—1988　GB/T 850—1988　JB/T 8010.3—1999　GB/T 97.1—2002　JB/T 8026.4—1999　GB/T 2089—1994　GB/T 900—1988　GB/T 6172.1—2000　JB/T 8029.2—1999　GB/T 71—1985　　c) GB/T 2089—1994　JB/T 8004.2—1999　GB/T 850—1988　JB/T 8010.2—1999　GB/T 900—1988　JB/T 8029.2—1999　GB/T 97.1—2002　GB/T 71—1985　GB/T 65—2000　JB/T 8029.1—1999　　d) JB/T 8004.1—1999　GB/T 798—1988　GB/T 6171—2000　GB/T 830—1988　JB/T 8009.3—1999　GB/T 798—1988　GB/T 119.2—2000　JB/T 8010.14—1999　　e) JB/T 8004.5—1999　GB/T 119.2—2000　GB/T 830—1988　JB/T 8010.15—1999　JB/T 8006.1—1999
偏心压板夹紧机构	a) GB/T 65—2000　JB/T 8026.4—1999　GB/T 798—1988　JB/T 8011.2—1999　GB/T 119.2—2000　GB/T 6172.1—2000　JB/T 8012.1—1999　GB/T 2089—1994　GB/T 119.2—2000　JB/T 8012.2—1999　　b) GB/T 900—1988　GB/T 849—1988　GB/T 850—1988　JB/T 8010.7—1999　GB/T 6172.1—1999　GB/T 119.2—2000　JB/T 8011.1—1999　JB/T 8011.5—1999　GB/T 97.1—2002　GB/T 2089—1994　JB/T 8029.2—1999　GB/T 6172.1—2000

附　录

（续）

类型	典型夹紧机构示例

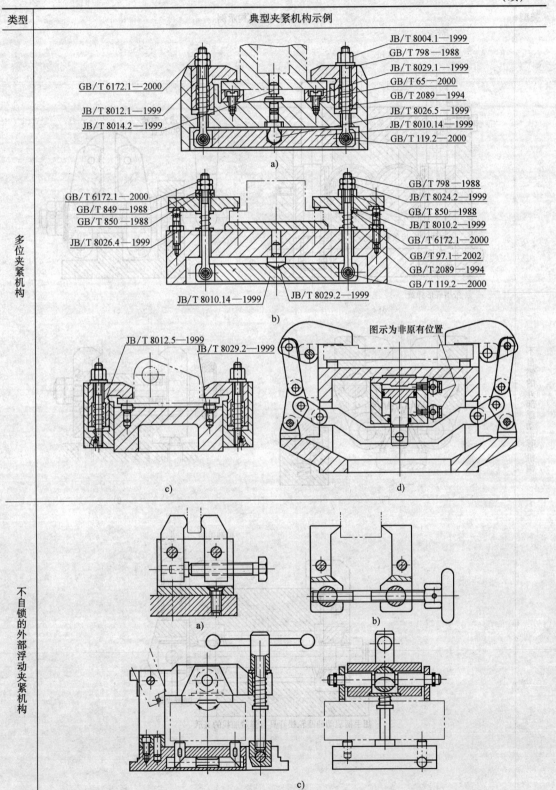

多位夹紧机构

不自锁的外部浮动夹紧机构

类型	典型夹紧机构示例

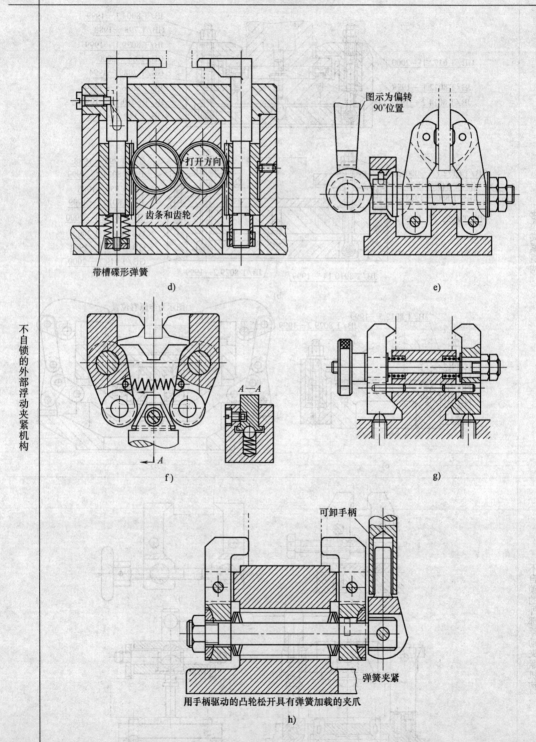

不自锁的外部浮动夹紧机构

d)

e)

f)

g)

h)

用手柄驱动的凸轮松开具有弹簧加载的夹爪

（续）

类型	典型夹紧机构示例

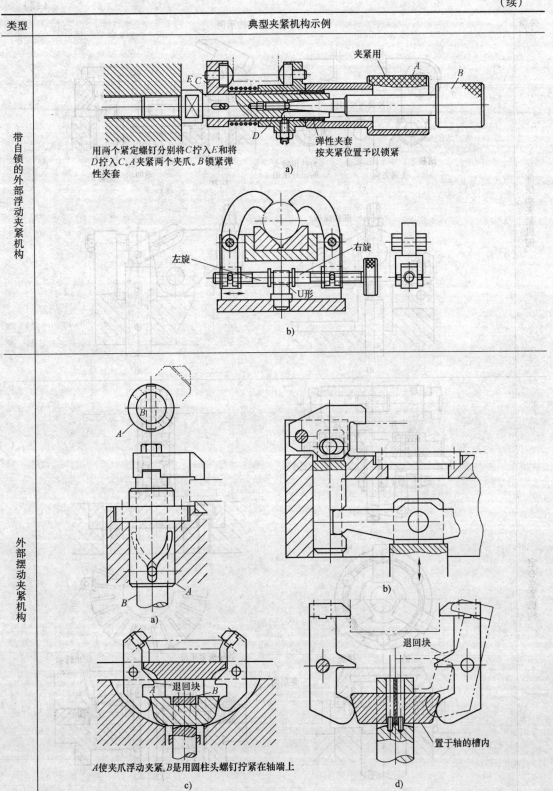

（续）

类型	典型夹紧机构示例
外部摆动夹紧机构	用拉簧连接圆销 凸轮 滚柱 夹紧方向 为获得较大的张开量用 e) ／ 松开 退回块 夹紧 f) ／ 圆柱螺母 g) ／ h)
定心夹紧机构	A 夹紧 B 松开 a) ／ b) ／ 槽 销 弹簧 c) ／ B 外径涨紧用槽 C 防止转动 菱形销 A A B D d)

（续）

类型	典型夹紧机构示例

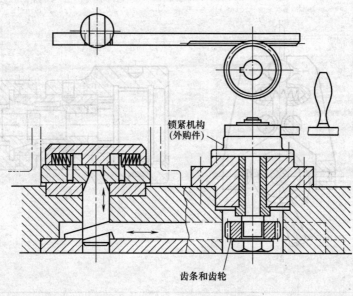

锁紧机构
（外购件）

齿条和齿轮

e)

定
心
夹
紧
机
构

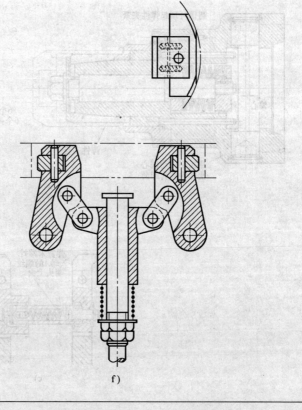

f)

（续）

类型	典型夹紧机构示例
定心夹紧机构	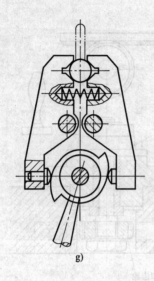 g)　　　　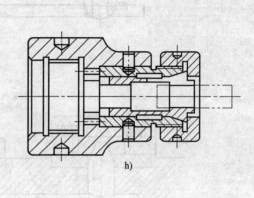 h)
定心自动夹紧机构	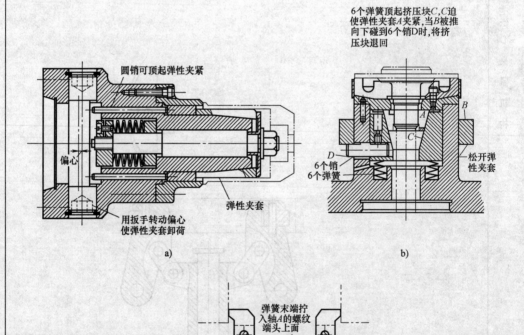

（续）

类型	典型夹紧机构示例

内部夹紧机构

钢球

a)

凸轮　弹簧柱塞

夹紧方向

夹紧角

b)

A

A

c)

用扳手拧紧　球面

凸轮

3爪120°
分布

3个轴向凸轮加
压与3个爪上

d)

e)

内部拉压夹紧机构

推撑块
止面

退回块

注意退回块的用途是退回钩爪，而推撑块是撑开钩爪

a)

b)

（续）

类型	典型夹紧机构示例

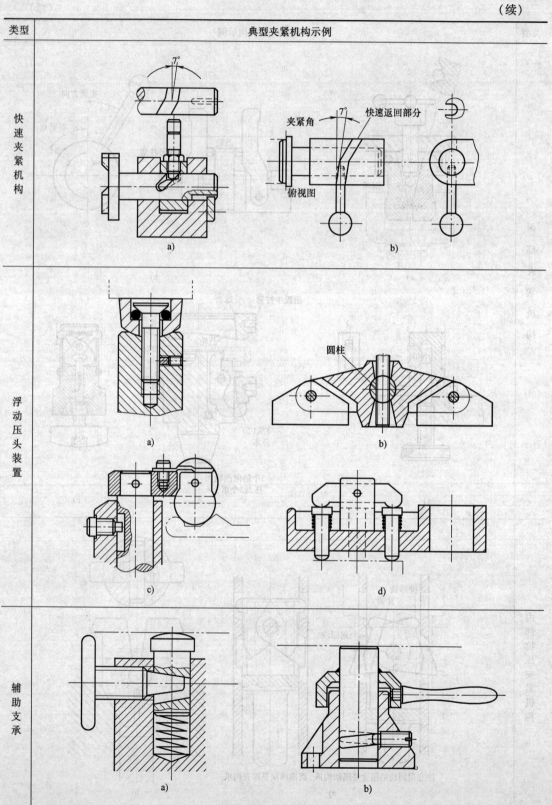

快速夹紧机构

浮动压头装置

辅助支承

附录 L　常用夹具元件

表 L-1　带肩六角螺母（摘自 JB/T 8004.1—1999）　　　　　　　　（单位：mm）

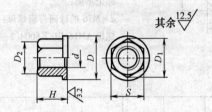

其余 $\sqrt{\dfrac{12.5}{}}$

（1）材料：45 钢按 GB/T 8004.1—1999 的规定。

（2）热处理：35～40HRC。

（3）细牙螺母的支承面对螺纹轴心线的垂直度按 GB/T 1184—1996 中附录 B 表 B3 规定的 9 级公差。

（4）其他技术条件按 JB/T 8044—1999 的规定。

标记示例：

d = M16×1.5 的带肩六角螺母：

螺母 M16×1.5JB/T 8004.1—1999

d		D	H	S		$D_1 \approx$	$D_2 \approx$
普通螺纹	细牙螺纹			基本尺寸	极限偏差		
M5	—	10	8	8	0 −0.220	9.2	7.5
M6	—	12.5	10	10		11.5	9.5
M8	M8×1	17	12	13	0 −0.270	14.2	13.5
M10	M10×1	21	16	16		17.59	16.5
M12	M12×1.25	24	20	18		19.85	17
M16	M16×1.5	30	25	24	0 −0.330	27.7	23
M20	M20×1.5	37	32	30		34.6	29
M24	M24×1.5	44	38	36	0 −0.620	41.6	34
M30	M30×1.5	56	48	46		53.1	44
M36	M36×1.5	66	55	55		63.5	53
M42	M42×1.5	78	65	65	0 −0.740	75	62
M48	M48×1.5	92	75	75		86.5	72

表 L-2　球面带肩螺母（摘自 JB/T 8004.2—1999）　　　　　（单位：mm）

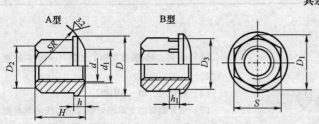

（1）材料：45 钢按 GB/T 699—1999 的规定。

（2）热处理：35～40HRC。

（3）其他技术条件按 JB/T 8044—1999 的规定。

标记示例：

d = M16 的球面带肩螺母：

螺母 AM16 JB/T 8004.2—1999

d	D	H	SR	S 基本尺寸	S 极限偏差	$D_1 \approx$	$D_2 \approx$	D_3	d_1	h	h_1
M6	12.5	10	10	10	0 -0.220	11.5	9.5	10	6.4	3	2.5
M8	17	12	12	13		14.2	13.5	14	8.4	4	3
M10	21	16	16	16	0 -0.270	17.59	16.5	18	10.5	4	3.5
M12	24	20	20	18		19.85	17	20	13	5	4
M16	30	25	25	24	0 -0.330	27.7	23	26	17	6	5
M20	37	32	32	30		34.6	29	32	21	6.6	5
M24	44	38	38	36	0 -0.620	41.6	34	38	25	9.6	6
M30	56	48	48	46		53.1	44	48	31	9.8	7
M36	66	55	55	55		63.5	53	58	37	12	8
M42	78	65	65	65	0 -0.740	75	62	68	43	16	9
M48	92	75	70	76		86.5	72	78	50	20	10

表 L-3　菱形螺母（摘自 JB/T 8004.6—1999）　　　　　（单位：mm）

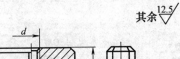

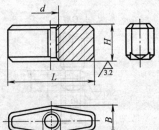

（1）材料：45 钢按 GB/T 699—1999 的规定。

（2）热处理：35~40HRC。

（3）其他技术条件按 JB/T 8044—1999 的规定。

标记示例：

d = M10 的菱形螺母：

螺母 M10 JB/T 8004.6—1999

d	L	B	H	l
M4	20	7	8	4
M5	25	8	10	5
M6	30	10	12	6
M8	35	12	16	8
M10	40	14	20	10
M12	50	16	22	12
M16	60	22	25	16

表 L-4　固定手柄压紧螺钉（摘自 JB/T 8006.3—1999）　　　　　（单位：mm）

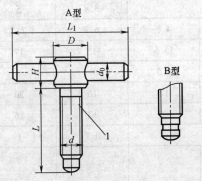

标记示例：

d = M10、L = 80mm 的 A 型固定手柄

压紧螺钉：

AM10 JB/T 8006.3—1999

d	d_0	D	H	L_1	L								
M6	5	12	10	50	30	35	40						
M8	6	15	12	60				50					
M10	8	18	14	80					60				
M12	10	20	16	100						70	80	90	
M16	12	24	20	120									100
M20	16	30	25	160									120	140

（续）

件1

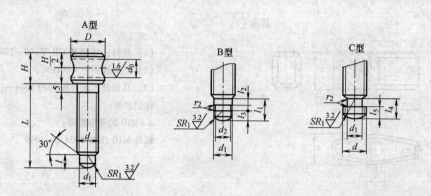

（1）材料：45 钢按 GB/Y 699—1999 的规定　　（2）热处理：35～40HRC

	d	M6	M8	M10	M12	M16	M20
	D	12	15	18	20	24	30
	d_1	4.5	6	7	9	12	16
	d_2	3.1	4.6	5.7	7.8	10.4	13.2
d_0	基本尺寸	5	6	8	10	12	16
	极限偏差 H7	+0.012 0		+0.015 0		+0.018 0	
	H	10	12	14	16	20	25
	l	4	5	6	7	8	10
	l_1	7	8.5	10	13	15	18
	l_2	2.1		2.5		3.4	5
	l_3	2.2	2.6	3.2	4.8	6.3	7.5
	l_4	6.5	9	11	13.5	15	17
	l_5	3	4	5	6.5	8	9
	SR	6	8	10	12	16	20
	SR_1	5	6	7	9	12	16
	r_2	0.5				0.7	1
		30	30				
		35	35				
		40	40	40			
		50	50	50			
L		60	60	60	60		
				70	70	70	70
				80	80	80	80
				90	90	90	90
					100	100	100
						120	120

表 L-5　阶形螺钉　　　　　　　　　　　　　（单位：mm）

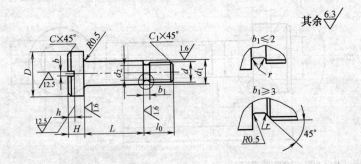

(1) 材料：45 钢按 GB/T 699—1999 的规定。

(2) 表面发蓝或其他防锈处理。

(3) 热处理：33～38HRC。

(4) 螺钉按 7 级精度制造。

d		M4	M5	M6	M8	M10	M12	M16	M20
D		8	10	13	16	20	24	28	35
H		3	4	5	6	7	8	10	
b		1	1.2	1.5	2	2.5	3	4	
h		1.4	1.7	2	2.5	3	3.5	4	5
d_1	基本尺寸	6	7	8	10	13	16	20	24
	极限偏差	-0.030 -0.105		-0.040 -0.130		-0.050 -0.160		-0.065 -0.195	
d_2		3	3.8	4.5	6.2	7.8	9.5	13	16.4
b_1		1.5		2		3	4		5
C_1		0.7	0.8	1	1.2	1.5	1.8	2	2.5
l_0		6	7	8	10	12	15	18	24	30
C		0.5				1		1.5	
r		0.5				1		1.5	
L公称（系列值）		5, 6, 8, 10, 12 (14), 16, 20, 25, 30, 35, 40, 45, 50, (55), 60, 70, 80							

表 L-6 内六角圆柱头螺钉（摘自 JB/T 70.1—2008） （单位：mm）

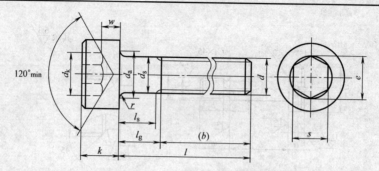

（1）材料：45 钢按 GB/T 699—1999 的规定。

（2）热处理：35~40HRC。

（3）其他技术条件按 JB/T 8044—1999 的规定。

标记示例：

螺纹规格 d = M5、公称长度 l = 20mm 的内六角圆柱头螺钉：

螺钉 GB/T 70.1—2008 M5×20

螺纹规格 d		M5	M6	M8	M10	M12	M16
(b)		22	24	28	32	36	40
d_k	max	8.72	10.22	13.27	16.27	18.27	24.33
	min	8.28	9.78	12.73	15.73	17.73	23.67
d_a		5.7	6.8	9.2	11.2	13.7	17.7
d_s	max	5.00	6.00	8.00	10.00	12.00	16.00
	min	4.82	5.82	7.78	9.78	11.73	15.73
e		4.58	5.72	6.86	9.15	11.43	16
s	max	5.00	6.0	8.00	10.00	12.00	16.00
	min	4.82	5.7	7.64	9.64	11.57	15.57
r		0.2	0.25	0.4	0.4	0.6	0.6
s		4.095	5.140	6.140	8.175	10.175	14.212
w		1.9	2.3	3.3	4	4.8	6.8

l			\multicolumn{12}{c}{l_s 和 l_g}										

公称	min	max	l_s min	l_g max	l_s min	l_g max	l_s min	l_g max	l_s min	l_g max	l_s min	l_g max	l_s min	l_g max
30	29.58	30.42	4	8										
35	34.5	35.5	9	13	6	11								
40	39.5	40.5	14	18	11	16	5.75	12						
45	44.5	45.5	19	23	16	21	10.75	17	5.5	13				
50	49.5	50.5	24	28	21	26	15.75	22	10.5	18				
55	54.4	55.6			26	31	20.75	27	15.5	23	10.25	19		
60	59.4	60.6			31	36	25.75	32	20.5	28	15.25	24		
65	64.4	65.6					30.75	37	25.5	33	20.25	29	11	21
70	69.4	70.6					35.75	42	30.5	38	25.25	34	16	26
80	79.4	80.6					45.75	52	40.5	48	35.25	44	26	36
90	89.3	90.7							50.5	58	45.25	54	36	46
100	99.3	100.7							60.5	68	55.25	64	46	56

表 L-7　转动垫圈（摘自 JB/T 8008.4—1999）　　　　（单位：mm）

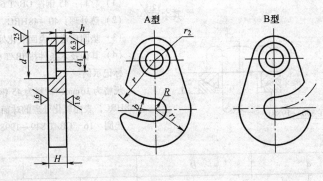

（1）材料：45 钢按 GB/T 699—1999 的规定。

（2）热处理：35~40HRC。

（3）其他技术条件按 JB/T 8008.4—1999 的规定

标记示例：

公称直径 = 8mm、r = 22mm 的 A 型转动垫圈：

垫圈　A8×22　JB/T 8008.4—1999

公称直径（螺钉直径）	r	r_1	H	d	d_1		h		b	r_2
					基本尺寸	极限偏差 H11	基本尺寸	极限偏差		
5	15	11	6	9	5	+0.075 0	3		7	7
	20	14								
6	18	13	7	11	6				8	8
	25	18								
8	22	16	8	14	8				10	10
	30	22								
10	26	20	10	18	10	+0.090 0	4		12	13
	35	26								
12	32	25							14	
	45	32								
16	38	28	12				5		18	
	50	36						0 −0.100		
20	45	32	14	22	12		6		22	15
	60	42								
24	50	38	16			+0.110 0			26	
	70	50					8			
30	60	45	18						32	18
	80	58		26	16					
36	70	55	20				10		38	
	95	70								

表 L-8 球面垫圈（摘自 GB/T 849—1988）　　　　　　（单位：mm）

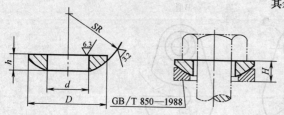

其余 $\sqrt{\dfrac{12.5}{}}$

（1）材料：45 钢按 GB/T 699—1999 的规定。

（2）热处理：40 ~48HRC。

（3）垫圈应进行表面氧化处理。

（4）其他技术条件按 JB/T 8044—1999 的规定。

标记示例：

规格为 16mm、材料为 45 钢、热处理硬度 40 ~48HRC、表面氧化处理的球面垫圈：

垫圈　16　GB/T 849—1998

规格	d		D		h		SR	$H\approx$
（螺纹大径）	max	min	max	min	max	min		
8	8.60	8.40	17.00	16.57	4.00	3.70	12	5
10	10.74	10.50	21.00	20.48	4.00	3.70	16	6
12	13.24	13.00	24.00	23.48	5.00	4.70	20	7
16	17.24	17.00	30.00	29.48	6.00	5.70	25	8
20	21.28	21.00	37.00	35.38	6.60	6.24	32	10
24	25.28	25.00	44.00	43.38	9.60	9.24	36	13
30	31.34	31.00	56.00	55.26	9.80	9.44	40	16

表 L-9 锥面垫圈（摘自 JB/T 850—1988）　　　　　　（单位：mm）

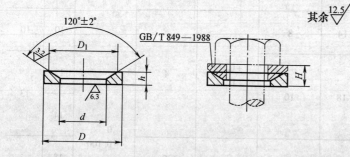

其余 $\sqrt{\dfrac{12.5}{}}$

（1）材料：45 钢按 GB/T 699—1999 的规定。

（2）热处理：40 ~48HRC。

（3）垫圈应进行表面氧化处理。

标记示例：

规格为 16mm、材料为 45 钢、热处理硬度 40 ~48HRC，表面氧化处理的锥面垫圈

垫圈　16　GB/T 850—1988

规格	d		D		h		SR	$H\approx$
（螺纹大径）	max	min	max	min	max	min		
8	10.36	10	17	16.57	3.2	2.90	16	5
10	12.93	12.5	21	20.48	4	3.70	18	6
12	16.43	16	24	23.48	4.7	4.40	23.5	7
16	20.52	20	30	29.48	5.1	4.80	29	8
20	25.52	25	37	36.38	6.6	6.24	34	10
24	30.52	30	44	43.38	6.8	6.44	38.5	13
30	36.62	36	56	55.26	8.9	9.54	45.2	16

表 L-10 快换垫圈（摘自 JB/T 8008.5—1999） （单位：mm）

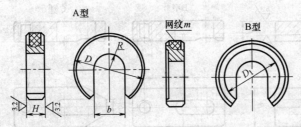

(1) 材料：45 钢按 GB/T 699—1999 的规定

(2) 热处理：35～40HRC。

(3) 其他技术条件按 JB/T 8044—1999 的规定

标记示例：

公称直径 = 6mm、D = 30mm 的 A 型快换垫圈：

垫圈 A6×30 JB/T 8008.5—1999

公称直径 （螺钉直径）	5	6	8	10	12	16	20	24	30	36
b	6	7	9	11	13	17	21	25	31	37
D_1	13	15	19	23	26	32	42	50	60	72
m		0.3					0.4			
D					H					
16										
20	4	5								
25			6							
30	6			7						
35										
40			7		8					
50				8		10				
60							10			
70					10			12		
80									14	
90						12	12			16
100								14		
110							14		16	—

表 L-11　移动压板（摘自 JB/T 8010.1—1999）　　　　　　（单位：mm）

其余 $\sqrt{\dfrac{12.5}{}}$

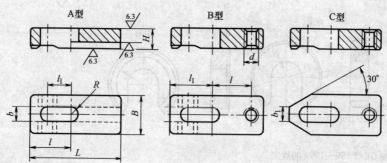

（1）材料：45 钢按 GB/T 699—1999 的规定。

（2）热处理：35~40HRC。

（3）其他技术条件按 JB/T 8044—1999 的规定。

标记示例：

公称直径 = 6mm、L = 45mm 的 A 型移动压板：压板　A6×45　JB/T 8010.1—1999

公称直径（螺钉直径）	L			B	H	l	l₁	b	b₁	d
	A 型	B 型	C 型							
6	40	—	40	18	6	17	9			
		45		20	8	19	11	6.6	7	M6
		50		22	12	22	14			
8	45	—	—	20	8	18	8			
		50		22	10	22	12	9	9	M8
	60	60		25	14	27	17			
		—	—		10		14			
10		70		28	12	30	17	11	10	M10
		80		30	16	36	23			
12	70	—	—	32	14	30	15			
		80			16	35	20	14	12	M12
		100			18	45	30			
		120		36	22	55	43			
16	80	—	—		18	35	15			
		100		40	22	44	24	18	16	M16
		120			25	54	36			
		160		45	30	74	54			
20	100	—	—		22	42	18			
		120		50	25	52	30	22	20	M20
		160			30	72	48			
		200		55	35	92	68			
24	120	—	—	50	28	52	22			
		160		55	30	70	40	26	24	M24
		200		60	35	90	60			
		250			40	115	85			
30	160	—			35	70	35			
	200			66		90	55	33	—	M30
	250				40	115	80			

表 L-12　移动压板 2（摘自 JB/T 8010.2—1999）　　　　　　（单位：mm）

其余 $\sqrt{12.5}$

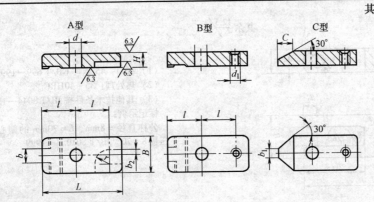

(1) 材料：45 钢按 GB/T 699—1999 的规定。
(2) 热处理：35～40HRC。
(3) 其他技术条件按 JB/T 8044—1999 的规定。

标记示例：

公称直径 =6mm、L =45mm 的 A 型移动压板：压板　A6×45　JB/T 8010.2—1999

公称直径（螺钉直径）	L A型	L B型	L C型	B	H	l	d	d_1	b	b_1	b_2	r	C
6	40	—	40	18	6	17	6.6	M6	8	6	3	8	2
	45		—	20	8	19							—
	50			22	12	22							10
8	45	—	—	20	8	18	9	M8	9	8	4	10	—
	50			22	10	22							7
10	60	60		25	14	27	11	M10	11	10	5	12.5	14
					10								—
	70			28	12	30							10
	80			30	16	36							14
12	70	—	—	32	14	30	14	M12	14	12	6	16	—
	80				16	35							14
	100				20	45							17
	120			36	22	55							21
16	80	—	—	40	18	35	18	M16	18	16	8	17.5	—
	100				22	44							14
	120				25	54							17
	160			45	30	74							21
20	100	—	—	45	22	42	22	M20	22	20	10	20	—
	120				25	52							12
	160				30	72							17
	200			55	35	92							26
24	120	—		50	28	52	26	M24	26	24	12	22.5	—
	160			55	30	70							17
	200			60	35	90							
	250				40	115							26
30	160	—		65	35	70	33	M30	33	—	15	30	
	200				35	90							
	250				40	115							
36	200			75	40	85	39	—	39	—	18		
	250	—			45	110							
	320			80	50	145							

表 L-13　偏心轮用压板（摘自 JB/T 8010.7—1999）　　　　（单位：mm）

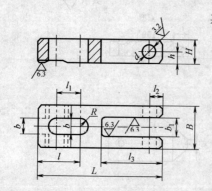

（1）材料：45 钢按 GB/T 699—1999 的规定。
（2）热处理：35～40HRC。
（3）其他技术条件按 JB/T 8044—1999 的规定。
标记示例：
公称直径 = 8mm、L = 70mm 的偏心轮用压板：
压板 8×70　JB/T 8010.7—1999

公称直径（螺纹直径）	L	B	H	d 基本尺寸	d 极限偏差 H7	b	b1 基本尺寸	b1 极限偏差 H11	l	l1	l2	l3	h
6	60	25	12	6	+0.012 0	6.6	12		24	14	6	24	5
8	70	30	16	8	+0.015 0	9	14	+0.110 0	28	16	8	28	7
10	80	36	18	10		11	16		32	18	10	32	8
12	100	40	22	12	+0.018	14	18		42	24	12	38	10
16	120	45	25	16		18	22	+0.130 0	54	32	14	45	12
20	160	50	30			22	24		70	45	15	52	14

表 L-14　平压板（摘自 JB/T 8010.9—1999）　　　　（单位：mm）

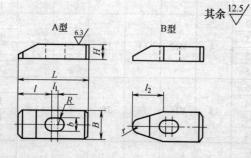

A型　B型

（1）材料：45 钢按 GB/T 699—1999 的规定。
（2）热处理：35～40HRC。
（3）其他技术条件按 JB/T 8044—1999 的规定。
标记示例：
公称直径 = 20mm、L = 200mm 的平压板：
压板 20×200/JB/T 8010.9—1999

公称直径（螺纹直径）	L	B	H	b	l	l1	l2	r
6	40	18	8	7	18		16	4
6	50	22	12	7	23		21	4
8	45	22	10	10	21		19	5
8	60	25	12	10	28	7	26	5
10	80	30	16	12	38	7	35	6
10	80	32	16	12	38		35	6
12	100	40	20	15	48		45	8

（续）

公称直径（螺纹直径）	L	B	H	b	l	l_1	l_2	r
16	120	50	25	19	52	15	55	10
	160				70		60	
20	200	60	28	24	90	20	75	12
	250	70	32		100		85	
24		80	35	28		30	100	16
	320				130		110	
30	360	100	40	35	150	40	130	20
36	320		45	42	130	50	110	
	360				150		130	

表 L-15　直压板（摘自 JB/T 8010.13—1999）　　　　　　（单位：mm）

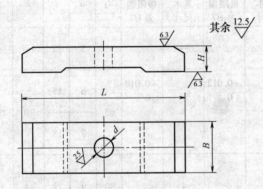

（1）材料：45 钢按 GB/T 699—1999 的规定。

（2）热处理：35~40HRC。

（3）其他技术条件按 JB/T 8044—1999 的规定。

标记示例：

　　公称直径 = 8mm、L = 80mm 的直压板：压
板 8×80　JB/T 8010.13—1999

公称直径（螺纹直径）	L	B	H	d
8	50	25	12	9
	60			
	80			
10	60	32	16	11
	80			
	100			
12	80		20	14
	100			
	120			
16	100	40	25	18
	120			
	160			
20	120	50		22
	160			
	200		32	

表 L-16　铰链压板（摘自 JB/T 8010.14—1999）　　　　　（单位：mm）

其余 $\sqrt{\frac{12.5}{}}$

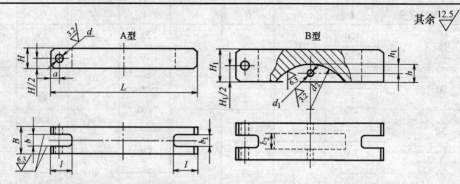

（1）材料：45 钢按 GB/T 699—1999 的规定。

（2）热处理：A 型 T215，B 型 35~40HRC。

（3）其他技术按 JB/T 8044—1999 的规定。

　　标记示例：

　　$b=80$mm、$L=100$mm 的 A 型铰链压板：

　　压板：A8×100　JB/T 8010.14—1999

b 基本尺寸	极限偏差 H11	L	B	H	H_1	b_1	b_2	d 基本尺寸	d 极限偏差 H7	d_1 基本尺寸	d_1 极限偏差 H7	d_2	a	l	h	h_1
6	+0.075 0	70	16	12	—	6		4	—	—			5	12		—
		90														
8	+0.090 0	100	18		15	8	10	5	+0.012 0	3	+0.010 0		6	15		
							14									
		120	24		20		10					63			10	6.2
10				18		10	14	6					7	18		
		140					10									
12		160	22	26		12	14	8	+0.015 0	4		80	9	22	14	7.5
							18									
	+0.110 0	180	32				10									
14		200	26	32		14	14	10		5	+0.012 0	100	10	25	18	9.5
							18									
		220					14									
18		250	40	32	38	18	16	12	+0.018 0	6		125	14	32	20	10.5
		280					20									
22		250	50	40		22	14	16		8	+0.015 0	160	18	40		12.5
	+0.130 0	280					16									
		300			45		20								26	
							16									
26		320	60	45		26	20	20	+0.021 0			200	22	48		14.5
		360					20									

表 L-17　回转压板（摘自 JB/T 8010. 15—1999）　　　　　　（单位：mm）

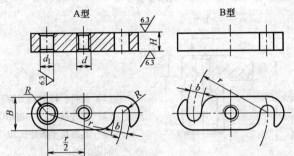

(1) 材料：45 钢按 GB/T 699—1999 的规定。

(2) 热处理：35 ~ 40HRC。

(3) 其他技术条件按 JB/T 8044—1999 的规定。

标记示例：

d = M10、r = 50mm 的 A 型回转压板：

螺母　AM10 ×50　JB/T 8010. 15—1999

	d	M5	M6	M8	M10	M12	M16
	B	14	18	20	22	25	32
H	基本尺寸	6	8	10	12	16	20
	极限偏差 h11	0 -0.075		0 -0.090		0 -0.110	0 -0.130
	b	5.5	6.6	9	11	14	18
d_1	基本尺寸	6	8	10	12	14	18
	极限偏差 h11	$+0.075$ 0		$+0.090$ 0		$+0.110$ 0	
r		20					
		25					
		30	30				
		35	35				
		40	40	40			
			45	45			
			50	50	50		
				55	55		
				60	60	60	
				65	65	65	
				70	70	70	
					75	75	
					80	80	80
					85	85	85
					90	90	90
						100	100
							110
							112
配用螺钉 GB/T 830—1988		M5 ×6	M6 ×8	M8 ×10	M10 ×12	M12 ×16[①]	M16 ×20[①]

① 按使用需求自行设计。

表 L-18　钩形压板（摘自 JB/T 8012.1—1999）　　　　（单位：mm）

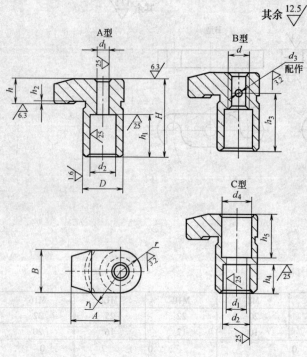

（1）材料：45 钢按 GB/T 699—1999 的规定。

（2）热处理：35～40HRC。

（3）其他技术条件按 JB/T 8044—1999 的规定。

标记示例：

公称直径 = 13mm、A = 35mm 的 A 型钩形压板：

　压板　A13×35　JB/T 8012.1—1999

d = M12、A = 35mm 的 B 型钩形压板：

　压板　BM12×35　JB/T 8212.1—1999

A 型 C 型	d_1		6.6		9		11		13		17		21		25
B 型	d		M6		M8		M10		M12		M16		M20		M24
	A		18	24		28		35		45		55		65	75
	B		16		20		25		30		35		40		50
D	基本尺寸		16		20		25		30		35		40		50
	极限偏差 f9		−0.016 −0.059				−0.020 −0.072						−0.025 −0.087		
	H		28	35		45	58	55		70		90	80	100	95	120
	h	8	10	11		13		16		20	22	25	28	30	32	35
r	基本尺寸		8		10		12.5		15		17.5		20		25
	极限偏差 h11		0 −0.090				0 −0.110						0 −0.130		
	r_1	14	20	18	24	22	30	26	36	35	45	42	52	50	60
	d_2		10		14		16		18		23		28		34
d_3	基本尺寸		2		3			4			5			6	
	极限偏差 H7		+0.010 0						+0.012 0						
	d_4		10.5		14.5		18.5		22.5		25.5		30.5		35
	h_1	16	21	20	28	25	36	30	42	40	60	45	60	50	75
	h_2		1						1.5							
	h_3		22		28		35		45	42	55		75	60	75	70	95
	h_4	8	14	11	20	16	25	20	30	24	40	24	40	28	50
	h_5		16		20		25		30		40		50		60
配用螺钉			M6		M8		M10		M12		M16		M20		M24

表 L-19　钩形压板（组合）（摘自 JB/T 8012.2—1999）　　　（单位：mm）

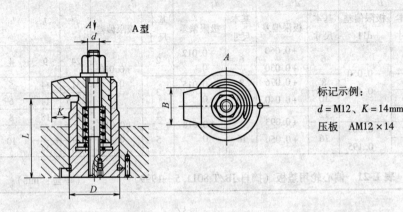

标记示例：

$d = M12$、$K = 14mm$ 的 A 型钩形压板：

压板　AM12×14　JB/T 8012.2—1999

d	K	D	B	L	
				min	max
M6	7	22	16	31	36
	13			36	42
M8	10	28	20	37	44
	14			45	52
M10	10.5	35	25	48	58
	17.5			58	70
M12	14	42	30	57	68
	24			70	82
M16	21	48	35		86
	31			87	105
M20	27.5	55	40	81	100
	37.5			99	120
M24	32.5	65	50	100	
	42.5			125	145

表 L-20　圆偏心轮（摘自 JB/T 8011.1—1999）　　　（单位：mm）

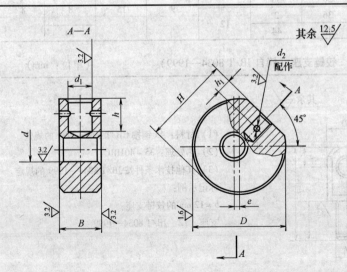

其余 $\sqrt{12.5}$

（1）材料：20 钢按 GB/T 699—1999 的规定。

（2）热处理：渗碳深度 0.8 ~ 1.2mm，58 ~ 64HRC。

（3）其他技术条件按 JB/T 8044—1999 的规定。

标记示例：

$D = 32mm$ 的圆偏心轮：

偏心轮 32JB/T 8011.1—1999

（续）

D	e 基本尺寸	e 极限偏差	B 基本尺寸	B 极限偏差 d11	d 基本尺寸	d 极限偏差	d_1 基本尺寸	d_1 极限偏差	d_2 基本尺寸	d_2 极限偏差	H	h	h_1
25	1.3	±0.200	12	−0.050 −0.160	6	+0.060 +0.030	6	+0.012 0	2	+0.010 0	24	9	4
32	1.7		14		8	+0.076 +0.040	8	+0.015 0	3		31	11	5
40	2		16		10		10				38.5	14	6
50	2.5		18		12	+0.093 +0.050	12	+0.018 0	4	+0.012 0	48	18	8
60	3		22	−0.065 −0.195							58	22	10
70	3.5		24		16		16		5		68	24	

表 L-21　偏心轮用垫板（摘自 JB/T 8011.5—1999）　　　（单位：mm）

其余 $\sqrt{12.5}$

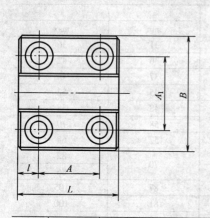
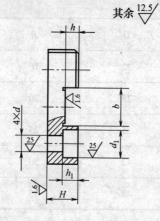

（1）材料：20 钢按 GB/T 699—1999 的规定。

（2）热处理：渗碳深度 0.8～1.2mm，58～64HRC。

（3）其他技术条件按 JB/T 8044—1999 的规定。

标记示例：

b =15mm 的偏心轮用垫板：

垫板　15　JB/T 8011.5—1999

b	L	B	H	A	A_1	l	d	d_1	h	h_1
13	35	42	12	19	26	8	6.6	11	5	6
15	40	45	12	24	29	8	6.6	11	5	6
17	45	56	16	25	36	10	9	15	6	8
19	50	58	16	30	38	10	9	15	6	8
23	60	62	20	36	2	12	9	15	8	8
25	70	64	20	46	44	12	9	15	10	8

表 L-22　铰链支座（摘自 JB/T 8034—1999）　　　（单位：mm）

其余 $\sqrt{6.3}$

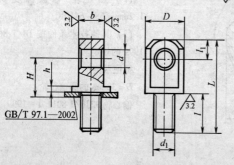

GB/T 97.1—2002

（1）材料：45 钢按 GB/T 699—1999 的规定。

（2）热处理：35～40HRC。

（3）其他技术条件按 JB/T 8044—1999 的规定。

标记示例：

b =12mm 的铰链支座：

支座　12　JB/T 8034—1999

（续）

b		D	d	d_1	L	l	l_1	H≈	h
基本尺寸	极限偏差 d11								
6		10	4.1	M5	25	10	5	11	2
8		12	5.2	M6	30	12	6	13.5	
10		14	6.2	M8	35	14	7	15.5	3
12		18	8.2	M10	42	16	9	19	
14		20	10.2	M12	50	20	10	22	4
18		28	12.2	M16	65	25	14	29	5

表 L-23　快速夹紧装置（摘自 JB/T 8034—1999）　　　　　（单位：mm）

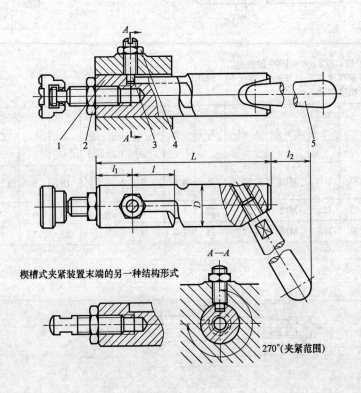

楔槽式夹紧装置末端的另一种结构形式

A—A

270°（夹紧范围）

主要尺寸					件号	1	2	3	4	5
					名称	顶杆	螺母	螺钉	螺母	手柄
D (H9/f9)	l	L	l_1	l_2≈	数量	1	1	1	1	1
					标准		GB/T 6170—2000	GB/T 75—1985	GB/T 6170—2000	
25	30	100	20	32	尺寸	25	M10	M8×28	M8	80
32	40	125	25	40		32	M12	M10×35	M10	100
40	50	160	32	50		40	M16	M12×45	M12	125

（续）

件1：顶杆

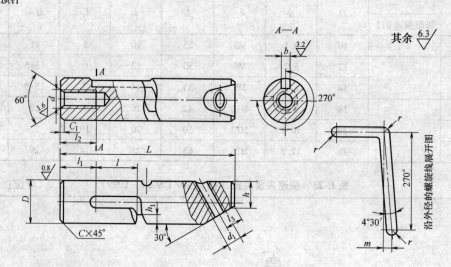

（1）材料：20 钢按 GB/T 699—1999 的规定。
（2）热处理：渗碳深度 0.8 ~ 1.2mm，淬火 60 ~ 64HRC。
（3）螺纹按 7 级精度制造。

D		l	L	$d_1 = d_2$	$l_1 = l_2$	l_3	m	d		h	h_1	C	C_1	r
基本尺寸	极限偏差 f9							基本尺寸	极限偏差 H11					
25	-0.020 -0.072	30	100	M10	20	9	4.6	6	+0.075 0	15	5	1.5	2.5	3
32	-0.025 -0.087	40	125	M12	25	13	5.9	7	+0.090 0	18	6	2	4	3.5
40		50	160	M16	32	15	7.4	9		25	7			4.5

件2：手柄

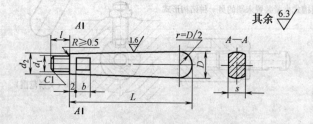

（1）材料：Q235—A. F。
（2）螺纹按 7 级精度制造。
（3）锐边倒角。

L	l	d_1	d_2	D	s		b
					基本尺寸	极限偏差 h12	
80	13	M10	12	10	10	0 -0.150	8
100	16	M12	14	20	12	0 -0.180	10
125	20	M16	16	25	14		

表 L-24　滚花把手（摘自 JB/T 8023.1—1999）　　　　　（单位：mm）

其余 6.3

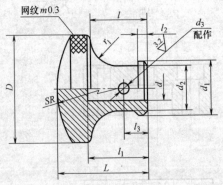

网纹 m0.3

（1）材料：Q235—A 按 GB/T 700—1988 的规定。

（2）其他技术条件按 JB/T 8044—1999 的规定。

标记示例：

$d=8$mm 的滚花把手：

把手　8　JB/T 8023.2—1999

d		D(滚花前)	L	SR	r_1	d_1	d_2	d_3		l	l_1	l_2	l_3
基本尺寸	极限偏差 H9							基本尺寸	极限偏差 H7				
6	+0.030 0	30	25	30	8	15	12	2	+0.010 0	17	18	3	6
8	+0.036 0	35	30	35		18	15	3		20	20		8
10		40	35	40	10	22	18			24	25	5	10

表 L-25　星形把手（摘自 JB/T 8023.2—1999）　　　　　（单位：mm）

其余 ✓

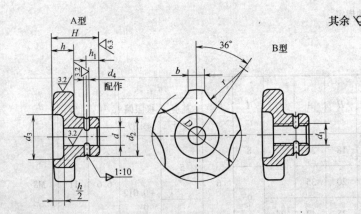

（1）材料：ZG310—570 按 GB/T 11352—1999 的规定。

（2）零件表面应进行喷砂处理。

（3）其他技术条件按 JB/T 8044—1999 的规定。

标记示例：

$d=10$mm 的 B 型星形把手：

把手　A10　JB/T 8023.2—1999

$d_1=$ M10 的 B 型星形把手：

把手　BM10　JB/T 8023.2—1999

d		d_1	D	H	d_2	d_3	d_4		h	h_1	b	r
基本尺寸	极限偏差 H9						基本尺寸	极限偏差 H7				
6	+0.030 0	M6	32	18	14	14	2	+0.010 0	8	5	6	16
8	+0.036 0	M8	40	22	18	16			10	6	8	20
10		M10	50	26	22	25	3		12	7	10	25
12	+0.043 0	M12	65	35	24	32			16	9	12	32
16		M16	80	45	30	40	4	+0.012 0	20	11	15	40

表 L-26　导板（摘自 JB/T 8019—1999）　　　　　　　　（单位：mm）

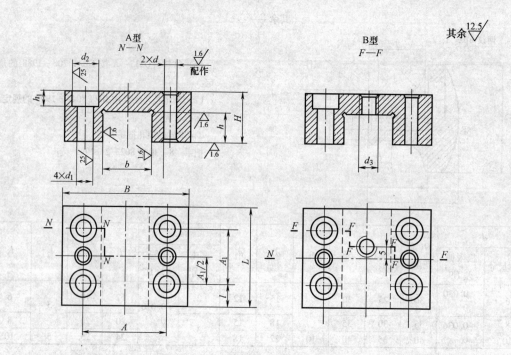

A型
N—N

B型
F—F

其余 12.5

（1）材料：20 钢按 GB/T 699—1999 的规定。

（2）热处理：渗碳深度 0.8～1.2mm，58～64HRC。

（3）其他技术条件按 JB/T 8044—1999 的规定。

标记示例：

$b = 20$mm 的 A 型导板：

A 型导板　A20　JB/T 8019—1999

基本尺寸 (b)	极限偏差 H7	基本尺寸 (h)	极限偏差 H8	B	L	H	A	A_1	l	h_1	基本尺寸 (d)	极限偏差 H7	d_1	d_2	d_3
18	+0.018 0	10	+0.022 0	50	38	18	34	22		8	5	+0.012 0	6.6	11	M8
20	+0.021 0	12		52	40	20	35			6					
25		14	+0.027 0	60	42	25	42	24	9		6				
34	+0.025 0	16		72	50	25	52	28	11	8			9	15	M10
42				90	60	32	65	34	13	8	8	+0.015 0	11	18	
52		20	+0.033 0	104	70	35	78	40	15	10	10				M12
65	+0.030 0			120	80		90	48	15.5	12	10		13.5	20	
80		25		140	100	40	110	66	17		12	+0.018 0			

表 L-27　铰链轴（摘自 JB/T 8033—1999）　　　　（单位：mm）

其余 $\sqrt{6.3}$

图中标注：GB/T 97.1—2002　GB/T 91—2000　A—A

（1）材料：45 钢按 GB/T 699—1999 的规定。

（2）热处理：35~40HRC。

（3）其他技术条件按 JB/T 8044—1999 的规定。

标记示例：

$d = 10\text{mm}$、偏差 f9、$L = 45\text{mm}$ 的铰链轴：

铰链轴：10f9 × 45　JB/T 8033—1999

	基本尺寸	4	5	6	8	10	12	16	20	25
d	极限偏差 h6	0/−0.008		0/−0.009		0/−0.011		0/−0.013		
	极限偏差 f9	−0.010/−0.040		−0.013/−0.049		−0.016/−0.059		−0.020/−0.072		
	D	6	8	9	12	14	18	21	26	32
	d_1	1		1.5				2.5	3	4
	l	L-4		L-5		L-7	L-8	L-10	L-12	L-15
	l_1	2		2.5		3.5	4.5	5.5	6	8.5
	h	1.5	2			2.5		3		5
L		20	20	20	20					
		20	25	25	25	25				
		30	30	30	30	30	30			
			35	35	35	35	35	35		
			40	40	40	40	40	40		
				45	45	45	45	45		
				50	50	50	50	50	50	
					55	55	55	55	55	
					60	60	60	60	60	60
					65	65	65	65	65	65
						70	70	70	70	70
						75	75	75	75	75
						80	80	80	80	80
							90	90	90	90
							100	100	100	100
								110	110	110
								120	120	120
									140	140
									160	160
									180	180
									200	200
										220
										240
相配件	垫圈 GB/T 97.1—2002	B4	B5	B6	B8	B10	B12	B16	B20	B24
	开口销 GB/T 91—2000	1×8		1.5×10	1.5×16	2×20		2.5×25	3×30	4×35

表 L-28　光面压块（摘自 JB/T 8009.1—1999）　　　　　（单位：mm）

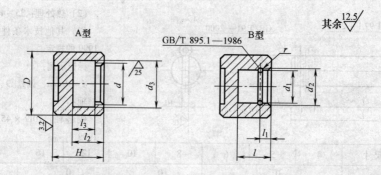

（1）材料：45 钢按 GB/T 699—1999 的规定。

（2）热处理：35~40HRC。

（3）其他技术条件按 JB/T 8044—1999 的规定。

标记示例：

公称直径 = 12mm 的 A 型光面压块：

压块　A12　JB/T 8009.1—1999

公称直径（螺纹直径）	D	H	d	d_1	d_2 基本尺寸	d_2 极限偏差	d_3	l	l_1	l_2	l_3	r	挡圈 GB/T 895.1—1986
4	8	7	M4				4.5			4.5	2.5		
5	10	9	M5	—		—	6			6	3.5		—
6	12		M6	4.8	5.3		7	6	2.4				5
8	16	12	M8	6.3	6.9	+0.100 0	10	7.5	3.1	8	5	0.4	6
10	18	15	M10	7.4	7.9		12	8.5	3.5	9	6		7
12	20	18	M12	9.5	10		14	10.5	4.2	11.5	7.5		9
16	25	20	M16	12.5	13.1	+0.120 0	18	13	4.4	13	9	0.6	12
20	30	25	M20	16.5	17.5		22	16	5.4	15	10.5	1	16
24	36	28	M24	18.5	19.5	+0.280 0	26	18	6.4	17.5	12.5		18

表 1-29　圆柱螺栓压缩弹簧（摘自 JB/T 2089—2009）　　　　（单位：mm）

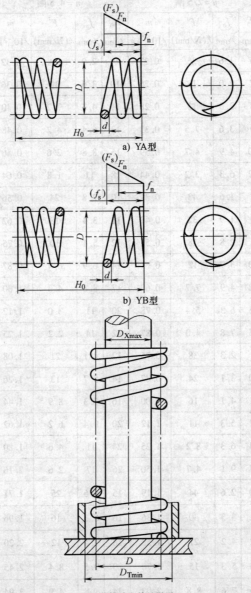

a) YA型

b) YB型

c) 芯轴或套筒的设置

d /mm	D /mm	F_n /N	D_{Xmax} /mm	D_{Tmin} /mm	$n=2.5$ 圈				$n=4.5$ 圈				$n=6.5$ 圈			
					H_0 /mm	f_n /mm	F' /(N/mm)	m /10^{-3}kg	H_0 /mm	f_n /mm	F' /(N/mm)	m /10^{-3}kg	H_0 /mm	f_n /mm	F' /(N/mm)	m /10^{-3}kg
	3	14	1.9	4.1	4	1.5	9.1	0.07	7	2.8	5.1	0.09	10	4.0	3.5	0.12
	3.5	12	2.4	4.6	5	2.1	5.8	0.08	8	3.8	3.2	0.11	12	5.5	2.2	0.14
0.5	4	11	2.9	5.1	6	2.8	3.9	0.09	9	5.2	2.1	0.12	14	7.3	1.5	0.16
	4.5	9.6	3.4	5.6	7	3.6	2.7	0.10	10	6.4	1.5	0.14	16	9.6	1.0	0.18
	5	8.6	3.9	6.1	8	4.3	2.0	0.11	12	7.8	1.1	0.16	18	11	0.8	0.20

（续）

d/mm	D/mm	F_n/N	D_{Xmax}/mm	D_{Tmin}/mm	$n=2.5$ 圈 H_0/mm	f_n/mm	F'/(N/mm)	m/10^{-3}kg	$n=4.5$ 圈 H_0/mm	f_n/mm	F'/(N/mm)	m/10^{-3}kg	$n=6.5$ 圈 H_0/mm	f_n/mm	F'/(N/mm)	m/10^{-3}kg
0.8	4	40	2.6	5.4	6	1.6	25	0.22	9	2.9	14	0.32	12	4.1	9.7	0.42
	4.5	36	3.1	5.9	7	2.0	18	0.25	10	3.6	10	0.36	14	5.3	6.8	0.47
	5	32	3.6	6.4	8	2.5	13	0.28	11	4.4	7.2	0.40	15	6.4	5.0	0.52
	6	27	4.2	7.8	9	3.6	7.5	0.33	13	6.4	4.2	0.48	19	9.3	2.9	0.63
	7	23	5.2	8.8	10	4.9	4.7	0.39	15	8.8	2.6	0.56	23	13	1.8	0.73
	8	20	6.2	9.8	12	6.3	3.2	0.44	18	11	1.8	0.64	28	17	1.2	0.84
1	4.5	68	2.9	6.1	7	1.6	43	0.39	10	2.8	24	0.56	14	4.0	17	0.74
	5	62	3.4	6.6	8	1.9	32	0.43	11	3.4	18	0.62	15	5.2	12	0.82
	6	51	4	8	9	2.8	18	0.52	12	5.1	10	0.75	18	7.3	7.0	0.98
	7	44	5	9	10	3.7	12	0.61	14	6.9	6.4	0.87	21	10	4.4	1.14
	8	38	6	10	12	4.9	7.7	0.69	17	8.8	4.3	1.00	25	13	3.0	1.31
	9	34	7	11	13	6.3	5.4	0.78	20	11	3.0	1.12	29	16	2.1	1.47
	10	31	8	12	15	7.8	4.0	0.87	22	14	2.2	1.25	35	21	1.5	1.63
1.2	6	86	3.8	8.2	9	2.3	38	0.75	12	4.1	21	1.08	17	5.7	15	1.41
	7	74	4.8	9.2	10	3.1	24	0.87	14	5.7	13	1.26	20	8.0	9.2	1.65
	8	65	5.8	10	11	4.1	16	1.00	16	7.3	8.9	1.44	24	11	6.2	1.88
	9	58	6.8	11	12	5.3	11	1.12	20	9.4	6.2	1.62	28	13	4.3	2.12
	10	52	7.8	12	14	6.3	8.2	1.25	24	11	4.6	1.80	32	16	3.2	2.35
	12	43	8.8	15	17	9.1	4.7	1.50	26	17	2.6	2.16	40	24	1.8	2.82
1.4	7	114	4.6	9.4	10	2.6	44	1.19	15	4.6	25	1.71	20	6.7	17	2.24
	8	100	5.6	10	11	3.3	30	1.36	16	5.2	17	1.96	22	9.1	11	2.56
	9	89	6.6	11	12	4.2	21	1.53	18	7.4	12	2.20	24	11	8.0	2.88
	10	80	7.6	12	13	5.3	15	1.70	20	9.5	8.4	2.45	28	14	5.8	3.20
	12	67	8.6	15	16	7.6	8.8	2.03	24	14	4.9	2.94	35	20	3.4	3.84
	14	57	11	17	19	10	5.5	2.37	30	18	3.1	3.43	42	27	2.1	4.48
1.6	8	145	5.4	11	11	2.8	51	1.77	17	5.2	28	2.56	22	7.6	19	3.35
	9	129	6.4	12	12	3.6	36	1.99	19	6.5	20	2.88	24	9.2	14	3.77
	10	116	7.4	13	13	4.5	26	2.21	20	8.3	14	3.20	28	12	10	4.18
	12	97	8.6	16	15	6.5	15	2.66	24	12	8.3	3.84	32	17	5.8	5.02
	14	83	10	18	18	8.8	9.4	3.10	28	16	5.2	4.48	40	23	3.6	5.86
	16	73	12	20	22	12	6.3	3.54	36	21	3.5	5.12	48	30	2.4	6.69

（续）

d/mm	D/mm	F_n/N	D_{Xmax}/mm	D_{Tmin}/mm	$n=8.5$ 圈				$n=10.5$ 圈				$n=12.5$ 圈			
					H_0/mm	f_n/mm	F'/(N/mm)	m/10^{-3}kg	H_0/mm	f_n/mm	F'/(N/mm)	m/10^{-3}kg	H_0/mm	f_n/mm	F'/(N/mm)	m/10^{-3}kg
0.5	3	14	1.9	4.1	11	5.2	2.7	0.15	14	6.4	2.2	0.18	16	7.8	1.8	0.21
	3.5	12	2.4	4.6	13	7.1	1.7	0.18	16	8.6	1.4	0.21	19	10	1.2	0.24
	4	11	2.9	5.1	15	10	1.1	0.20	19	12	0.9	0.24	22	14	0.8	0.28
	4.5	9.6	3.4	5.6	18	12	0.8	0.23	22	16	0.6	0.27	26	19	0.5	0.31
	5	8.6	3.9	6.1	21	14	0.6	0.25	26	17	0.5	0.30	30	22	0.4	0.35
0.8	4	40	2.6	5.4	15	5.4	7.4	0.52	18	6.7	6.0	0.62	22	7.8	5.1	0.71
	4.5	36	3.1	5.9	16	6.9	5.2	0.58	20	8.6	4.2	0.69	24	10	3.6	0.80
	5	32	3.6	6.4	18	8.4	3.8	0.65	22	10	3.1	0.77	28	12	2.6	0.89
	6	27	4.2	7.8	22	12	2.2	0.78	28	15	1.8	0.92	32	18	1.5	1.07
	7	23	5.2	8.8	28	16	1.4	0.90	32	21	1.1	1.08	38	26	0.9	1.25
	8	20	6.2	9.8	32	22	0.9	1.03	40	25	0.8	1.23	48	33	0.6	1.43
1	4.5	68	2.9	6.1	16	5.2	13	0.91	20	6.8	10	1.08	24	7.8	8.7	1.25
	5	62	3.4	6.6	18	6.7	9.3	1.01	22	8.3	7.5	1.20	26	9.8	6.3	1.39
	6	51	4	8	20	9.4	5.4	1.21	26	12	4.4	1.44	30	14	3.7	1.67
	7	44	5	9	26	13	3.4	1.41	30	16	2.7	1.68	35	19	2.3	1.95
	8	38	6	10	30	17	2.3	1.62	35	21	1.8	1.92	42	25	1.5	2.23
	9	34	7	11	35	21	1.6	1.82	42	26	1.3	2.16	48	31	1.1	2.51
	10	31	8	12	40	26	1.2	2.02	48	34	0.9	2.40	58	39	0.8	2.79
1.2	6	86	3.8	8.2	22	7.8	11	1.74	25	9.6	9.0	2.08	30	11	7.6	2.41
	7	74	4.8	9.2	25	11	7.0	2.03	30	13	5.7	2.42	35	15	4.8	2.81
	8	65	5.8	10	28	14	4.7	2.33	35	17	3.8	2.77	40	20	3.2	3.21
	9	58	6.8	11	35	18	3.3	2.62	45	22	2.7	3.11	50	26	2.2	3.61
	10	52	7.8	12	40	22	2.4	2.91	50	26	2.0	3.46	58	33	1.6	4.01
	12	43	8.8	15	48	31	1.4	3.49	58	39	1.1	4.15	70	48	0.9	4.82
1.4	7	114	4.6	9.4	26	8.8	13	2.77	30	10	11	3.30	35	13	8.8	3.82
	8	100	5.6	10	28	11	8.7	3.17	35	14	7.1	3.77	40	17	5.9	4.37
	9	89	6.6	11	32	15	6.1	3.56	38	18	5.0	4.24	45	21	4.2	4.92
	10	80	7.6	12	35	18	4.5	3.96	42	22	3.6	4.71	50	27	3.0	5.46
	12	67	8.6	15	45	26	2.6	4.75	52	32	2.1	5.65	60	37	1.8	6.56
	14	57	11	17	55	36	1.6	5.54	65	44	1.3	6.59	75	52	1.1	7.65
1.6	8	145	5.4	11	28	9.7	15	4.13	35	12	12	4.92	40	15	10	5.71
	9	129	6.4	12	32	13	10	4.65	38	15	8.5	5.54	45	18	7.1	6.42
	10	116	7.4	13	35	15	7.6	5.17	42	19	6.2	6.15	48	22	5.2	7.14
	12	97	8.4	16	42	22	4.4	6.20	50	27	3.6	7.38	60	32	3.0	8.56
	14	83	10	18	50	30	2.8	7.24	60	38	2.2	8.61	70	44	1.9	9.99
	16	73	12	20	60	38	1.9	8.27	70	49	1.5	9.84	85	56	1.3	11.42

（续）

d/mm	D/mm	F_n/N	D_{Xmax}/mm	D_{Tmin}/mm	$n=2.5$圈 H_0/mm	f_n/mm	F'/(N/mm)	m/10^{-3}kg	$n=4.5$圈 H_0/mm	f_n/mm	F'/(N/mm)	m/10^{-3}kg	$n=6.5$圈 H_0/mm	f_n/mm	F'/(N/mm)	m/10^{-3}kg
1.8	9	179	6.2	12	13	3.1	57	2.52	18	5.6	32	3.64	25	8.1	22	4.77
	10	161	7.2	13	15	3.9	41	2.80	20	7.0	23	4.05	28	10	16	5.29
	12	134	8.2	16	16	5.6	24	3.36	24	10	13	4.86	32	15	9.2	6.35
	14	115	10	18	18	7.7	15	3.92	28	14	8.4	5.67	38	20	5.8	7.41
	16	101	12	20	20	10	10	4.49	32	18	5.6	6.48	45	26	3.9	8.47
	18	90	14	22	22	13	7	5.05	38	23	4.0	7.29	52	33	2.7	9.53
2	10	215	7	13	13	3.4	63	3.46	20	6.1	35	5.00	28	9.0	24	6.54
	12	179	8	16	15	4.8	37	4.15	24	9.0	20	6.00	32	13	14	7.84
	14	153	10	18	17	6.7	23	4.85	26	12	13	7.00	38	17	8.9	9.15
	16	134	12	20	19	8.9	15	5.54	30	16	8.6	8.00	42	23	5.9	10.46
	18	119	14	22	22	11	11	6.23	35	20	6.0	9.00	48	28	4.2	11.77
	20	107	15	25	24	14	7.9	6.92	40	24	4.4	10.00	55	36	3.0	13.07
2.5	12	339	7.5	17	16	3.8	89	6.49	26	6.8	50	9.37	32	10	34	12.26
	14	291	9.5	19	17	5.2	56	7.57	28	9.4	31	10.93	38	13	22	14.30
	16	255	12	21	19	6.7	38	8.65	30	12	21	12.50	40	18	14	16.34
	18	226	14	23	20	8.7	26	9.73	30	15	15	14.06	48	23	10	18.39
	20	204	15	26	24	11	19	10.81	38	19	11	15.62	52	28	7.4	20.43
	22	185	17	28	26	13	14	11.90	42	23	8.1	17.18	58	33	5.6	22.47
	25	163	20	31	30	16	10	13.52	48	30	5.5	19.53	70	43	3.8	25.53
3	14	475	9	19	18	4.1	117	10.90	28	7.3	65	15.75	39	11	45	20.59
	16	416	11	21	20	5.3	78	12.46	30	9.7	43	18.00	40	14	30	23.53
	18	370	13	23	22	6.7	55	14.02	35	12	30	20.25	45	18	21	26.47
	20	333	14	26	24	8.3	40	15.57	38	15	22	22.49	50	22	15	29.42
	22	303	16	28	24	10	30	17.13	40	18	17	24.74	58	25	12	32.36
	25	266	19	31	28	13	20	19.47	45	23	11	28.12	65	34	7.9	36.77
	28	238	22	34	32	16	15	21.80	52	29	8.1	31.49	70	43	5.6	41.18
	30	222	24	36	35	19	12	23.36	58	34	6.6	33.74	80	48	4.6	44.12
3.5	16	661	11	22	22	4.6	145	16.96	32	8.3	80	24.49	45	12	56	32.03
	18	587	13	24	22	5.8	102	19.08	35	10	56	27.56	48	15	39	36.03
	20	528	14	27	24	7.1	74	21.20	38	13	41	30.62	50	19	28	40.04
	22	480	16	29	26	8.6	56	23.32	40	15	31	33.68	55	23	21	44.04
	25	423	19	32	28	11	38	26.50	45	20	21	38.27	65	28	15	50.05
	28	377	22	35	32	14	27	29.68	50	25	15	42.86	70	38	10	56.05
	30	352	24	37	35	16	22	31.80	55	29	12	45.93	75	42	8.4	60.06
	32	330	25	40	38	18	18	33.92	60	33	10	48.99	80	47	7.0	64.06
	35	302	28	43	40	22	14	37.09	65	39	7.7	53.58	90	57	5.3	70.07

(续)

d/mm	D/mm	F_n/N	D_{Xmax}/mm	D_{Tmin}/mm	$n=8.5$圈				$n=10.5$圈				$n=12.5$圈			
					H_0/mm	f_n/mm	F'/(N/mm)	m/10^{-3}kg	H_0/mm	f_n/mm	F'/(N/mm)	m/10^{-3}kg	H_0/mm	f_n/mm	F'/(N/mm)	m/10^{-3}kg
1.8	9	179	6.2	12	32	11	17	5.89	38	13	14	7.01	42	16	11	8.13
	10	161	7.2	13	35	13	12	6.54	40	16	9.9	7.79	48	19	8.3	9.03
	12	134	8.2	16	40	19	7.1	7.85	50	24	5.7	9.34	58	28	4.8	10.84
	14	115	10	18	48	26	4.4	9.16	58	32	3.6	10.90	70	38	3.0	12.65
	16	101	12	20	60	34	3.0	10.47	70	42	2.4	12.46	80	51	2.0	14.45
	18	90	14	22	65	43	2.1	11.77	80	53	1.7	14.02	95	64	1.4	16.26
2	10	215	7	13	35	11	19	8.08	40	14	15	9.61	48	17	13	11.15
	12	179	8	16	40	16	11	9.69	48	21	8.7	11.54	58	25	7.3	13.38
	14	153	10	18	50	23	6.8	11.31	55	28	5.5	13.46	65	33	4.6	15.61
	16	134	12	20	55	30	4.5	12.92	65	37	3.7	15.38	75	43	3.1	17.84
	18	119	14	22	65	37	3.2	14.54	75	46	2.6	17.30	90	54	2.2	20.07
	20	107	15	25	75	47	2.3	16.15	90	56	1.9	19.23	105	67	1.6	22.30
2.5	12	339	7.5	17	40	13	26	15.14	50	16	21	18.02	58	19	18	20.91
	14	291	9.5	19	45	17	17	17.66	55	22	13	21.03	65	26	11	24.39
	16	255	12	21	52	23	11	20.19	65	28	9.0	24.03	75	34	7.5	27.88
	18	226	14	23	58	29	7.8	22.71	70	36	6.3	27.04	85	43	5.3	31.36
	20	204	15	26	65	36	5.7	25.23	80	44	4.6	30.04	95	52	3.9	34.85
	22	185	17	28	75	43	4.3	27.76	90	53	3.5	33.05	105	64	2.9	38.33
	25	163	20	31	90	56	2.9	31.54	105	68	2.4	37.55	120	82	2.0	43.56
3	14	475	9	19	48	14	34	25.44	58	17	28	30.28	65	21	23	35.13
	16	416	11	21	52	18	23	29.07	65	22	19	34.61	75	26	16	40.14
	18	370	13	23	58	23	16	32.70	70	28	13	38.93	80	34	11	45.16
	20	333	14	26	65	28	12	36.34	75	35	9.5	43.26	90	42	8.0	50.18
	22	303	16	28	70	34	8.8	39.97	85	42	7.2	47.58	100	51	6.0	55.20
	25	266	19	31	80	44	6.0	45.42	100	54	4.9	54.07	115	65	4.1	62.73
	28	238	22	34	95	55	4.3	50.87	115	68	3.5	60.56	140	82	2.9	70.25
	30	222	24	36	100	63	3.5	54.51	120	79	2.8	64.89	150	93	2.4	75.27
3.5	16	661	11	22	55	15	43	39.57	65	19	34	47.10	75	23	29	54.64
	18	587	13	24	58	20	30	44.51	70	24	24	52.99	80	29	20	61.47
	20	528	14	27	65	24	22	49.46	75	29	18	58.88	90	35	15	68.30
	22	480	16	29	70	30	16	54.41	85	37	13	64.77	100	44	11	75.13
	25	423	19	32	80	38	11	61.82	95	47	9.0	73.60	110	56	7.6	85.38
	28	377	22	35	90	48	7.9	69.24	110	59	6.4	82.43	130	70	5.4	95.62
	30	352	24	37	95	54	6.5	74.19	115	68	5.2	88.32	140	80	4.4	102.5
	32	330	25	40	105	62	5.3	79.14	130	77	4.3	94.21	150	92	3.6	109.3
	35	302	28	43	115	74	4.1	86.55	140	92	3.3	103.0	170	108	2.8	119.5

（续）

d/mm	D/mm	F_n/N	D_{Xmax}/mm	D_{Tmin}/mm	$n=2.5$圈 H_0/mm	f_n/mm	F'/(N/mm)	m/10^{-3}kg	$n=4.5$圈 H_0/mm	f_n/mm	F'/(N/mm)	m/10^{-3}kg	$n=6.5$圈 H_0/mm	f_n/mm	F'/(N/mm)	m/10^{-3}kg
4	20	764	13	27	26	6.1	126	27.69	38	11	70	39.99	52	16	49	52.30
	22	694	15	29	28	7.3	95	30.45	40	13	53	43.99	55	19	37	57.52
	25	611	18	32	30	9.4	65	34.61	45	17	36	49.99	60	24	25	65.37
	28	545	21	35	34	12	46	38.76	50	21	26	55.99	70	30	18	73.21
	30	509	23	37	36	14	37	41.53	55	24	21	59.99	75	36	14	78.44
	32	477	24	40	37	15	31	44.30	58	28	17	63.98	80	40	12	83.67
	35	436	27	43	41	18	24	48.45	65	34	13	69.98	90	48	9.1	91.52
	38	402	30	46	46	22	18	52.60	70	40	10	75.98	100	57	7.1	99.36
	40	382	32	48	48	24	16	55.37	75	43	8.8	79.98	105	63	6.1	104.6
4.5	22	988	15	30	28	6.5	152	38.54	42	12	85	55.67	58	17	59	72.80
	25	870	18	33	30	8.4	104	43.80	48	15	58	63.27	60	22	40	82.73
	28	777	21	36	32	11	74	49.06	50	19	41	70.86	70	28	28	92.66
	30	725	23	38	36	12	60	52.56	52	22	33	75.92	75	32	23	99.28
	32	680	24	41	37	14	49	56.06	58	25	27	80.98	75	36	19	105.9
	35	621	27	44	40	16	38	61.32	60	30	21	88.57	85	41	15	115.8
	38	572	30	47	44	19	30	66.58	65	36	16	96.16	90	52	11	125.8
	40	544	42	49	48	22	25	70.08	70	39	14	101.2	100	56	9.7	132.4
	45	483	37	54	54	27	18	78.84	85	48	10	113.9	120	71	6.8	148.9
5	25	1154	17	33	30	7	158	54.07	48	13	88	78.11	65	19	61	102.1
	28	1030	20	36	32	9	112	60.56	52	17	62	87.48	70	24	43	114.4
	30	962	22	38	35	11	91	64.89	55	19	51	93.73	75	27	35	122.6
	32	902	23	41	38	12	75	69.21	58	21	42	99.98	80	31	29	130.7
	35	824	26	44	40	14	58	75.70	60	26	32	109.3	85	37	22	143.0
	38	759	29	47	42	17	45	82.19	65	30	25	118.7	90	44	17	155.3
	40	721	31	49	45	18	39	86.52	70	34	21	125.0	100	48	15	163.4
	45	641	36	54	50	24	27	97.33	80	43	15	140.6	115	64	10	183.9
	50	577	41	59	55	29	20	108.1	95	52	11	156.2	130	76	7.6	204.3
6	30	1605	21	39	38	8	190	93.44	55	15	105	135.0	75	22	73	176.5
	32	1505	22	42	38	10	156	99.67	58	17	87	144.4	80	25	60	188.3
	35	1376	25	45	40	12	119	109.0	60	21	66	157.5	85	30	46	205.9
	38	1267	28	48	42	14	93	118.4	65	24	52	171.0	90	35	36	223.6
	40	1204	30	50	45	15	80	124.6	70	27	44	180.0	95	39	31	235.3
	45	1070	35	55	48	19	56	140.2	75	35	31	202.5	105	49	22	264.7
	50	963	40	60	52	23	41	155.7	85	42	23	224.9	120	60	16	294.2
	55	876	44	66	58	28	31	171.3	95	52	17	247.4	130	73	12	323.6
	60	803	49	71	65	33	24	186.9	105	62	13	269.9	150	88	9.1	353.0

（续）

d/mm	D/mm	F_n/N	D_{Xmax}/mm	D_{Tmin}/mm	$n=8.5$圈 H_0/mm	f_n/mm	F'/(N/mm)	m/10^{-3}kg	$n=10.5$圈 H_0/mm	f_n/mm	F'/(N/mm)	m/10^{-3}kg	$n=12.5$圈 H_0/mm	f_n/mm	F'/(N/mm)	m/10^{-3}kg
4	20	764	13	27	65	21	37	64.60	80	25	30	76.90	90	30	25	89.21
	22	694	15	29	70	25	28	71.06	85	30	23	84.60	100	37	19	98.13
	25	611	18	32	80	32	19	80.75	95	41	15	96.13	110	47	13	111.5
	28	545	21	35	90	39	14	90.44	105	50	11	107.7	130	59	9.2	124.9
	30	509	23	37	95	46	11	96.90	115	57	8.9	115.4	140	68	7.5	133.8
	32	477	24	40	100	52	9.1	103.4	120	65	7.3	123.0	150	77	6.2	142.7
	35	436	27	43	115	63	6.9	113.1	140	78	5.6	134.6	160	93	4.7	156.1
	38	402	30	46	130	74	5.4	122.7	150	91	4.4	146.1	180	109	3.7	169.5
	40	382	32	18	142	83	4.6	129.2	160	101	3.8	153.8	190	119	3.2	178.4
4.5	22	988	15	30	70	22	45	89.9	85	27	36	107.1	100	33	30	124.2
	25	870	18	33	80	29	30	102.2	95	35	25	121.7	110	41	21	141.1
	28	777	21	36	85	35	22	114.5	105	43	18	136.3	120	52	15	158.1
	30	725	23	38	90	40	18	122.6	110	52	14	146.0	130	60	12	169.4
	32	680	24	41	100	45	15	130.8	120	57	12	155.7	140	69	9.9	180.6
	35	621	27	44	105	56	11	143.1	130	69	9.0	170.3	150	82	7.6	197.6
	38	572	30	47	110	66	8.7	155.3	145	82	7.0	184.9	160	97	5.9	214.5
	40	544	42	49	130	74	7.4	163.5	160	91	6.0	194.7	190	107	5.1	225.8
	45	483	37	54	150	93	5.2	184.0	180	115	4.2	219.0	220	134	3.6	254.0
5	25	1154	17	33	80	25	46	126.2	100	30	38	150.2	115	36	32	174.2
	28	1030	20	36	90	31	33	141.3	105	38	27	168.2	120	47	22	195.1
	30	962	22	38	95	36	27	151.4	115	44	22	180.2	130	53	18	209.1
	32	902	23	41	100	41	22	161.5	120	50	18	192.3	140	60	15	223.0
	35	824	26	44	110	48	17	176.6	130	59	14	210.3	150	69	12	243.9
	38	759	29	47	120	58	13	191.8	140	69	11	228.3	170	84	9.0	264.8
	40	721	31	49	130	66	11	201.9	150	78	9.2	240.3	180	93	7.7	278.8
	45	641	36	54	140	80	8.0	227.1	180	99	6.5	270.4	200	118	5.4	313.6
	50	577	41	59	170	99	5.8	252.3	200	123	4.7	300.4	240	144	4.0	348.5
6	20	1605	21	39	95	29	56	218.0	115	36	45	259.6	130	42	38	301.1
	32	1505	22	42	100	33	46	232.6	120	41	37	276.9	140	49	31	321.2
	35	1376	25	45	105	39	35	254.4	130	49	28	302.8	150	57	24	351.3
	38	1267	28	48	115	47	27	276.2	140	58	22	328.8	160	67	19	381.4
	40	1204	30	50	120	50	24	290.7	140	63	19	346.1	170	75	16	401.4
	45	1070	35	55	140	63	17	327.0	160	82	13	389.3	190	97	11	451.6
	50	963	40	60	150	80	12	363.4	190	98	9.8	432.6	220	117	8.2	501.8
	55	876	44	66	170	97	9.0	399.7	200	120	7.3	475.8	240	141	6.2	552.0
	60	803	49	71	190	115	7.0	436.1	240	143	5.6	519.1	280	171	4.7	602.2

（续）

d/mm	D/mm	F_n/N	D_{Xmax}/mm	D_{Tmin}/mm	$n=2.5$圈 H_0/mm	f_n/mm	F'/(N/mm)	m/10^{-3}kg	$n=4.5$圈 H_0/mm	f_n/mm	F'/(N/mm)	m/10^{-3}kg	$n=6.5$圈 H_0/mm	f_n/mm	F'/(N/mm)	m/10^{-3}kg
8	32	3441	20	44	45	7	494	177.2	70	13	274	255.9	90	18	190	334.7
	35	3146	23	47	47	8	377	193.8	72	15	210	279.9	96	22	145	366.1
	38	2898	26	50	49	10	295	210.4	76	18	164	303.9	98	26	113	397.4
	40	2753	28	52	50	11	253	221.5	78	20	140	319.9	100	28	97	418.4
	45	2447	33	57	52	14	178	249.2	84	25	99	359.9	105	36	68	470.7
	50	2203	38	62	55	17	129	276.9	88	31	72	399.9	115	44	50	523.0
	55	2002	42	68	58	21	97	304.5	90	37	54	439.9	130	54	37	575.2
	60	1835	47	73	60	24	75	332.2	100	44	42	479.9	140	63	29	627.5
	65	1694	52	78	65	29	59	359.9	110	51	33	519.9	150	74	23	679.8
	70	1573	57	83	70	33	47	387.6	115	61	26	559.9	160	87	18	732.1
	75	1468	62	88	75	39	38	415.3	130	70	21	599.9	180	98	15	784.4
	80	1377	67	93	80	43	32	443.0	140	77	18	639.8	190	115	12	836.7
10	40	5181	26	54	56	8	617	346.1	80	15	343	499.9	110	22	237	653.7
	45	4605	31	59	58	11	433	389.3	85	19	241	562.4	115	28	167	735.4
	50	4145	36	64	61	13	316	432.6	90	24	176	624.9	120	34	122	817.1
	55	3768	40	70	64	16	237	475.8	95	29	132	687.3	130	41	91	898.8
	60	3454	45	75	68	19	183	519.1	105	34	102	749.8	140	49	70	980.5
	65	3188	50	80	72	22	144	562.4	110	40	80	812.3	150	58	55	1062
	70	2961	55	85	75	26	115	605.6	115	46	64	874.8	160	67	44	1144
	75	2763	60	90	80	29	94	648.9	120	53	52	937.3	170	77	36	1226
	80	2591	65	95	86	34	77	692.1	130	60	43	999.8	180	86	30	1307
	85	2438	69	101	92	38	64	735.4	140	68	36	1062	190	98	25	1389
	90	2303	74	106	94	43	54	778.7	150	77	30	1125	200	110	21	1471
	95	2181	79	111	98	47	46	821.9	160	84	26	1187	220	121	18	1553
	100	2072	84	116	100	52	40	865.2	170	94	21	1250	240	138	15	1634
12	50	6891	34	66	70	11	655	622.9	105	19	364	900	140	27	252	1177
	55	6264	38	72	75	13	492	685.2	110	23	274	990	150	33	189	1294
	60	5742	43	77	75	15	379	747.5	120	27	211	1080	160	39	146	1412
	65	5301	48	82	80	18	298	809.8	130	32	166	1170	170	46	115	1530
	70	4922	53	87	85	21	239	872.1	130	37	133	1260	180	54	92	1647
	75	4594	58	92	90	24	194	934.4	140	43	108	1350	190	61	75	1765
	80	4307	63	97	95	27	160	996.7	150	48	89	1440	200	69	62	1883
	85	4053	67	103	100	30	133	1059	160	55	74	1530	220	79	51	2000
	90	3828	72	108	105	34	112	1121	170	62	62	1620	240	89	43	2118
	95	3627	77	113	110	38	96	1184	180	68	53	1710	240	98	37	2236
	100	3445	82	118	115	42	82	1246	190	75	46	1800	260	108	32	2353
	110	3132	92	128	130	51	62	1370	220	92	34	1980	300	131	24	2589
	120	2871	102	138	140	61	47	1495	240	110	26	2159	340	160	18	2824

（续）

d/mm	D/mm	F_n/N	D_{Xmax}/mm	D_{Tmin}/mm	$n=8.5$ 圈				$n=10.5$ 圈				$n=12.5$ 圈			
					H_0/mm	f_n/mm	F'/(N/mm)	m/10^{-3}kg	H_0/mm	f_n/mm	F'/(N/mm)	m/10^{-3}kg	H_0/mm	f_n/mm	F'/(N/mm)	m/10^{-3}kg
8	32	3441	20	44	110	24	145	413.4	150	29	118	492.2	155	35	99	570.9
	35	3146	23	47	115	28	111	452.2	140	35	90	538.3	160	42	75	624.5
	38	2898	26	50	122	33	87	491.0	140	41	70	584.5	170	49	59	678.0
	40	2753	28	52	128	37	74	516.8	150	46	60	615.2	180	54	51	713.7
	45	2447	33	57	130	47	52	581.4	160	58	42	692.1	190	68	36	802.9
	50	2203	38	62	150	58	38	646.0	180	73	31	769.0	210	85	26	892.1
	55	2002	42	68	160	69	29	710.6	190	87	23	846.0	220	105	19	981.3
	60	1835	47	73	170	83	22	775.2	220	102	18	922.9	260	122	15	1071
	65	1694	52	78	190	100	17	839.8	240	121	14	999.8	280	141	12	1160
	70	1573	57	83	200	112	14	904.4	260	143	11	1077	300	167	9.4	1249
	75	1468	62	88	220	133	11	969.0	280	161	9.1	1154	320	191	7.7	1338
	80	1377	67	93	260	148	9.3	1034	300	184	7.5	1230	360	219	6.3	1427
10	40	5181	26	54	140	28	182	807.5	160	35	147	961.3	190	42	123	1115
	45	4605	31	59	140	36	127	908.4	170	45	103	1081	200	53	87	1255
	50	4145	36	64	150	45	93	1009	190	55	75	1202	220	66	63	1394
	55	3768	40	70	170	54	70	1110	200	66	57	1322	240	80	47	1533
	60	3454	45	75	180	64	54	1211	210	79	44	1442	260	93	37	1673
	65	3188	50	80	190	76	42	1312	220	94	34	1562	260	110	29	1812
	70	2961	55	85	200	87	34	1413	240	110	27	1682	280	129	23	1951
	75	2763	60	90	220	99	28	1514	260	126	22	1802	300	145	19	2091
	80	2591	65	95	240	113	23	1615	280	144	18	1923	340	173	15	2230
	85	2438	69	101	255	128	19	1716	300	163	15	2043	360	188	13	2370
	90	2303	74	106	270	144	16	1817	320	177	13	2163	380	210	11	2509
	95	2181	79	111	280	156	14	1918	340	198	11	2283	400	237	9.2	2648
	100	2072	84	116	300	173	12	2019	360	220	9.4	2403	420	262	7.9	2788
12	50	6891	34	66	180	36	193	1454	220	44	156	1730	260	53	131	2007
	55	6264	38	72	190	43	145	1599	230	54	117	1903	260	64	98	2208
	60	5742	43	77	200	51	112	1744	240	64	90	2076	280	76	76	2409
	65	5301	48	82	220	60	88	1890	260	75	71	2249	300	88	60	2609
	70	4922	53	87	230	70	70	2035	280	86	57	2423	320	103	48	2810
	75	4594	58	92	240	81	57	2180	300	100	46	2596	340	118	39	3011
	80	4307	63	97	260	92	47	2326	320	113	38	2769	380	135	32	3212
	85	4053	67	103	280	104	39	2471	340	127	32	2942	400	152	27	3412
	90	3828	72	108	300	116	33	2616	360	142	27	3115	420	174	22	3613
	95	3627	77	113	320	130	28	2762	380	158	23	3288	450	191	19	3814
	100	3445	82	118	340	144	24	2907	420	172	20	3461	480	215	16	4014
	110	3132	92	128	380	174	18	3198	480	209	15	3807	550	261	12	4416
	120	2871	102	138	450	205	14	3488	520	261	11	4153	620	302	9.5	4817

（续）

d /mm	D /mm	F_n /N	$D_{X\max}$ /mm	$D_{T\min}$ /mm	$n=2.5$ 圈				$n=4.5$ 圈				$n=6.5$ 圈			
					H_0 /mm	f_n /mm	F' /(N/mm)	m /10^{-3}kg	H_0 /mm	f_n /mm	F' /(N/mm)	m /10^{-3}kg	H_0 /mm	f_n /mm	F' /(N/mm)	m /10^{-3}kg
14	60	10627	41	79	82	15	703	1017	130	27	390	1470	170	39	270	1922
	65	9809	46	84	85	18	553	1102	135	32	307	1592	180	46	213	2082
	70	9109	51	89	90	21	442	1187	140	37	246	1715	190	54	170	2242
	75	8501	56	94	95	24	360	1272	145	43	200	1837	200	62	138	2402
	80	7970	61	99	105	27	296	1357	150	48	165	1960	210	70	114	2562
	85	7501	65	105	110	30	247	1441	160	55	137	2082	220	79	95	2723
	90	7084	70	110	115	34	208	1526	170	61	116	2204	240	89	80	2883
	95	6712	75	115	120	38	177	1611	180	68	98	2327	240	99	68	3043
	100	6376	80	120	125	42	152	1696	190	76	84	2449	260	110	58	3203
	110	5796	90	130	130	51	114	1865	200	92	63	2694	280	132	44	3523
	120	5313	100	140	140	60	88	2035	220	108	49	2939	320	156	34	3844
	130	4905	109	151	150	71	69	2204	260	129	38	3184	360	182	27	4164
16	65	14642	44	86	90	16	943	1440	140	28	524	2080	190	40	363	2719
	70	13596	49	91	95	18	755	1550	150	32	419	2239	200	47	290	2929
	75	12690	54	96	100	21	614	1661	150	37	341	2399	210	54	236	3138
	80	11897	59	101	100	24	506	1772	160	42	281	2559	220	61	194	3347
	85	11197	63	107	105	27	422	1883	165	48	234	2719	230	69	162	3556
	90	10575	68	112	110	30	355	1993	170	54	197	2879	240	77	137	3765
	95	10018	73	117	115	33	302	2104	180	60	168	3039	250	86	116	3974
	100	9517	78	122	120	37	259	2215	190	66	144	3199	260	95	100	4184
	110	8652	88	132	130	45	194	2436	200	80	108	3519	280	115	75	4602
	120	7931	98	142	140	53	150	2658	220	96	83	3839	320	137	58	5020
	130	7321	107	153	150	62	118	2879	240	113	65	4159	340	163	45	5439
	140	6798	117	163	160	72	94	3101	260	131	52	4479	380	189	36	5857
	150	6345	127	173	180	82	77	3322	300	148	43	4799	400	212	30	6275
18	75	18068	52	98	105	18	983	2102	160	33	546	3037	220	48	378	3971
	80	16939	57	103	105	21	810	2243	160	38	450	3239	230	54	311	4236
	85	15943	61	109	110	24	675	2383	170	43	375	3442	240	61	260	4501
	90	15057	66	114	115	26	569	2523	180	48	316	3644	250	69	219	4765
	95	14264	71	119	120	29	484	2663	185	53	269	3847	260	77	186	5030
	100	13551	76	124	120	33	415	2803	190	59	230	4049	270	85	159	5295
	110	12319	86	134	130	39	312	3084	200	71	173	4454	280	103	120	5824
	120	11293	96	144	140	47	240	3364	220	85	133	4859	300	123	92	6354
	130	10424	105	155	150	55	189	3644	240	99	105	5264	340	143	73	6883
	140	9679	115	165	160	64	151	3924	260	115	84	5669	360	167	58	7413
	150	9034	125	175	170	73	123	4205	280	133	68	6074	400	192	47	7942
	160	8470	134	186	190	84	101	4485	300	151	56	6478	420	217	39	8472
	170	7971	143	197	200	95	84	4765	340	170	47	6883	480	249	32	9001

（续）

d /mm	D /mm	F_n /N	D_{Xmax} /mm	D_{Tmin} /mm	n=8.5 圈				n=10.5 圈				n=12.5 圈			
					H_0 /mm	f_n /mm	F' /(N/mm)	m /10⁻³kg	H_0 /mm	f_n /mm	F' /(N/mm)	m /10⁻³kg	H_0 /mm	f_n /mm	F' /(N/mm)	m /10⁻³kg
14	60	10627	41	79	220	51	207	2374	260	64	167	2826	300	75	141	3278
	65	9809	46	84	230	60	163	2572	270	74	132	3062	320	88	111	3552
	70	9109	51	89	240	70	130	2770	280	87	105	3297	340	104	88	3825
	75	8501	56	94	250	80	106	2968	300	99	86	3533	360	118	72	4098
	80	7970	61	99	270	92	87	3165	320	112	71	3768	380	135	59	4371
	85	7501	65	105	280	103	73	3363	340	127	59	4004	400	153	49	4644
	90	7084	70	110	300	116	61	3561	360	142	50	4239	420	169	42	4918
	95	6712	75	115	320	129	52	3759	380	160	42	4475	450	192	35	5191
	100	6376	80	120	320	142	45	3957	400	177	36	4710	480	213	30	5464
	110	5796	90	130	360	170	34	4352	450	215	27	5181	520	252	23	6011
	120	5313	100	140	400	204	26	4748	500	253	21	5653	580	295	18	6557
	130	4905	109	151	450	245	20	5144	550	307	16	6124	650	350	14	7103
16	65	14642	44	86	240	53	277	3359	280	65	224	3999	340	77	189	4639
	70	13596	49	91	240	61	222	3618	300	76	180	4307	350	90	151	4996
	75	12690	54	96	260	71	180	3876	320	87	146	4614	360	103	123	5353
	80	11897	59	101	260	80	149	4134	320	99	120	4922	380	118	101	5709
	85	11197	63	107	280	90	124	4393	340	112	100	5230	400	133	84	6066
	90	10575	68	112	300	102	104	4651	360	124	85	5537	420	149	71	6423
	95	10018	73	117	320	113	89	4910	380	139	72	5845	450	167	60	6780
	100	9517	78	122	320	125	76	5168	400	154	62	6152	480	183	52	7137
	110	8652	88	132	360	152	57	5685	450	188	46	6768	520	222	39	7850
	120	7931	98	142	400	180	44	6202	480	220	36	7383	580	264	30	8564
	130	7321	107	153	450	209	35	6718	520	261	28	7998	620	305	24	9278
	140	6798	117	163	480	243	28	7235	580	309	22	8613	680	358	19	9991
	150	6345	127	173	520	276	23	7752	650	352	18	9229	750	423	15	10705
18	75	18068	52	98	260	63	289	4906	320	77	234	5840	380	92	197	6774
	80	16939	57	103	280	71	238	5233	340	88	193	6229	400	105	162	7226
	85	15943	61	109	290	80	199	5560	350	99	161	6619	410	118	135	7678
	90	15057	66	114	300	90	167	5887	360	112	135	7008	420	132	114	8129
	95	14264	71	119	320	100	142	6214	380	124	115	7397	450	147	97	8581
	100	13551	76	124	340	111	122	6541	400	137	99	7787	480	163	83	9032
	110	12319	86	134	360	134	92	7195	450	166	74	8565	520	199	62	9936
	120	11293	96	144	400	159	71	7849	480	198	57	9344	550	235	48	10839
	130	10424	105	155	420	186	56	8503	520	232	45	10123	620	274	38	11742
	140	9679	115	165	450	220	44	9157	550	269	36	10901	650	323	30	12645
	150	9034	125	175	500	251	36	9811	620	312	29	11680	720	361	25	13549
	160	8470	134	186	550	282	30	10465	680	353	24	12459	800	426	20	14452
	170	7971	143	197	600	319	25	11119	720	399	20	13237	850	469	17	15355

（续）

d /mm	D /mm	F_n /N	D_{Xmax} /mm	D_{Tmin} /mm	$n=2.5$ 圈				$n=4.5$ 圈				$n=6.5$ 圈			
					H_0 /mm	f_n /mm	F' /(N/mm)	m /10^{-3}kg	H_0 /mm	f_n /mm	F' /(N/mm)	m /10^{-3}kg	H_0 /mm	f_n /mm	F' /(N/mm)	m /10^{-3}kg
20	80	23236	55	105	115	19	1234	2786	170	34	686	4025	240	49	475	5263
	85	21869	59	111	120	21	1029	2960	180	38	572	4276	250	55	396	5592
	90	20654	64	116	130	24	867	3135	190	43	482	4528	260	62	333	5921
	95	19567	69	121	140	27	737	3309	200	48	410	4779	270	69	284	6250
	100	18589	74	126	150	29	632	3483	210	53	351	5031	280	76	243	6579
	110	16899	84	136	160	36	475	3831	220	64	264	5534	290	92	183	7237
	120	15491	94	146	170	42	366	4179	230	76	203	6037	300	110	141	7895
	130	14299	103	157	180	50	288	4528	240	89	160	6540	340	129	111	8552
	140	13278	113	167	190	58	230	4876	260	104	128	7043	360	149	89	9210
	150	12393	123	177	200	66	187	5224	280	119	104	7546	380	172	72	9868
	160	11618	132	188	205	75	154	5573	300	135	86	8049	420	197	59	10526
	170	10935	141	199	210	85	129	5921	320	154	71	8552	450	223	49	11184
	180	10327	151	209	220	96	108	6269	340	172	60	9056	480	246	42	11842
	190	9784	160	220	230	106	92	6618	380	192	51	9559	520	280	35	12500
25	100	36306	69	131	140	24	1543	5407	220	42	857	7811	300	61	593	10214
	110	33006	79	141	150	28	1159	5948	230	51	644	8592	310	74	446	11235
	120	30255	89	151	160	34	893	6489	240	61	496	9373	320	88	343	12257
	130	27928	98	162	160	40	702	7030	260	72	390	10154	340	103	270	13278
	140	25933	108	172	170	46	562	7570	270	83	312	10935	360	120	216	14300
	150	24204	118	182	180	53	457	8111	280	95	254	11716	380	138	176	15321
	160	22691	127	193	190	60	377	8652	300	109	209	12497	420	156	145	16342
	170	21357	136	204	200	68	314	9193	320	123	174	13278	450	177	121	17364
	180	20170	146	214	210	76	265	9733	340	137	147	14059	450	198	102	18385
	190	19109	155	225	220	85	225	10274	360	153	125	14840	500	220	87	19406
	200	18153	165	235	240	94	193	10815	380	170	107	15621	520	245	74	20428
	220	16503	184	256	260	114	145	11896	450	204	81	17183	580	295	56	22471
30	120	52281	84	156	170	28	1852	9404	260	51	1029	13583	340	73	712	17763
	130	48259	93	167	180	33	1456	10187	280	60	809	14715	360	86	560	19243
	140	44812	103	177	185	38	1166	10971	290	69	648	15847	380	100	448	20723
	150	41825	113	187	190	44	948	11755	300	79	527	16979	400	115	365	22204
	160	39211	122	198	210	50	781	12538	310	90	434	18111	420	131	300	23684
	170	36904	131	209	220	57	651	13322	320	102	362	19243	450	148	250	25164
	180	34854	141	219	230	63	549	14106	340	114	305	20375	460	165	211	26644
	190	33020	150	230	240	71	466	14889	360	127	259	21507	480	184	179	28124
	200	31369	160	240	250	78	400	15673	380	141	222	22639	520	204	154	29605
	220	28517	179	261	260	95	300	17240	420	171	167	24903	580	246	116	32565
	240	26141	198	282	280	113	231	18808	450	203	129	27167	620	294	89	35526
	260	24130	217	303	300	133	182	20375	500	239	101	29431	700	345	70	38486

（续）

d /mm	D /mm	F_n /N	D_{Xmax} /mm	D_{Tmin} /mm	$n=8.5$ 圈				$n=10.5$ 圈				$n=12.5$ 圈			
					H_0 /mm	f_n /mm	F' /(N/mm)	m /10^{-3}kg	H_0 /mm	f_n /mm	F' /(N/mm)	m /10^{-3}kg	H_0 /mm	f_n /mm	F' /(N/mm)	m /10^{-3}kg
20	80	23236	55	105	300	64	363	6460	350	79	294	7690	400	94	247	8921
	85	21869	59	111	310	72	303	6864	360	89	245	8171	420	106	206	9479
	90	20654	64	116	320	81	255	7268	380	100	206	8652	450	119	173	10036
	95	19567	69	121	330	90	217	7671	400	111	176	9132	460	133	147	10594
	100	18589	74	126	340	100	186	8075	420	124	150	9613	480	148	126	11151
	110	16899	84	136	360	121	140	8883	450	150	113	10574	520	178	95	12266
	120	15491	94	146	400	143	108	9690	480	178	87	11536	550	212	73	13381
	130	14299	103	157	420	168	85	10498	520	210	68	12497	600	247	58	14497
	140	13278	113	167	450	195	68	11305	550	241	55	13458	650	289	46	15612
	150	12393	123	177	500	225	55	12113	600	275	45	14420	700	335	37	16727
	160	11618	132	188	520	258	45	12920	650	314	37	15381	780	375	31	17842
	170	10935	141	199	580	288	38	13728	700	353	31	16342	850	421	26	18957
	180	10327	151	209	620	323	32	14535	750	397	26	17304	900	469	22	20072
	190	9784	160	220	680	362	27	15343	850	445	22	18265	950	544	18	21187
25	100	36306	69	131	360	80	454	12617	420	99	367	15020	520	117	309	17424
	110	33006	79	141	380	97	341	13879	460	120	276	16523	550	142	232	19166
	120	30255	89	151	400	115	263	15141	500	142	213	18025	580	169	179	20909
	130	27928	98	162	420	135	207	16402	520	167	167	19527	620	199	140	22651
	140	25933	108	172	450	157	165	17664	550	193	134	21029	650	232	112	24393
	150	24204	118	182	500	181	134	18926	600	222	109	22531	700	266	91	26136
	160	22691	127	193	520	204	111	20188	620	252	90	24033	750	303	75	27878
	170	21357	136	204	550	232	92	21449	680	285	75	25535	800	339	63	29620
	180	20170	146	214	600	263	78	22711	720	320	63	27037	850	381	53	31363
	190	19109	155	225	620	290	66	23973	780	354	54	28539	880	425	45	33105
	200	18153	165	235	680	318	57	25234	800	395	46	30041	900	465	39	34848
	220	16503	184	256	750	384	43	27758	850	472	35	33045	950	569	29	38332
30	120	52281	84	156	450	96	545	21942	520	119	441	26122	620	141	370	30301
	130	48259	93	167	460	113	428	23771	550	139	347	28299	650	166	291	32826
	140	44812	103	177	480	131	343	25599	580	161	278	30475	680	192	233	35351
	150	41825	113	187	500	150	279	27428	620	185	226	32652	720	220	190	37877
	160	39211	122	198	520	170	230	29256	650	211	186	34829	750	251	156	40402
	170	36904	131	209	550	192	192	31085	680	238	155	37006	800	284	130	42927
	180	34854	141	219	580	216	161	32913	720	266	131	39183	850	317	110	45452
	190	33020	150	230	620	241	137	34742	750	297	111	41359	880	355	93	47977
	200	31369	160	240	650	266	118	36570	800	330	95	43536	910	392	80	50502
	220	28517	179	261	720	324	88	40228	900	396	72	47890	950	475	60	55552
	240	26141	198	282	800	384	68	43885	920	475	55	52244				
	260	24130	217	303	900	447	54	47542	980	561	43	56597				

（续）

d/mm	D/mm	F_n/N	D_{Xmax}/mm	D_{Tmin}/mm	$n=2.5$圈				$n=4.5$圈				$n=6.5$圈			
					H_0/mm	f_n/mm	F'/(N/mm)	m/10⁻³kg	H_0/mm	f_n/mm	F'/(N/mm)	m/10⁻³kg	H_0/mm	f_n/mm	F'/(N/mm)	m/10⁻³kg
35	140	71160	92	182	200	33	2160	14933	300	59	1200	21570	400	86	831	28207
	150	66416	108	192	210	38	1756	16000	320	68	976	23111	420	98	675	30221
	160	62265	117	203	230	43	1447	17066	330	77	804	24651	450	112	557	32236
	170	58603	126	214	235	49	1206	18133	340	87	670	26192	460	126	464	34251
	180	55347	136	224	240	54	1016	19200	360	98	565	27733	480	142	391	36266
	190	52434	145	235	250	61	864	20266	370	109	480	29273	500	158	332	38280
	200	49812	155	245	260	67	741	21333	380	121	412	30814	520	175	285	40295
	220	45284	174	266	270	81	557	23466	420	147	309	33895	580	212	214	44325
	240	41510	193	287	280	97	429	25599	450	174	238	36977	620	252	165	48354
	260	38317	212	308	300	114	337	27733	480	205	187	40058	680	295	130	52384
	280	35580	231	329	320	132	270	29866	520	237	150	43140	720	342	104	56413
	300	33208	250	350	360	151	220	31999	580	272	122	46221	800	395	84	60443
40	160	92944	112	208	220	38	2469	22149	340	68	1372	31992	460	98	950	41836
	170	87477	121	219	230	43	2058	23533	360	77	1143	33992	480	110	792	44451
	180	82617	131	229	240	48	1734	24917	370	86	963	35991	500	24	667	47066
	190	78269	140	240	250	53	1474	26301	380	96	819	37991	520	138	567	49681
	200	74355	150	250	260	59	1264	27686	400	106	702	39991	520	163	486	52295
	220	67596	169	271	280	71	950	30454	420	128	528	43990	580	185	365	57525
	240	61963	188	292	290	85	731	33223	450	153	406	47989	620	221	281	62754
	260	57196	207	313	300	99	575	35991	480	179	320	51988	680	259	221	67984
	280	53111	226	334	320	115	461	38760	520	207	256	55987	720	300	177	73213
	300	49570	245	355	340	132	375	41529	550	238	208	59986	780	344	144	78443
	320	46472	264	376	380	150	309	44297	600	272	171	63985	850	391	119	83673
45	180	117632	126	234	260	42	2777	31738	360	76	1543	45844	480	110	1068	59949
	190	111441	135	245	270	47	2361	33501	360	85	1312	48391	500	123	908	63280
	200	105869	145	255	275	52	2025	35264	280	94	1125	50937	520	136	779	66611
	220	96245	164	276	280	63	1521	38791	400	114	845	56031	550	165	585	73272
	240	88224	183	297	290	75	1172	42317	440	136	651	61125	580	196	451	79933
	260	81438	202	318	300	88	922	45844	450	159	512	66219	650	230	354	86594
	280	75621	221	339	320	102	738	49370	500	184	410	71312	680	266	284	93255
	300	70579	240	360	320	118	600	52897	520	212	333	76406	720	306	231	99916
	320	66168	259	381	340	134	494	56423	550	241	275	81500	780	348	190	106577
	340	62276	278	402	380	151	412	59949	600	272	229	86594	850	392	159	113238
50	200	145225	140	260	280	47	3086	43536	450	85	1714	62886	580	122	1187	82235
	220	132023	159	281	300	57	2319	47890	450	103	1288	69174	620	148	892	90459
	240	121021	178	302	320	68	1786	52244	480	122	992	75463	650	176	687	98682
	260	111712	197	323	320	80	1405	56597	500	143	780	81751	680	207	540	106906
	280	103732	216	344	340	92	1125	60951	550	166	625	88040	720	240	433	115129
	300	96817	235	365	360	106	914	65304	580	191	508	94329	780	275	352	123353
	320	90766	254	386	380	121	753	69658	600	217	419	100617	820	313	290	131576
	340	85426	273	407	400	136	628	74012	620	245	349	106906	850	353	242	139800

（续）

d /mm	D /mm	F_n /N	D_{Xmax} /mm	D_{Tmin} /mm	$n=8.5$ 圈 H_0 /mm	f_n /mm	F' /(N/mm)	m /10^{-3} kg	$n=10.5$ 圈 H_0 /mm	f_n /mm	F' /(N/mm)	m /10^{-3} kg	$n=12.5$ 圈 H_0 /mm	f_n /mm	F' /(N/mm)	m /10^{-3} kg
35	140	71160	92	182	500	112	635	34844	620	138	514	41480	720	165	432	48117
	150	66416	108	192	520	128	517	37332	650	159	418	44443	740	189	351	51554
	160	62265	111	203	550	146	426	39821	680	180	345	47406	760	215	289	54991
	170	58603	126	214	580	165	355	42310	700	204	287	50369	780	243	241	58428
	180	55347	136	224	600	185	299	44799	720	229	242	53332	820	273	203	61865
	190	52434	145	235	620	206	254	47288	750	255	206	56295	850	303	173	65302
	200	49812	155	245	650	228	218	49776	800	283	176	59258	880	337	148	68739
	220	45284	174	266	720	276	164	54754	850	340	133	65184	950	408	111	75613
	240	41510	193	287	780	329	126	59732	880	407	102	71109				
	260	38317	212	308	850	387	99	64709	950	479	80	77035				
	280	35580	231	329	900	450	79	69687								
	300	33208	250	350	950	514	65	74665								
40	160	92944	112	208	580	128	726	52011	700	158	588	61918	780	188	494	71825
	170	87477	121	219	600	145	605	55262	720	179	490	65788	820	212	412	76314
	180	82617	131	229	620	162	510	58513	740	200	413	69658	840	238	347	80803
	190	78269	140	240	650	180	434	61763	760	223	351	73528	860	265	295	85292
	200	74355	150	250	680	200	372	65014	780	247	301	77398	900	294	253	89782
	220	67596	169	271	720	242	279	71516	820	299	226	85138	950	356	190	98760
	240	61963	188	292	750	288	215	78017	850	356	174	92877				
	260	57196	207	313	780	338	169	84518	950	417	137	99976				
	280	53111	226	334	850	393	135	91020								
	300	49570	245	355	900	450	110	97521								
	320	46472	264	376	950	512	91	104023								
45	180	117632	126	234	640	144	817	74055	720	178	661	88161	880	212	555	102267
	190	111441	135	245	660	160	695	78169	150	198	562	93059	950	236	472	107948
	200	105869	145	255	680	178	595	82284	780	220	482	97957				
	220	96245	164	276	700	215	447	90512	850	266	362	107752				
	240	88224	183	297	740	256	345	98740	950	316	279	117548				
	260	81438	202	318	800	301	271	106969								
	280	75621	221	339	840	348	217	115197								
	300	70579	240	360	900	401	176	123425								
	320	66168	259	381												
	340	62276	278	402												
50	200	145225	140	260	720	160	908	111743	850	198	735	133028				
	220	132023	159	281	780	194	682	121902	880	239	552	145121				
	240	121021	178	302	800	230	525	132060	950	285	425	157214				
	260	111712	197	323	850	270	413	142219								
	280	103732	216	344												
	300	96817	235	365												
	320	90766	254	386												

（续）

d/mm	D/mm	F_n/N	D_{Xmax}/mm	D_{Tmin}/mm	$n=2.5$ 圈 H_0/mm	f_n/mm	F'/(N/mm)	m/10^{-3}kg	$n=4.5$ 圈 H_0/mm	f_n/mm	F'/(N/mm)	m/10^{-3}kg	$n=6.5$ 圈 H_0/mm	f_n/mm	F'/(N/mm)	m/10^{-3}kg
55	200	193294	292	428	310	43	4518	52679	460	77	2510	76092	610	111	1738	99505
	220	175722	311	449	330	52	3395	57947	480	93	1886	83701	640	135	1306	109455
	240	161079	330	470	350	62	2615	63215	500	111	1453	91310	670	160	1006	119406
	260	148688	349	491	370	72	2056	68483	520	130	1142	98919	700	188	791	129356
	280	138067	368	512	390	84	1647	73750	540	151	915	106528	730	218	633	139306
	300	128863	387	533	410	96	1339	79018	560	173	744	114138	750	250	515	149257
	320	120809	406	554	430	110	1103	84286	580	197	613	121747	790	285	424	159207
	340	113703	425	575	450	124	920	89554	600	223	511	129356	830	321	354	169158
60	200	193294	444	617	350	30	6399	62692	480	54	3555	90555	620	79	2461	118419
	220	175722	463	638	370	37	4808	68961	500	66	2671	99611	640	95	1849	130261
	240	161079	482	659	390	43	3703	75231	520	78	2057	108667	660	113	1424	142102
	260	148688	501	680	410	51	2913	81500	540	92	1618	117722	680	133	1120	153944
	280	138067	520	701	430	59	2332	87769	560	107	1296	126778	700	154	897	165786
	300	128863	539	722	450	68	1896	94038	580	122	1053	135833	720	177	729	177628
	320	120809	558	743	470	77	1562	100308	620	139	868	144889	740	201	601	189470
	340	113703	577	764	490	87	1302	106577	640	157	724	153944	780	227	501	201312

d/mm	D/mm	F_n/N	D_{Xmax}/mm	D_{Tmin}/mm	$n=8.5$ 圈 H_0/mm	f_n/mm	F'/(N/mm)	m/10^{-3}kg	$n=10.5$ 圈 H_0/mm	f_n/mm	F'/(N/mm)	m/10^{-3}kg	$n=12.5$ 圈 H_0/mm	f_n/mm	F'/(N/mm)	m/10^{-3}kg
55	200	193294	292	428	740	145	1329	122917	900	180	1076	146330				
	220	175722	311	449	780	176	998	135209	950	217	808	160963				
	240	161079	330	470	800	209	769	147501								
	260	148688	349	491	860	246	605	159793								
	280	138067	368	512	900	285	484	172084								
	300	128863	387	533	950	327	394	184376								
60	200	193294	444	617	760	103	1882	146282								
	220	175722	463	638	800	124	1414	160910								
	240	161079	482	659	850	148	1089	175538								
	260	148688	501	680	900	173	857	190167								
	280	138067	520	701	950	201	686	204795								
	300	128863	539	722												

注：1. 质量 m 为近似值，仅作参考。F_n 取 $0.8F_s$。f_n 取 $0.8f_s$。支承圈 $n_z=2$ 圈。F' 为弹簧刚度。

2. 技术要求

1）弹簧材料。采用冷卷工艺时，选用材料性能不低于 GB/T 4357—1989 中 C 级碳素弹簧钢丝；采用热卷工艺时，选用材料性能不低于 GB/T 1222 的 60Si2MnA 的材料。如采用其他种类的材料，在计算中应采用其相应的力学性能数据。

2）芯轴及套筒。弹簧高径比 $b = H_0/D > 3.7$ 时，应考虑设置芯轴或套筒，见图 c。

3）制造精度。冷卷或热卷弹簧的制造精度分别按 GB/T 1239.2 或 GB/T 23934 规定的 2、3 级精度选用。

4）表面处理。弹簧表面处理需要时在订货合同中注明，表面处理的介质、方法应符合相应的环境保护法规，应尽量避免采用可能导致氢脆的表面处理方法。

5）弹簧其他技术要求。弹簧其他技术要求可按 GB/T 1239.2 或 GB/T 23934 的规定。

6）标记方法。弹簧的标记由类型代号、规格、精度代号、旋向代号和标准号组成，规定如下：

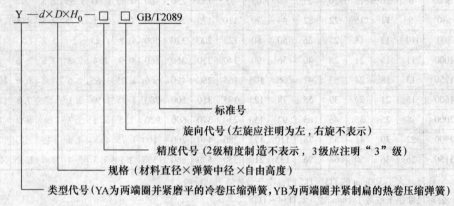

$$Y\!-\!d\!\times\!D\!\times\!H_0\!-\!\square\ \square\ GB/T2089$$

标准号

旋向代号（左旋应注明为左，右旋不表示）

精度代号（2级精度制造不表示，3级应注明"3"级）

规格（材料直径×弹簧中径×自由高度）

类型代号（YA 为两端圈并紧磨平的冷卷压缩弹簧，YB 为两端圈并紧制扁的热卷压缩弹簧）

7）标记示例

例1　YA 型弹簧，材料直径 1.2mm，弹簧中径 8mm，自由高度 40mm，精度等级为 2 级，左旋的两端圈并紧磨平的冷卷压缩弹簧。

标记：YA 1.2×8×40　左 GB/T 2089

例2　YB 型弹簧，材料直径为 30mm，弹簧中径 150mm，自由高度 320mm，精度等级为 3 级，右旋的并紧制扁的热卷压缩，表面涂漆处理弹簧。

标记：YB 30×150×320 3 GB/T 2089

附录 M　标准公差数值（GB/T 1800.1—2009）

公称尺寸/mm		标准公差等级																	
大于	至	IT1	IT2	IT3	IT4	IT5	IT6	IT7	IT8	IT9	IT10	IT11	IT12	IT13	IT14	IT15	IT16	IT17	IT18
		μm											mm						
—	3	0.8	1.2	2	3	4	6	10	14	25	40	60	0.1	0.14	0.25	0.4	0.6	1	1.4
3	6	1	1.5	2.5	4	5	8	12	18	30	48	75	0.12	0.18	0.3	0.48	0.75	1.2	1.8
6	10	1	1.5	2.5	4	6	9	15	22	36	58	90	0.15	0.22	036	0.58	0.9	1.5	2.2
10	18	1.2	2	3	5	8	11	18	27	43	70	110	0.18	0.27	0.43	0.7	1.1	1.8	2.7
18	30	1.5	2.5	4	6	9	13	21	33	52	84	130	0.21	0.33	0.52	0.84	1.3	2.1	3.3
30	50	1.5	2.5	4	7	11	16	25	39	62	100	160	0.25	0.39	0.62	1	1.6	2.5	3.9
50	80	2	3	5	8	13	19	30	46	74	120	190	0.3	0.46	0.74	1.2	1.9	3	4.6
80	120	2.5	4	6	10	15	22	35	54	87	140	220	0.35	0.54	0.87	1.4	2.2	3.5	5.4
120	180	3.5	5	8	12	18	25	40	63	100	160	250	0.4	0.63	1	1.6	2.5	4	6.3

（续）

公称尺寸/mm		标准公差等级																	
		IT1	IT2	IT3	IT4	IT5	IT6	IT7	IT8	IT9	IT10	IT11	IT12	IT13	IT14	IT15	IT16	IT17	IT18
大于	至	μm											mm						
180	250	4.5	7	10	14	20	29	46	72	115	185	290	0.46	0.72	1.15	1.85	2.9	4.6	7.2
250	315	6	8	12	16	23	32	52	81	130	210	320	0.52	0.81	1.3	2.1	3.2	5.2	8.1
315	400	7	9	13	18	25	36	57	89	140	230	360	0.57	0.89	1.4	2.3	3.6	5.7	8.9
400	500	8	10	15	20	27	40	63	97	155	250	400	0.63	0.97	1.55	2.5	4	6.3	9.7
500	630	9	11	16	22	32	44	70	110	175	280	440	0.7	1.1	1.75	2.8	4.4	7	11
630	800	10	13	18	25	36	50	80	125	200	320	500	0.8	1.25	2	3.2	5	8	12.5
800	1000	11	15	21	28	40	56	90	140	230	360	560	0.9	1.4	2.3	3.6	5.6	9	14
1000	1250	13	18	24	33	47	66	105	165	260	420	660	1.05	1.65	2.6	4.2	6.6	10.5	16.5
1250	1600	15	21	29	39	55	78	125	195	310	500	780	1.25	1.95	3.1	5	7.8	12.5	19.5
1600	2000	i8	25	35	46	65	92	150	230	370	600	920	1.5	2.3	3.7	6	9.2	15	23
2000	2500	22	30	41	55	78	110	175	280	440	700	1100	1.75	2.8	4.4	7	11	17.5	28
2500	3150	26	36	50	68	96	135	210	330	540	860	1350	2.1	3.3	5.4	8.6	13.5	21	33

注：1. 公称尺寸大于 500mm 的 IT1 ~ IT5 的标准公差数值为试行的。

2. 公称尺寸小于或等于 1mm 时，无 IT14 ~ IT18。

参 考 文 献

[1]　王先逵，李旦卷. 机械加工工艺手册：第一卷 [M]. 北京：机械工业出版社，2006.

[2]　邹青. 机械制造技术基础课程设计指导教程 [M]. 北京：机械工业出版社，2004.

[3]　周昌治. 机械制造工艺学 [M]. 重庆：重庆大学出版社，1994.

[4]　肖继德. 机床夹具设计 [M]. 北京：机械工业出版社，2000.

[5]　胡黄卿. 金属切削原理与机床 [M]. 北京：化学工业出版社，2004.

[6]　刘越. 机械制造技术 [M]. 北京：化学工业出版社，2003.

[7]　周宏甫. 机械制造技术基础 [M]. 北京：高等教育出版社，2004.

[8]　卢秉恒. 机械制造技术基础 [M]. 北京：机械工业出版社，1999.

[9]　李益民. 机械制造工艺设计简明手册 [M]. 北京：机械工业出版社，1994.

[10]　艾兴，肖诗纲. 切削用量简明手册 [M]. 北京：机械工业出版社，1994.

[11]　赵如福. 金属机械加工工艺人员手册 [M]. 4 版. 上海：上海科学技术出版社，2006.